全国中等职业学校机械类专业通用教材

全国技工院校机械类专业通用教材（中级技能层级）

计算机制图
——AutoCAD 2012

（修 订 版）

人力资源社会保障部教材办公室组织编写

中国劳动社会保障出版社

简介

本书主要内容包括创建图形样板、基本图形元素的绘制、基本图形元素的编辑、三视图的绘制、零件图的绘制及尺寸标注、装配图的绘制和三维图形的绘制等。

本书由果连成任主编，马恩凤任副主编，芦杰亮、袁静、王中雨、高维珊参加编写。

图书在版编目（CIP）数据

计算机制图：AutoCAD 2012 / 人力资源社会保障部教材办公室组织编写．-- 2 版（修订本）．-- 北京：中国劳动社会保障出版社，2020

全国中等职业学校机械类专业通用教材　全国技工院校机械类专业通用教材．中级技能层级

ISBN 978-7-5167-4562-5

Ⅰ.①计…　Ⅱ.①人…　Ⅲ.①计算机制图 – AutoCAD 软件 – 中等专业学校 – 教材　Ⅳ.①TP391.72

中国版本图书馆 CIP 数据核字（2020）第 131943 号

中国劳动社会保障出版社出版发行

（北京市惠新东街 1 号　邮政编码：100029）

*

北京市艺辉印刷有限公司印刷装订　新华书店经销

787 毫米 ×1092 毫米　16 开本　14 印张　330 千字

2020 年 10 月第 2 版　　2021 年 12 月第 3 次印刷

定价：29.00 元

读者服务部电话：（010）64929211/84209101/64921644

营销中心电话：（010）64962347

出版社网址：http：//www.class.com.cn

http：//jg.class.com.cn

目　录

模块一 创建图形样板

任务 创建名为“AutoCAD 2012 模板”的图形样板

任务目标

1. 了解 AutoCAD 2012 的操作界面及文件管理方法。
2. 掌握精确定位工具（对象捕捉追踪）和图形显示工具（显示控制）的用法。
3. 能熟练设置绘图环境、图层、绘图辅助工具，创建图形样板。

任务提出

“图形样板”是指包含一定的绘图环境和专业参数设置，但并未绘制图形对象的空白文件。用户在图形样板的基础上开始绘图，能够避免许多参数的重复设置，大大节省绘图时间。这样不但提高绘图效率，还可以使绘制的图形更符合规范、更标准，保证图面、线型、颜色的完整统一。

本任务将创建一个名为“AutoCAD 2012 模板”的图形样板文件，具体内容要求如下：长度精度为小数点后四位有效数字；图形界限为标准的 A4 幅面（297 mm × 210 mm）；新建图层的名字为细点画线，颜色为红色，线型为 CENTER，线宽为 0.25 mm；对象捕捉中选中端点、中点、交点和垂足。

任务分析

创建一个图形样板的大致顺序为：新建图形文件、设置单位类型和精度、设置图形界限、新建图层、设置捕捉和栅格等绘图辅助工具。

任务实施

一、启动 AutoCAD 2012

双击桌面上 AutoCAD 2012 图标或单击“开始”菜单，在“所有程序”的子菜单中打开 AutoCAD 2012。

二、选择 AutoCAD 2012 提供的图形样板

1. 单击快速访问工具栏中的 ▾ 按钮，如图 1-1 所示，在弹出的下拉列表中选择“显示菜单栏”。

小提示：

AutoCAD 2012 默认打开的“草图与注释”工作空间不显示常用工具栏。

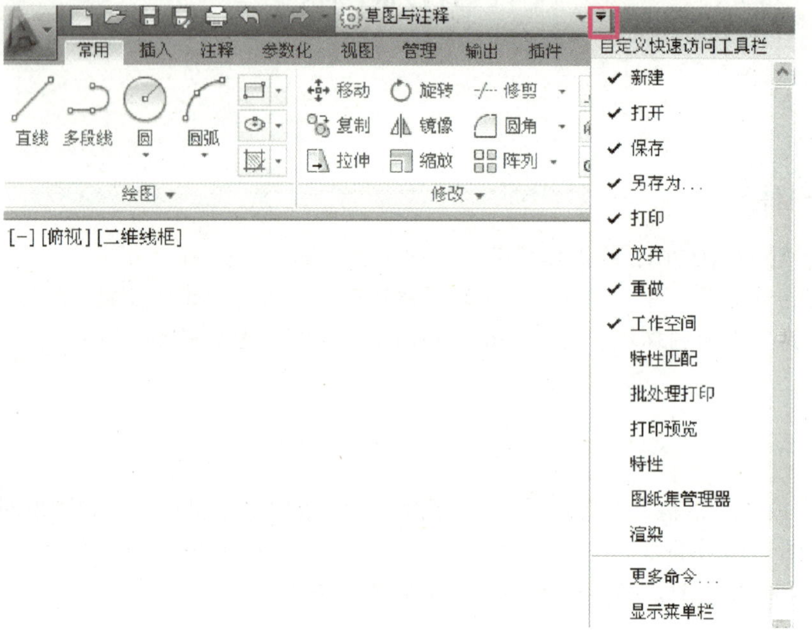

图 1-1　显示菜单栏

2. 选择菜单栏中的“文件”→“新建”命令，在弹出的“选择样板”对话框中选择 acadiso.dwt 图形样板，单击“打开”按钮，如图 1-2 所示。

小提示：

acadiso.dwt 是 AutoCAD 默认的标准图形样板，该图形样板只定义了一个 0 图层，未定义图纸规格、边框和标题栏，并且图形单位被设置为公制。在绘制机械图形时，如果用户事先没有创建符合需要的图形样板，通常会使用 acadiso.dwt 图形样板。常用的二维图形样板为 acad.dwt 与 acadiso.dwt，三维图形样板为 acad3D.dwt 与 acadiso3D.dwt。注意：acad.dwt 与 acadiso.dwt 的区别一是 acad.dwt 的图形单位为英制，二是定义的线型尺寸略有不同。

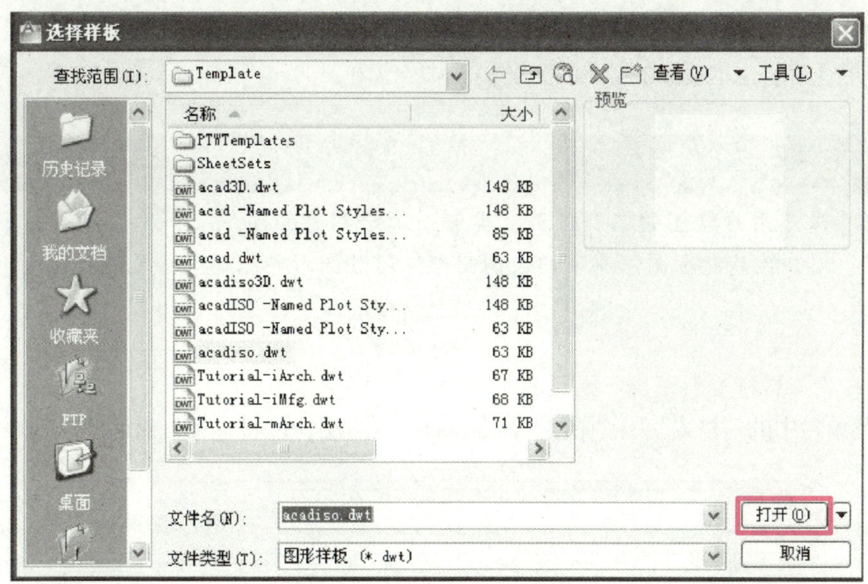

图 1–2 “选择样板”对话框

三、设置单位类型和精度

选择菜单栏中的“格式”→“单位”命令，在打开的“图形单位”对话框中设置绘图时的参数，将长度精度设置为小数点后四位有效数字，其他参数采用默认设置，如图 1–3 所示。设置完成后单击“确定”按钮。

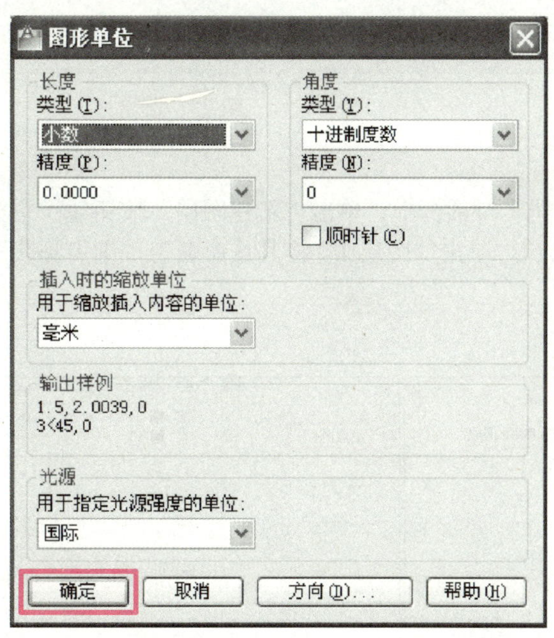

图 1–3 “图形单位”对话框

四、设置图形界限

选择菜单栏中的“格式”→“图形界限”命令，命令行提示与操作如下：

指定左下角点或［开（ON）/关（OFF）］<0.0000，0.0000>：0，0↙
指定右上角点 <420.0000，297.0000>：297，210↙

小提示：

图形界限是用户绘图的工作区域，类似手工绘图时的图纸，一旦设置了图形界限并打开了它，用户就只能在图形界限内绘制图形，超过图形界限的部分无法打印。

五、设置图层

1. 启动“图层特性管理器”对话框

选择菜单栏中的“格式”→“图层”命令，打开“图层特性管理器”对话框，如图 1-4 所示。

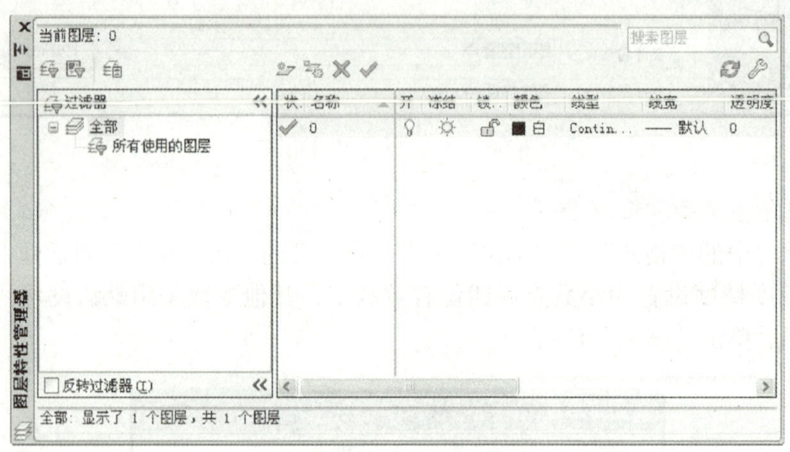

图 1-4 “图层特性管理器”对话框

2. 新建图层

在“图层特性管理器”对话框中，单击“新建图层”按钮 创建一个新图层，此时默认的图层名称为“图层 1”。单击“图层 1”将其重命名为“细点画线”，如图 1-5 所示。

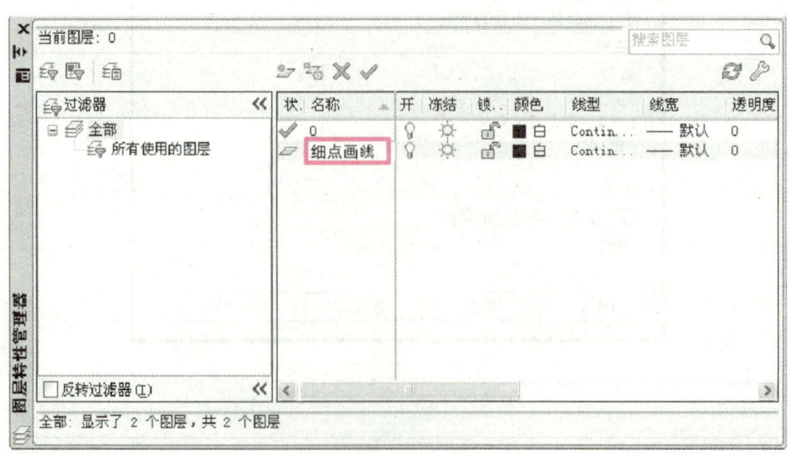

图 1-5 新建图层

3. 设置颜色

单击“细点画线”图层上的“■白”项，打开“选择颜色”对话框，在对话框中选中红色，如图 1-6 所示，设置完成后单击“确定”按钮。

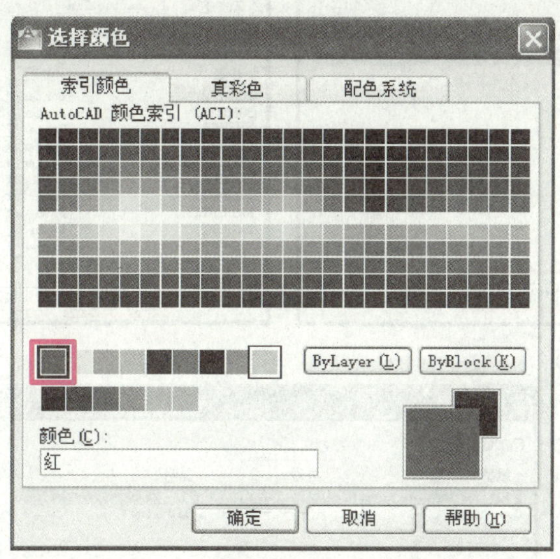

图 1-6 “选择颜色”对话框

4. 设置线型

单击“细点画线”图层上的“Contin...”项，打开“选择线型”对话框，如图 1-7a 所示。

单击“加载”按钮，打开“加载或重载线型”对话框，如图 1-7b 所示，选中“CENTER”线型，单击“确定”按钮，弹出如图 1-7c 所示的对话框，选择 CENTER，设置完成后单击“确定”按钮。

小提示：

线型设置完成后，如果没有出现需要的线型，则输入 ltscale 设置全局线型比例因子，显示所需要的线型。

5. 设置线宽

如图 1-8 所示，单击“细点画线”图层上的“—— 默认”项，打开“线宽”对话框，选择 0.25 mm 线宽，如图 1-8 所示，设置完成后单击“确定”按钮。

实际绘图过程中，还可根据需要新建“轮廓线”图层、“细虚线”图层、“细实线”图层等。

六、设置绘图辅助工具

1. 设置捕捉和栅格

选择菜单栏中的“工具”→“绘图设置”命令，打开“草图设置”对话框，其中的“捕捉和栅格”选项卡如图 1-9a 所示，选中“启用捕捉”和“启用栅格”两个复选框。

2. 设置极轴追踪

选择“草图设置”对话框中的“极轴追踪”选项卡，如图 1-9b 所示，选中“启用极轴追踪”复选框。

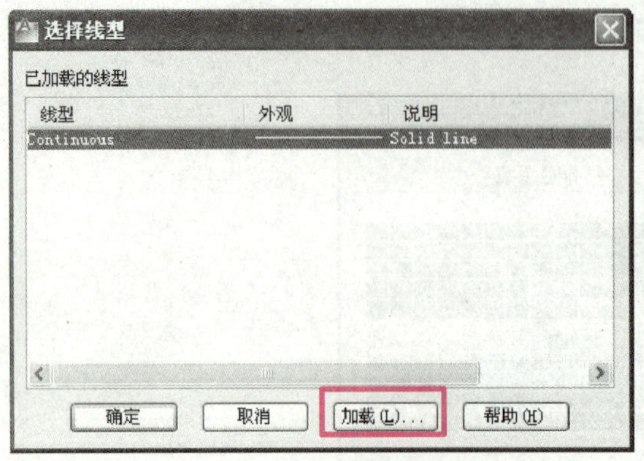

a)

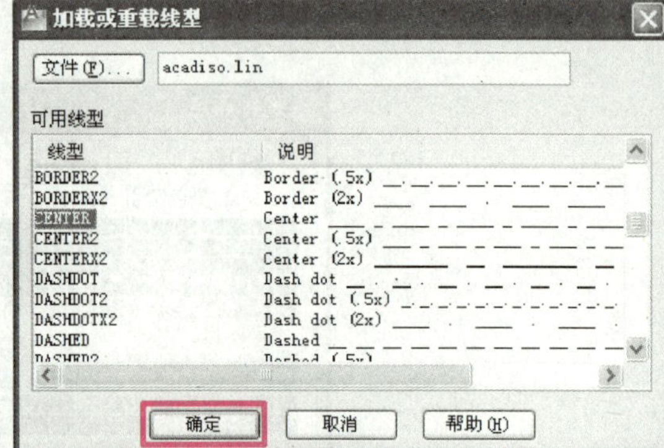

b)

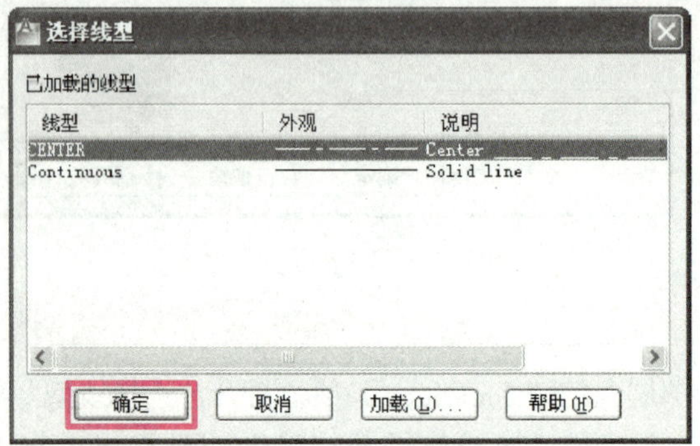

c)

图 1–7　设置线型

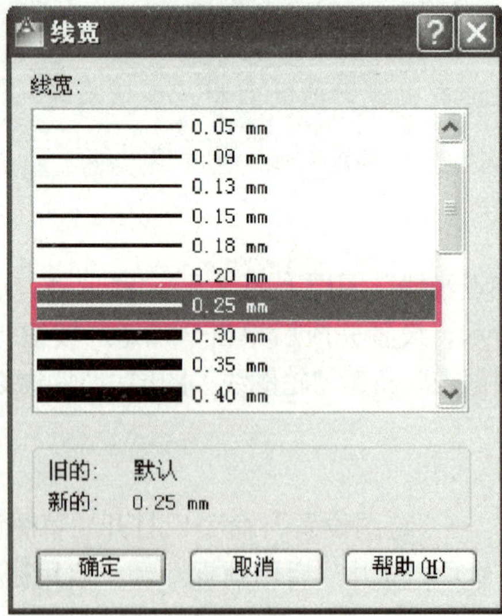

图 1–8　“线宽”对话框

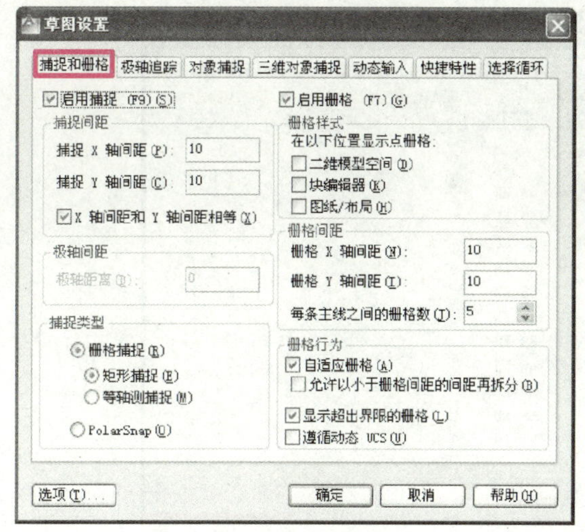

a)

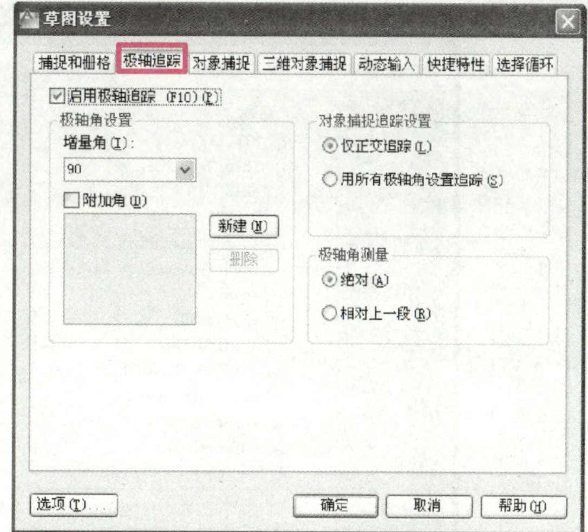

b)

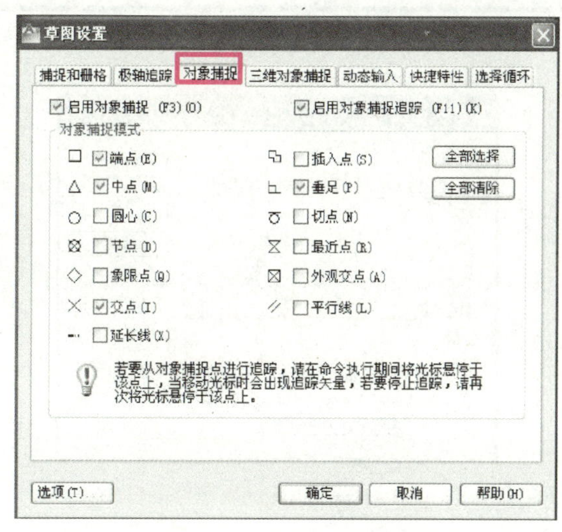

c)

图 1–9 “草图设置”对话框

a）“捕捉和栅格”选项卡 b）“极轴追踪”选项卡 c）“对象捕捉”选项卡

3. 设置对象捕捉

选择“草图设置”对话框中的“对象捕捉”选项卡，如图 1–9c 所示。选中“启用对象捕捉”和“启用对象捕捉追踪”两个复选框，在对象捕捉模式中选中“端点”“中点”“交点”和“垂足”四个复选框，设置完成后单击“确定”按钮。

七、保存图形样板

选择菜单栏中的“文件”→“另存为”命令，打开“图形另存为”对话框，在“文件类型”格式栏中选择“.dwt”，在“文件名”格式栏里输入“AutoCAD 2012 模板”，如图 1–10 所示，单击“保存”按钮保存图形样板，保存完成后弹出如图 1–11 所示对话框，可以输入对该图形样板的简单描述，并设置单位为“公制”，单击“确定”按钮完成设置。此时即创建了一个标准的 A4 幅面的图形样板。

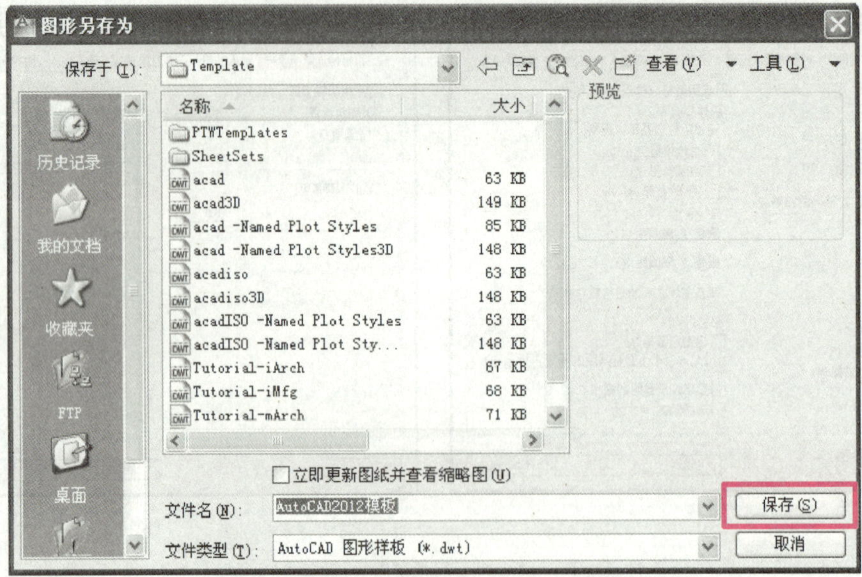

图 1-10 “图形另存为”对话框

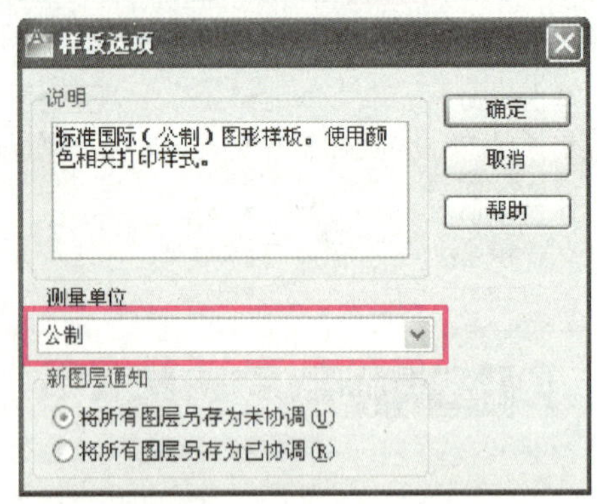

图 1-11 “样板选项”对话框

相关知识

一、AutoCAD 2012 操作界面

AutoCAD 2012 的操作界面如图 1-12 所示。它主要由“菜单浏览器”按钮、快速访问工具栏、标题栏、菜单栏、功能区、绘图区、坐标系、命令行和状态栏等几部分组成。

1.“菜单浏览器”按钮

“菜单浏览器”按钮位于 AutoCAD 2012 操作界面的左上角，单击该按钮打开一个下拉菜单，通过访问菜单的相应选项，可进行新建、打开、保存、输出和打印文件，以及查找等操作。

2. 快速访问工具栏

快速访问工具栏用于放置一些使用频率较高的命令按钮。默认情况下包含 6 个常用按钮，如新建、打开、保存等命令，用户可以根据需要在快速访问工具栏里添加或删除按钮，方法是单击右侧的 ▼ 按钮，在弹出的下拉列表中进行操作即可。

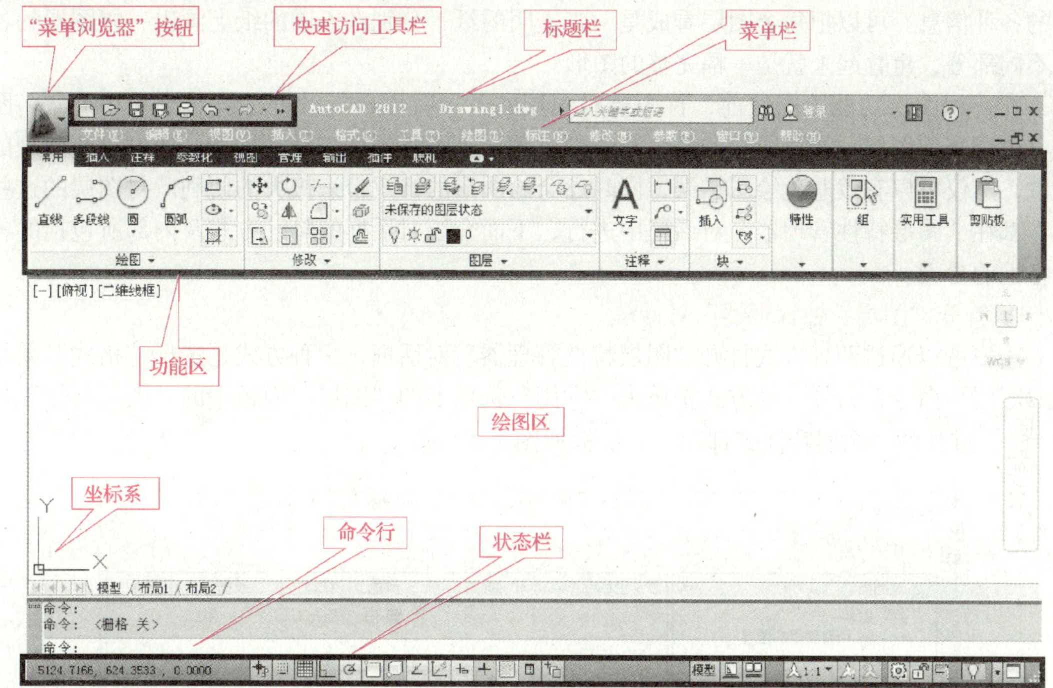

图 1–12　AutoCAD 2012 操作界面

3. 标题栏

标题栏用于显示当前正在运行的程序名及文件名，如 AutoCAD 2012 Drawing1.dwg。

4. 菜单栏

菜单栏中包含了 AutoCAD 2012 的所有命令。如果用户打开 AutoCAD 2012 不显示菜单栏，可以单击快速访问工具栏中的 ▾ 按钮来控制菜单栏的显示和隐藏。

5. 功能区

功能区里包含了 AutoCAD 2012 的大部分命令，这些命令都是用户在绘图时常用的命令。它们以选项卡的形式展现，如"常用"选项卡、"插入"选项卡等，而每个选项卡又包含不同的面板，如"常用"选项卡里包括"绘图"面板、"修改"面板等。每个面板里有不同的按钮供用户使用，使绘制图形更加快捷方便。

6. 绘图区

绘图区是显示、编辑和绘图的矩形区域，左下角是坐标系图标，并且在绘图时有十字光标在绘图区显示，移动鼠标时十字光标随之移动。

7. 命令行

用户可以通过在命令行输入 AutoCAD 的各种命令及参数来调用各命令，命令行也会显示出各命令的具体操作过程和信息提示。

8. 状态栏

状态栏主要用于显示当前十字光标的坐标值，以及控制用于精确绘图的捕捉、栅格、极轴追踪等选项的打开和关闭。

二、设置图层

图层是 AutoCAD 中一个极为重要的图形管理工具，类似于用叠加的方法来存放一幅图形的各种信息。可以把每个图层看成是一张透明的纸，分别在不同的纸上画出一幅图形的各个不同部分，重叠起来就是一幅完整的图形。

在使用图层功能绘图之前，首先要对图层的各项特性进行设置，包括建立和重命名图层、设置当前图层、设置图层的颜色和线型、图层是否关闭和冻结等操作，通过这些合理的设置，不仅可以有效避免绘图错误，同时还会给图形的修改带来极大的便利。对图层的这些操作都在“图层特性管理器”对话框中进行，下面介绍对话框的打开方式及内部所包括的各项特性的含义。

1. 打开“图层特性管理器”对话框

用户可以通过两种方式打开“图层特性管理器”对话框，一种方式是选择“格式”菜单的“图层”命令；另外一种方式是单击“常用”选项卡的“图层”面板中的“图层特性”按钮 。打开的“图层特性管理器”对话框如图 1-13 所示。

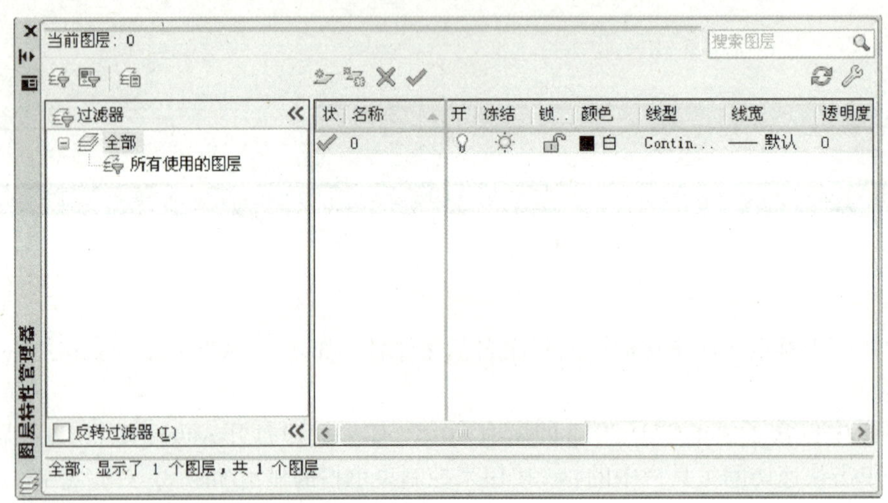

图 1-13 “图层特性管理器”对话框

在“图层特性管理器”对话框中，默认情况下只有一个图层——图层 0，用户可以单击“新建图层”按钮 新建图层。如果在绘图时需要多个图层，可以多次单击“新建图层”按钮，把绘图所需图层新建完毕后再对每个图层进行逐一设置。如图 1-14 所示为新建了 3 个图层的“图层特性管理器”对话框。

2. 图层列表区中各项含义

（1）状态： 表示该图层被置为当前图层，用户只能在当前图层上绘制图形，且绘制的图形的属性也从属于当前图层的属性。默认状态下图层 0 是当前图层，用户可单击“置为当前”按钮 将需要编辑的图层置为当前。

（2）名称：显示新建图层的名称，新建图层后，其默认的名称如图 1-14 所示，单击该名称即可给图层重命名。

（3）开：此项对应的图标是 ，控制图层的打开或关闭。图层处于打开状态时其内容是可见和可编辑的，处于关闭状态时其内容是不可见和不可编辑的。默认状态下图层处于打开状态。若想关闭图层，可以单击 ，弹出如图 1-15 所示对话框，选择“关闭当前图层”即可把图层关闭，此时 由黄色变成蓝色。如果想重新打开图层，只需再次单击 即可。

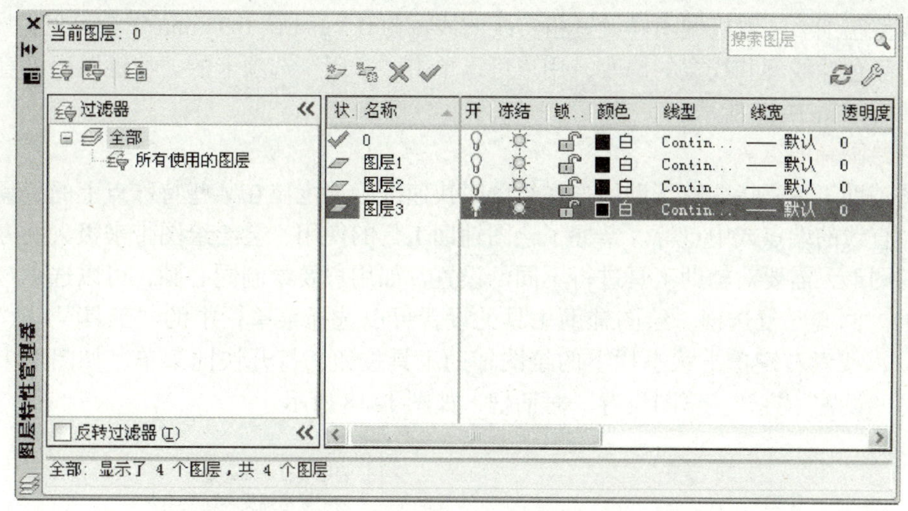

图 1–14　新建 3 个图层的“图层特性管理器”对话框

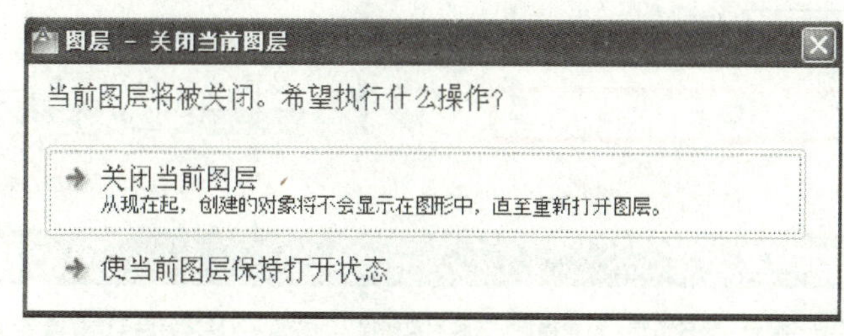

图 1–15　“图层 – 关闭当前图层”对话框

（4）冻结：此项对应的图标是 ，控制图层的冻结与解冻。图层处于冻结状态时，图层上的所有图形对象都不可见、不可编辑且不可打印。处于解冻状态时，图层上的内容将重生成，且可见、可编辑并可打印。默认状态下图层处于解冻状态，单击 图标使其变成 ，此时图层处于冻结状态。需要注意的是当前图层不能被冻结，也不能将已经冻结的图层设置为当前图层。

冻结图层与关闭图层的区别在于，当某图层关闭后，还能被置为当前图层并进行绘图，但不可见，而冻结的图层不可以进行上述操作。

（5）锁定：此项对应的图标是 ，控制图层的锁定和解锁。在默认状态下图层处于解锁状态，单击 图标使其变成 ，表示图层被锁定。图层处于锁定状态时，图层上的对象可见且可打印，但不可编辑。此时可以将其设置为当前图层继续绘图。

（6）颜色：显示和改变图层的颜色。在默认状态下图层的颜色是黑色（当图形窗口颜色为白色时），如果要改变某一图层的颜色，单击对应的颜色图标打开“选择颜色”对话框，从中选取需要的颜色。

（7）线型：显示和修改图层的线型。默认状态下图层的线型是 Continuous，如果要改变某一图层的线型，单击对应的线型图标打开“选择线型”对话框，然后单击“加载”按钮打开 AutoCAD 中的线型库，从中选取所需的线型。

（8）线宽：显示和修改图层的线宽。单击对应的线宽图标打开“线宽”对话框即可修改某一图层的线宽。值得注意的是，当线宽设置为 0.3 mm 及以上时，打开显示开关，屏幕中才显示线型粗细。一般机械图样设置粗实线的线宽为 0.3 mm 或 0.35 mm 作为可见轮廓线。

对于颜色、线型和线宽的修改，用户可以单击“常用”选项卡的“特性”面板直接修改这些特性，如图 1–16 所示。

三、绘图辅助工具

绘图辅助工具是指能够帮助用户在绘图时快速准确地定位在某些特殊点上的工具，如圆的圆心，直线的端点或中点等。掌握了绘图辅助工具的使用，会给绘图带来极大的方便。绘制不同的图形，需要对辅助工具进行不同的设置，如用户要绘制同心圆，可以选中对象捕捉模式中的“圆心”复选框。绘图辅助工具的设置可以选择菜单栏中的“工具”→“绘图设置”命令，或者右键单击状态栏上的绘图辅助工具按钮，打开快捷菜单，如图 1–17 所示。从中选择“设置”打开“草图设置”对话框，如图 1–18 所示。

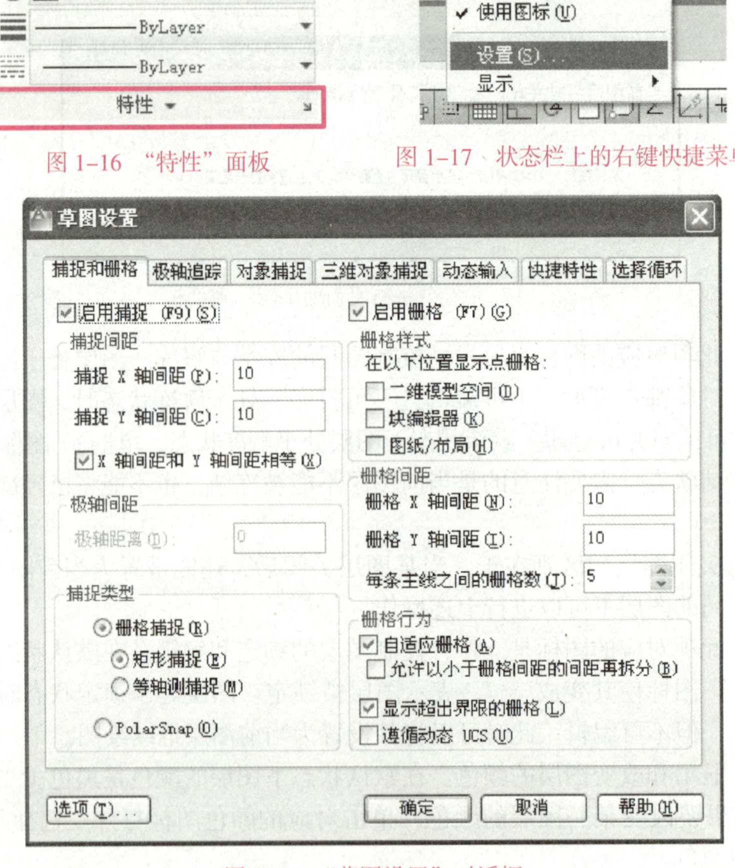

图 1–16 “特性”面板

图 1–17 状态栏上的右键快捷菜单

图 1–18 “草图设置”对话框

下面主要介绍“捕捉和栅格”“极轴追踪”和“对象捕捉”三个选项卡。

1. 捕捉和栅格

捕捉用于控制光标的精确移动，栅格用于在移动光标时作为长度参照，两者通常配合使用，可快速、精确地绘制图形。

（1）捕捉：打开“捕捉”模式后，光标只能按照系统默认或用户定义的间距移动。

（2）栅格：单击“栅格”按钮可以控制栅格的打开或关闭。打开栅格后屏幕上会显示网格。栅格使绘图区出现可见的网格，利用栅格可以对齐对象并直观显示对象之间的距离。

2. 极轴追踪

极轴追踪用于控制画图时光标移动的方向，如图 1–19 所示，增量角默认是 90°，此时绘图时光标只能沿水平或垂直方向追踪，用户可以根据自己的需要来修改增量角的值，这样在绘图时光标就会按用户自己设置的角度方向追踪。例如，将增量角设置为 30°，用直线命令绘图时光标会沿 30° 角的倍数追踪，如图 1–20 所示。利用此功能可以方便地绘制指定倾斜角度的直线。

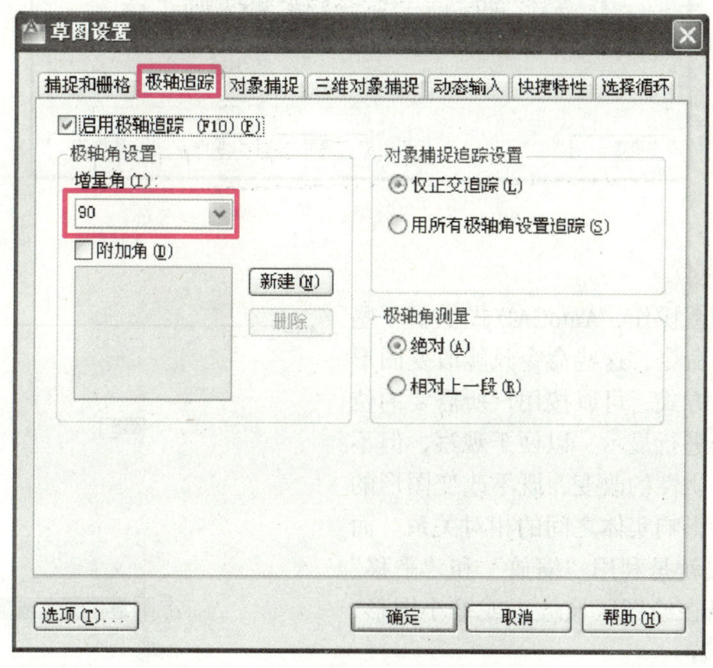

图 1–19 “极轴追踪”选项卡

3. 对象捕捉

AutoCAD 对所有的图形对象都定义了特征点，绘图时可迅速地捕捉到这些特征点。在如图 1–21 所示的“对象捕捉”选项卡中设置捕捉模式，可以将光标准确定位在已存在的实体特定点或特定位置上，实现精确绘图。

例如，利用直线命令绘制一个等边三角形，可选中对象捕捉模式的“端点”和“交点”复选框，极轴追踪的增量角设置为 60°，单击直线按钮由 *A* 点画线到 *B* 点，然后移动光标，捕捉 *A* 端点和利用极轴追踪来准确定位交点 *C*，如图 1–22 所示，完成等边三角形的绘制。

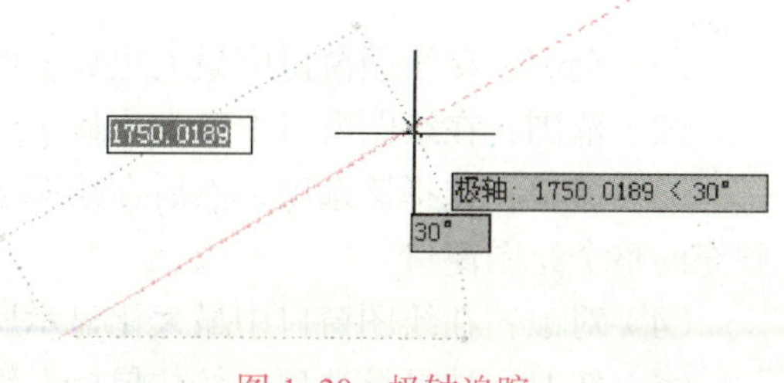

图 1–20 极轴追踪

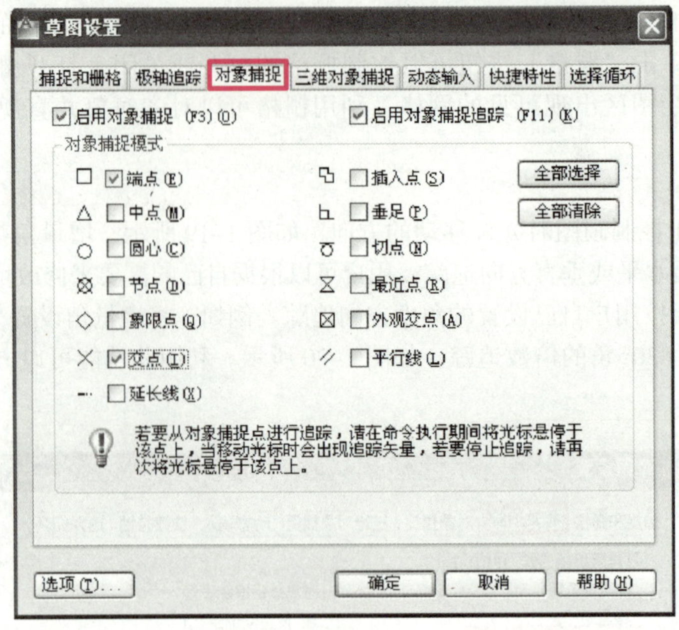

图 1-21 “对象捕捉”选项卡

四、显示控制

为了便于绘图操作，AutoCAD 提供了一些控制图形显示的命令，这些命令只能改变图形在屏幕上的显示方式，可以按用户所需要的位置、比例和范围进行显示，以便于观察，但不会使图形产生实质性的改变，既不改变图形的实际尺寸，也不影响实体之间的相对关系。而改变视图的方法就是利用“缩放”和“平移”两个命令，可以在绘图区域放大或缩小图形，或者改变观察位置。

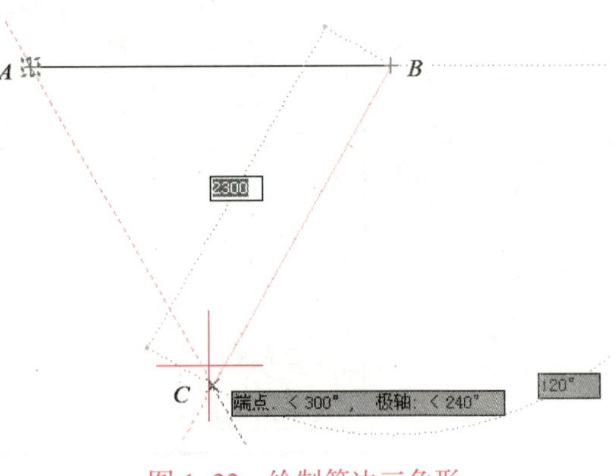

图 1-22 绘制等边三角形

1. 缩放

在命令行里输入“ZOOM”，命令行提示如图 1-23 所示。

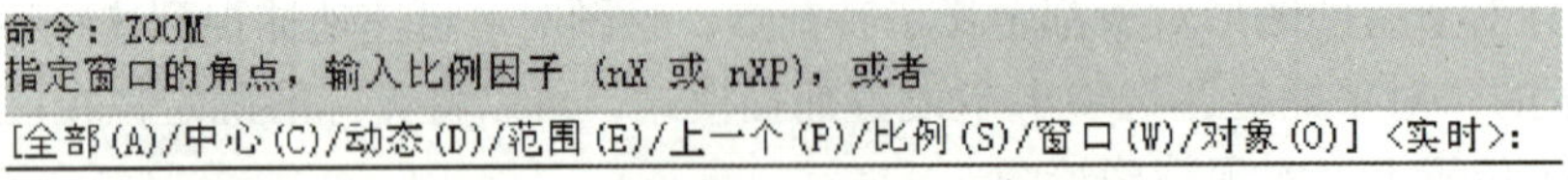

命令：ZOOM
指定窗口的角点，输入比例因子 (nX 或 nXP)，或者
[全部(A)/中心(C)/动态(D)/范围(E)/上一个(P)/比例(S)/窗口(W)/对象(O)] <实时>:

图 1-23 “缩放”命令命令行提示

（1）全部：在绘图窗口中最大化显示图形界限或全部图形。

（2）范围：在绘图窗口中最大化显示全部图形内容。

（3）窗口：选择该选项，然后在绘图区拖出一个选择窗口，选择窗口内的图形将被放大到充满整个绘图窗口。

（4）对象：在绘图窗口中最大化显示所选图形对象。

（5）实时：选择该选项，按住鼠标左键并向上拖动光标可放大视图，沿相反方向拖动光标则缩小视图。

如果用户想执行上述命令中的某个命令，只需在命令行里输入对应的字母，然后按回车键即可。

2. 平移

单击绘图区右侧导航栏的“平移”按钮，如图 1–24 所示，鼠标变成手形光标，按住鼠标左键拖动可以完成图形的移动。单击鼠标右键，在弹出的快捷菜单中选择“退出”，即可回到绘图状态继续对图形进行编辑，如图 1–25 所示。

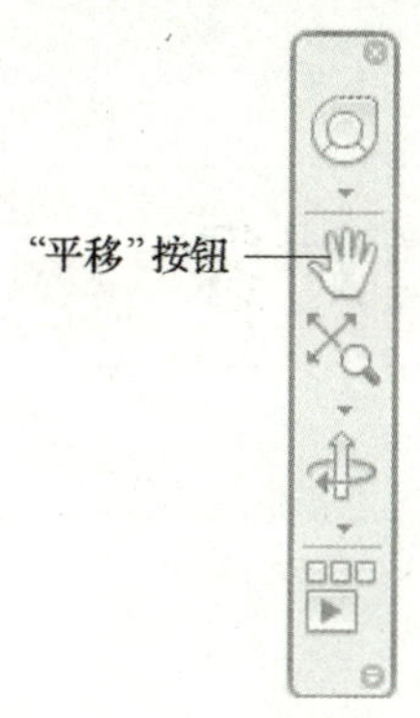

图 1–24　导航栏

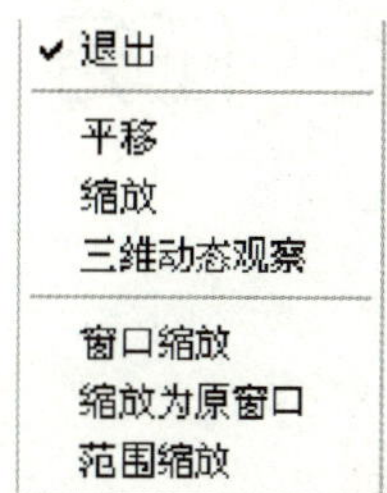

图 1–25　在快捷菜单中选择“退出”

思考与练习

1. 在桌面上创建一个文件夹，名字为自己的姓名；创建一个样板文件，选择 acadiso 样板；新建图层，名称为细虚线；线型设置为 ACAD_ISO12W100，颜色设置为洋红，线宽设置为 0.25 mm；以“样板 1”为文件名另存到自己的文件夹下。

2. 设置图形界限为 210 mm × 180 mm，左下角坐标为（10，10），利用极轴追踪和捕捉功能绘制如图 1–26 所示图形。绘制完成后以“练习 1”为文件名保存到自己的文件夹下。

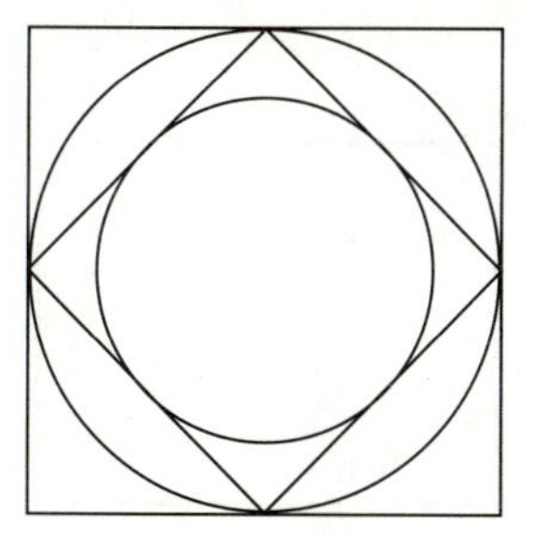

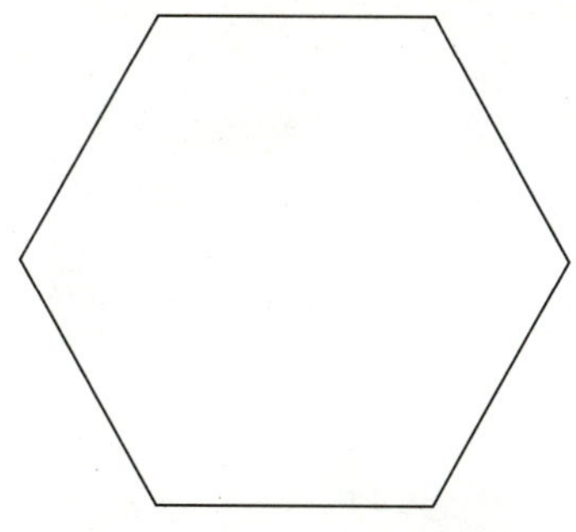

图 1–26　练习 1

模块二 基本图形元素的绘制

任务1 绘制直线类对象

任务目标

1. 了解命令的七种输入方式，掌握常用的两种命令输入方法。
2. 掌握坐标的三种输入方式。
3. 掌握绘制直线、构造线和射线的方法。

任务提出

直线类对象是机械设备中最基本的组成部件，如机械设备中的轴，螺栓上都有许多直线类对象。直线类对象在生活中也很常见，如图 2–1a 所示的化妆镜，其外形为一个长方形，由四条直线组成，是一个典型的直线类对象。本任务的内容就是完成图 2–1b 所示的化妆镜简易造型平面图。

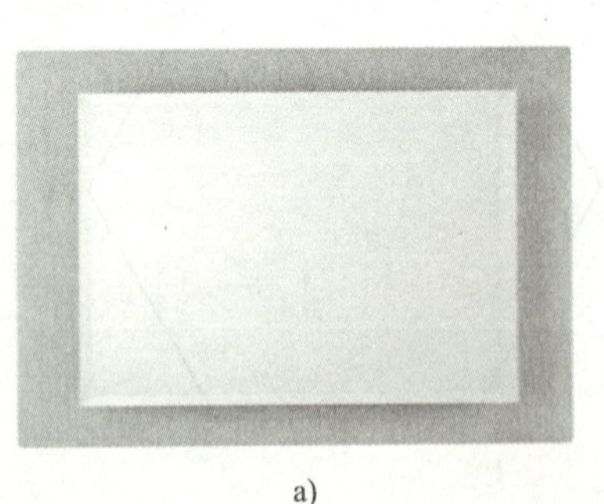

a)

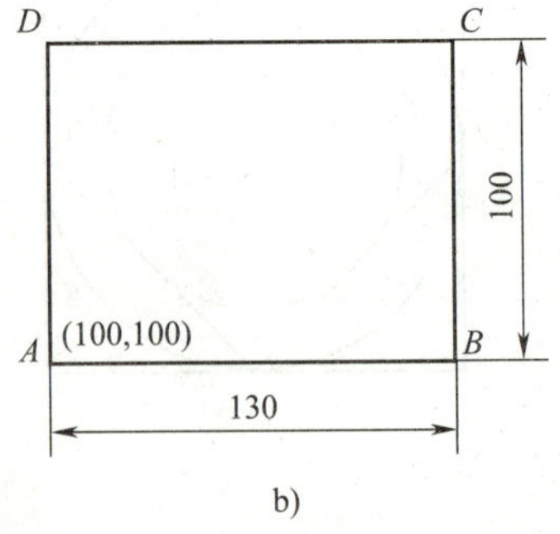

b)

图 2–1 化妆镜

a）实物图 b）简易造型平面图

任务分析

绘制化妆镜简易造型平面图的大致顺序为：先绘制直线 *AB*，然后依次绘制直线 *BC*、*CD*、*DA*。为使尺寸准确，可利用直线命令并使用直角坐标和极坐标绘制图形。

任务实施

单击“绘图”面板中的“直线”按钮 ⁄ ，命令行提示与操作如下：

```
命令：_line 指定第一点：100，100↙
指定下一点或［放弃（U）］：@130，0↙
指定下一点或［放弃（U）］：@100<90↙
指定下一点或［闭合（C）/ 放弃（U）］：@130<180↙
指定下一点或［闭合（C）/ 放弃（U）］：C↙
```

相关知识

一、命令的七种输入方式

在 AutoCAD 中，有一些基本的输入操作方法，这些基本方法是进行绘图的必备基础知识，也是深入学习 AutoCAD 的前提。AutoCAD 交互绘图必须输入必要的指令和参数，下面以绘制直线为例分别介绍这七种输入方式的用法。

1. 在命令行输入命令

用户在命令行里输入“line”，命令行提示与操作如下：

```
命令：line
指定第一点：在屏幕上指定一点或输入一个点的坐标
指定下一点或［放弃（U）］：
```

2. 在命令行输入命令缩写

每一个绘图命令一般都有自己的缩写形式，如直线命令“Line”，其缩写为 L；圆命令“Circle”，其缩写为 C。用户在命令行里输入其缩写形式即可完成命令的输入。

3. 选择菜单栏中的“绘图”→“直线”命令

4. 单击“常用”选项卡“绘图”面板中的“直线”按钮 ⁄

5. 右键单击命令行打开快捷菜单

如果需要使用前面刚用过的某个命令，可以右键单击命令行，在弹出的快捷菜单中选择“近期使用的命令”，其子菜单中显示最近使用的六个命令，如图 2-2 所示。

6. 在绘图区单击右键

如果需要重复使用上次使用的命令，可以直接在绘图区单击右键，在弹出的快捷菜单中选择“重复”命令，这种方法适用于重复执行某个命令。例如，用直线命令绘制完一条直线后，在绘图区单击右键出现快捷菜单，如图 2–3 所示，用户可选择“重复 LINE”选项继续绘制直线。

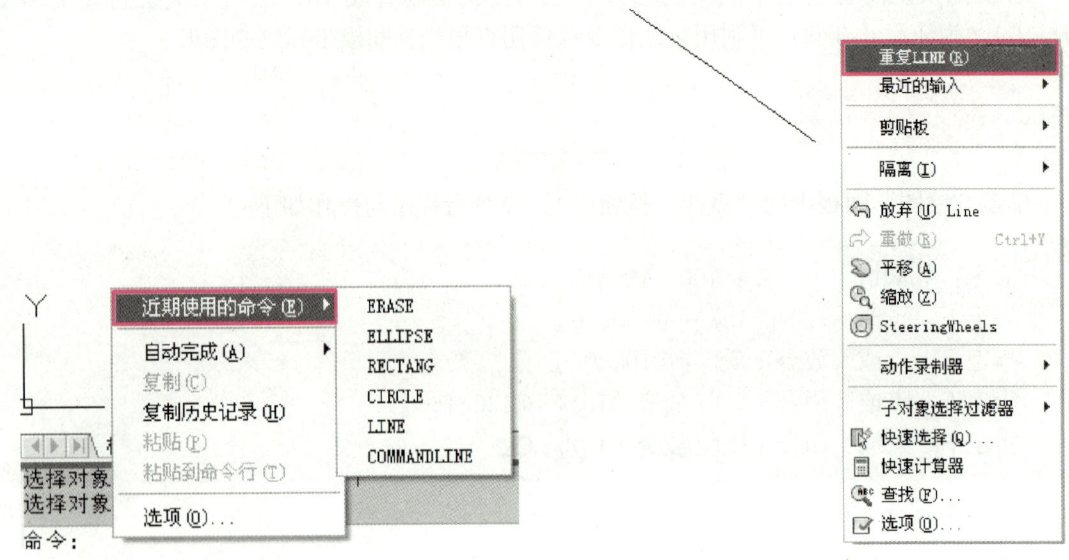

图 2–2　命令行右键快捷菜单　　　　图 2–3　绘图区右键快捷菜单

7. 按回车键或空格键

按回车键或空格键也可以执行上一个命令。

二、坐标的三种输入方式

1. 直角坐标

直角坐标就是点在 *XY* 平面内，*X* 轴和 *Y* 轴上的坐标值。直角坐标分为绝对直角坐标和相对直角坐标。

（1）绝对直角坐标的输入方式：输入当前点的坐标位置相对原点的坐标。例如，用户在命令行中输入点的坐标提示下输入“15，20”，则表示输入了一个 *X* 和 *Y* 的坐标值分别为 15 和 20 的点，如图 2–4a 所示。

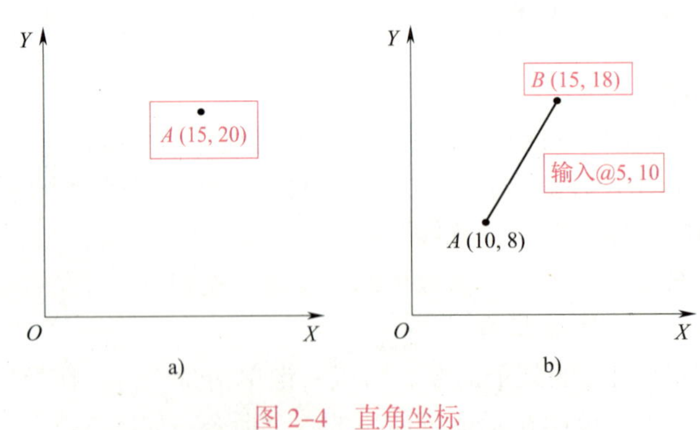

图 2–4　直角坐标

a）绝对直角坐标的输入方式　b）相对直角坐标的输入方式

（2）相对直角坐标的输入方式：输入当前点的坐标位置相对前一个点的坐标增量。例如，用户在命令行中输入点的坐标提示下输入“@5，10”，则表示输入了一个相对于 *A*（10，8）点的坐标值，*X* 轴方向增加 5，*Y* 轴方向增加 10，此时 *B* 点的坐标值为（15，18），如图 2-4b 所示。

2. 极坐标

极坐标是点在 *XY* 平面内，以两点之间的距离和两点之间的连线与 *X* 轴之间的夹角来确定二维平面上的坐标点。极坐标分为绝对极坐标和相对极坐标。

（1）绝对极坐标的输入方式：以原点为极点，通过输入点到极点的距离和点到极点连线与 *X* 轴正向的夹角来确定点的位置。

绝对极坐标的格式为“长度 < 角度”。角度规定，逆时针方向为正，顺时针方向为负。例如，在命令行里输入“25<50”，表示的是 *A* 点到坐标原点 *O* 的距离为 25，*A* 点和原点 *O* 的连线与 *X* 轴正向的夹角为 50°，如图 2-5a 所示。

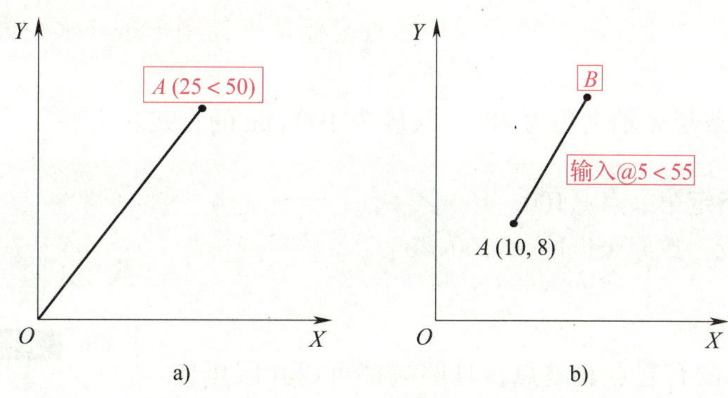

图 2-5　极坐标

a）绝对极坐标的输入方式　b）相对极坐标的输入方式

（2）相对极坐标的输入方式：以当前点到前一个点的长度和当前点和前一个点的连线与 *X* 轴的正向夹角确定点的位置。例如，在命令行里输入“@5<55”，表示的是 *B* 点到 *A* 点的距离是 5，直线 *AB* 和 *X* 轴的正向夹角为 55°，如图 2-5b 所示。

3. 动态数据输入

单击状态栏中的“动态输入”按钮，系统打开动态输入功能，此时，可以在屏幕上动态地输入某些参数。例如，绘制直线时，在光标附近会动态地显示“指定第一点”以及后面的坐标框，当前显示的是光标所在位置，可以输入数据来重新指定第一点，两个数据间用逗号隔开，如图 2-6a 所示。指定第一点后，系统动态显示直线的角度，同时要求输入下一点的坐标值，如图 2-6b 所示。

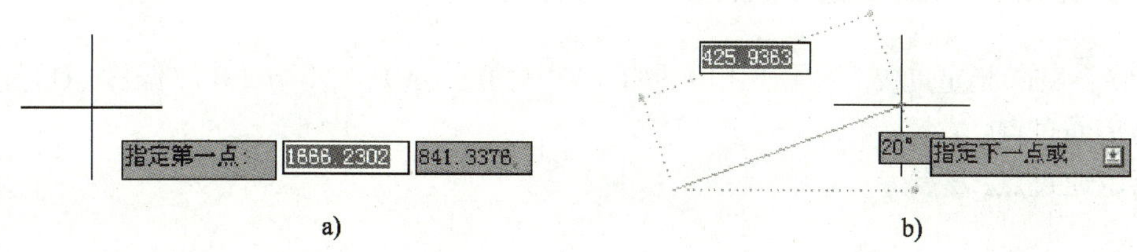

图 2-6　动态输入坐标值

a）输入直线起点的坐标值　b）输入直线终点的坐标值

三、直线的绘制

直线是各种平面图线中最常用、最简单的一类图形元素，只需指定起点和终点，即可绘制出一条直线。一条直线即是一个图元。在 AutoCAD 中，图元是最小的图形元素，不能再被分解。

启动直线命令的常用方法：单击“常用”选项卡“绘图”面板中的“直线”按钮 ，或在命令行里输入“line”命令。

1. 利用“直线”命令，通过确定两点绝对坐标值来绘制一条水平的直线

【例】 绘制一条平行于 *X* 轴，长度为 100 mm 的直线。

命令：_line 指定第一点：100，100↙
指定下一点或［放弃（U）］：200，100↙

2. 利用“直线”命令，通过确定两点绝对坐标值来绘制一条与水平方向成一定角度的直线

【例】 绘制一条与 *X* 轴夹角为 40°，长度为 100 mm 的直线。

命令：_line 指定第一点：100，100↙
指定下一点或［放弃（U）］：@100<40↙

四、构造线的绘制

构造线是一种没有起点和终点，且两端都可以无限延伸的直线，主要用作绘图时的辅助线。

单击“常用”选项卡“绘图”面板下方的三角按钮，展开该面板，如图 2-7 所示，单击“构造线”按钮 或在命令行里输入“xline”命令按回车键，命令行出现提示，如图 2-8 所示。

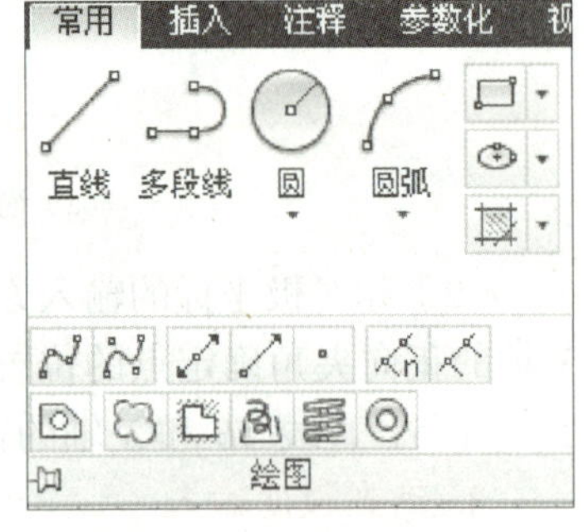

图 2-7 展开绘图面板

1. 水平

该方式是利用“水平”命令，通过指定一点来绘制平行于 *X* 轴的构造线。

命令：_xline 指定点或 [水平(H)/垂直(V)/角度(A)/二等分(B)/偏移(O)]:

图 2-8 绘制构造线命令行提示

【例】 绘制两条分别通过 *A* 点和 *B* 点的构造线。

命令：_xline 指定点或［水平（H）/ 垂直（V）/ 角度（A）/ 二等分（B）/ 偏移（O）］：h↙
指定通过点：*A* 点
指定通过点：*B* 点

绘制结果如图 2-9 所示。

2. 垂直

该方式是利用“垂直”命令，通过指定一点来绘制平行于 *Y* 轴的构造线。

【例】 绘制两条分别通过 *C* 点和 *D* 点的构造线。

命令: _xline 指定点或［水平（H）/ 垂直（V）/ 角度（A）/ 二等分（B）/ 偏移（O）］: v↙
指定通过点: *C* 点
指定通过点: *D* 点

绘制结果如图 2-10 所示。

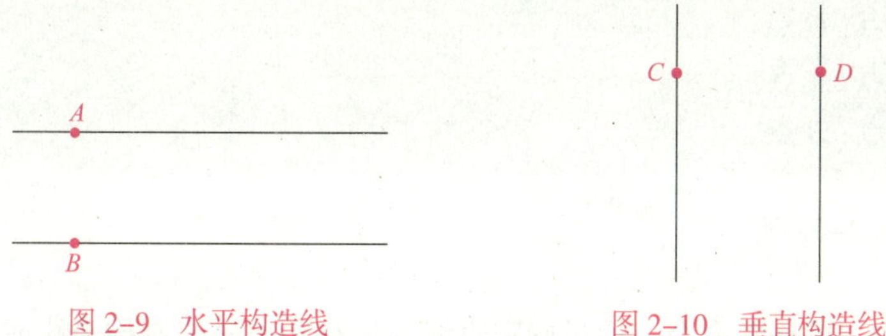

图 2-9　水平构造线　　　　图 2-10　垂直构造线

3. 角度

该方式是利用"角度"命令，通过确定与 *X* 轴或任意已知直线的角度来绘制构造线。

【例】 绘制一条与 *X* 轴夹角为 50° 的构造线。

命令: _xline 指定点或［水平（H）/ 垂直（V）/ 角度（A）/ 二等分（B）/ 偏移（O）］: a↙
输入构造线的角度（O）或［参照（R）］: 50↙
指定通过点：单击屏幕上任意一点

【例】 绘制一条与指定的直线 *AB* 夹角为 50° 的构造线。

命令: _xline 指定点或［水平（H）/ 垂直（V）/ 角度（A）/ 二等分（B）/ 偏移（O）］: a↙
输入构造线的角度（O）或［参照（R）］: r↙
选择直线对象：单击直线 *AB*
输入构造线的角度 <0>：50↙
指定通过点: *A* 点

绘制结果如图 2-11 所示。

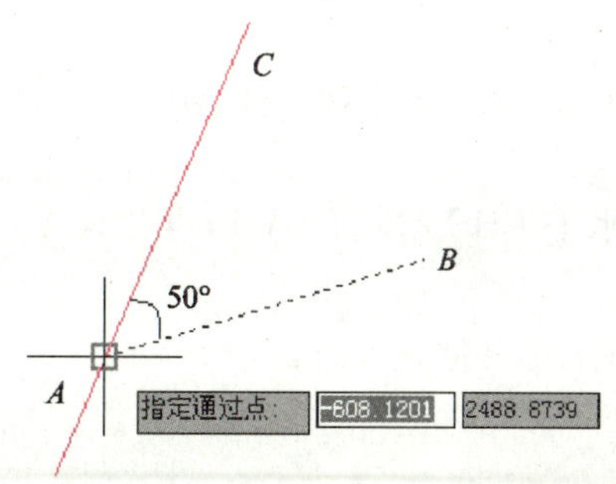

图 2-11　构造线 *AC* 与直线 *AB* 夹角为 50°

4. 二等分

该方式是利用“二等分”命令，通过确定角的顶点、起点和终点来绘制角平分线。

【例】 已知∠ AOB，绘制∠ AOB 的角平分线。

```
命令:_xline 指定点或［水平（H）/ 垂直（V）/ 角度（A）/ 二等分（B）/ 偏移（O）］: b↙
指定角的顶点: O 点
指定角的起点: A 点
指定角的端点: B 点
```

绘制结果如图 2-12 所示。

5. 偏移

该方式是利用“偏移”命令，通过确定直线的偏移距离来绘制构造线或指定直线外任意一点来确定直线的偏移距离来绘制构造线。

【例】 已知直线 AB 和 CD，绘制一条偏移直线 AB 且偏移距离为直线 CD 的构造线。

```
命令: _xline 指定点或［水平（H）/ 垂直（V）/ 角度（A）/ 二等分（B）/ 偏移（O）］: o↙
指定偏移距离或［通过（T）］< 通过 >: C 点
指定偏移距离或［通过（T）］< 通过 >: 指定第二点: D 点
选择直线对象: 直线 AB
指定向哪侧偏移: 直线 AB 的右下方
```

绘制结果如图 2-13 所示。

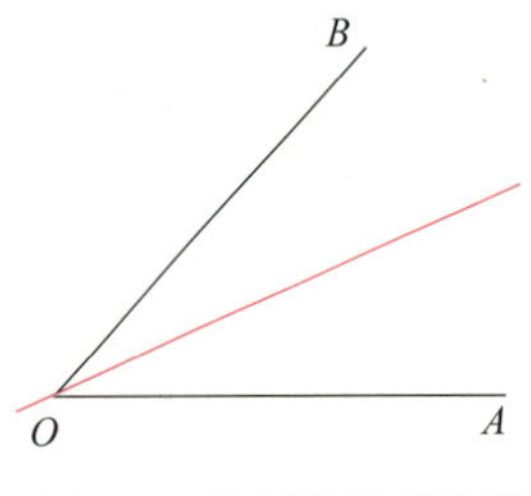

图 2-12　绘制角的平分线

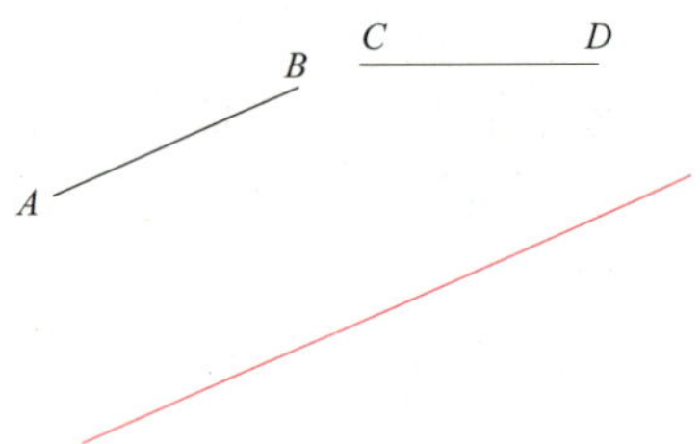

图 2-13　偏移直线 AB 且偏移距离为直线 CD 的构造线

【例】 已知直线 AB 和 CD，绘制一条偏移直线 AB 至 C 点的构造线。

```
命令:_xline 指定点或［水平（H）/ 垂直（V）/ 角度（A）/ 二等分（B）/ 偏移（O）］: o↙
指定偏移距离或［通过（T）］< 通过 >: t↙
选择直线对象: 直线 AB
指定通过点: C
```

绘制结果如图 2-14 所示。

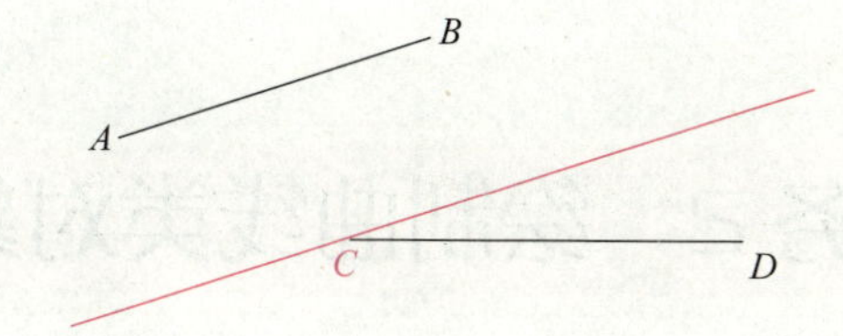

图 2-14　偏移直线 *AB* 至 *C* 点的构造线

五、射线的绘制

射线常用来作为创建其他对象的参照，它是由两点确定的一条单向无限延长的直线。其中，指定的第一点为射线的起点，第二点的位置决定了射线的方向。

单击“常用”选项卡“绘图”面板下方的三角按钮，展开该面板，如图 2-7 所示，单击“射线”按钮 或在命令行里输入“ray”命令按回车键。

【例】 在绘图区绘制一组射线。

```
命令：_ray 指定起点：指定绘图区内任意一点，如 A 点
指定通过点：指定绘图区内任意一点
指定通过点：指定绘图区内任意一点
指定通过点：指定绘图区内任意一点
```

绘制结果如图 2-15 所示。

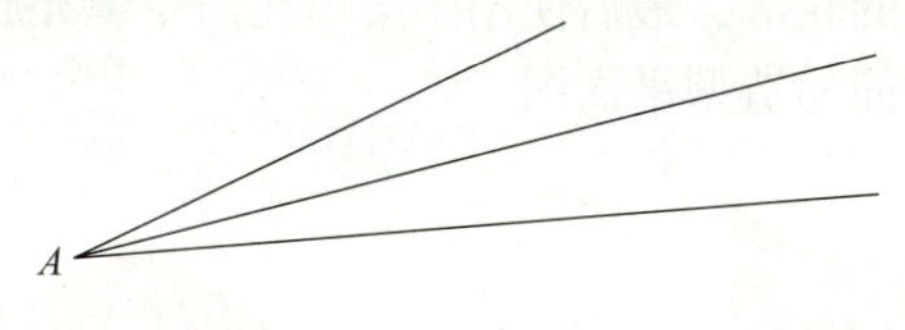

图 2-15　射线组

思考与练习

1. 用直线命令绘制边长为 100 mm 的等边三角形和正六边形。
2. 用直线命令绘制任意大小的三角形，再用构造线命令绘制此三角形的角平分线。

任务 2　绘制曲线类对象

任务目标

1. 掌握剖面线的绘制方法——样条曲线和图案填充命令的操作方法。
2. 掌握多段线的绘制方法和合并对象为多段线的操作方法。
3. 了解螺旋和多线命令的操作方法及应用特点。

任务提出

在一些较复杂的零件图及装配图中，经常包含一些光滑的曲线、宽度不等的线条及特殊符号，这时可以使用多段线、样条曲线和图案填充等命令进行绘制。如图 2-16a 所示的迎风飘扬的旗帜，为了画出旗帜的简易造型平面图，可以使用多段线命令绘制旗杆及旗杆尖部，使用样条曲线命令绘制旗帜的轮廓，最后使用图案填充命令填充旗帜颜色。本任务的内容就是完成图 2-16b 所示的旗帜简易造型平面图。

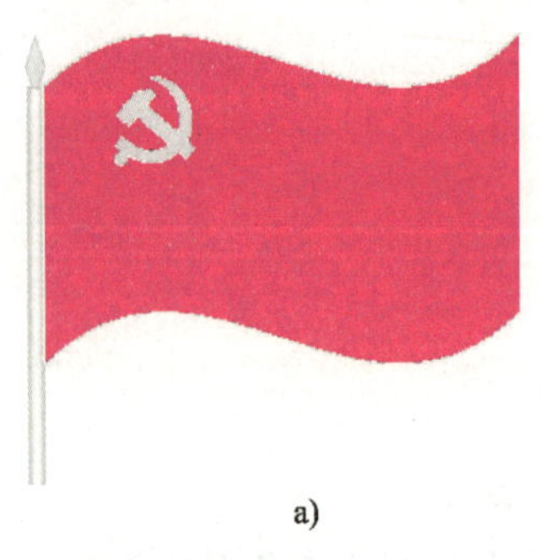

a)

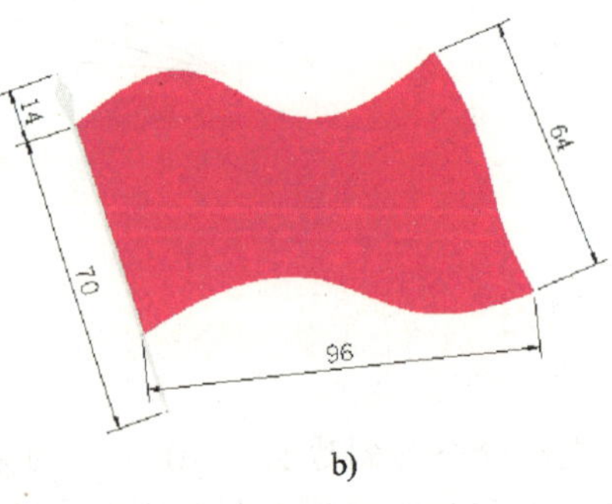

b)

图 2-16　旗帜

a）实物图　b）简易造型平面图

任务分析

绘制旗帜简易造型平面图的大致顺序为：先绘制旗杆及旗杆尖部，然后绘制旗面外形轮廓，从而确定旗帜的尺寸和位置，最后填充旗面颜色。绘制过程中要用到多段线、样条曲线和图案填充等命令。

任务实施

一、绘制旗杆及旗杆尖部

在“特性”面板选择颜色为“黄”色，单击“绘图”面板中的“多段线”按钮，命令行提示与操作如下：

命令：_pline
指定起点：
当前线宽为 0.0000
指定下一个点或[圆弧（A）/半宽（H）/长度（L）/放弃（U）/宽度（W）]：w↙
指定起点宽度 <0.0000>：2↙
指定端点宽度 <2.0000>：↙
指定下一个点或[圆弧（A）/半宽（H）/长度（L）/放弃（U）/宽度（W）]:l↙（在适当位置单击）
指定直线的长度：70↙
指定下一点或[圆弧（A）/闭合（C）/半宽（H）/长度（L）/放弃（U）/宽度（W）]：w↙
指定起点宽度 <2.0000>：2.5↙
指定端点宽度 <2.5000>：7↙
指定下一点或[圆弧（A）/闭合（C）/半宽（H）/长度（L）/放弃（U）/宽度（W）]：l↙
指定直线的长度：8↙
指定下一点或[圆弧（A）/闭合（C）/半宽（H）/长度（L）/放弃（U）/宽度（W）]：w↙
指定起点宽度 <7.0000>：↙
指定端点宽度 <7.0000>：2↙
指定下一点或[圆弧（A）/闭合（C）/半宽（H）/长度（L）/放弃（U）/宽度（W）]：l↙
指定直线的长度：5.5↙
指定下一点或[圆弧（A）/闭合（C）/半宽（H）/长度（L）/放弃（U）/宽度（W）]：↙

绘制旗杆及旗杆尖部效果如图 2-17 所示。

二、绘制旗面外形轮廓

在“特性”面板选择颜色为“红”色，单击“绘图”面板中的“样条曲线拟合”按钮，命令行提示与操作如下：

命令：_SPLINE
当前设置：方式 = 拟合　节点 = 弦
指定第一个点或[方式（M）/节点（K）/对象（O）]：_m↙
输入样条曲线创建方式[拟合（F）/控制点（CV）]<拟合>：_f↙
当前设置：方式 = 拟合　节点 = 弦
指定第一个点或[方式（M）/节点（K）/对象（O）]：直线上方端点
输入下一个点或[起点切向（T）/公差（L）]：绘图区适当位置单击

输入下一个点或[端点相切（T）/公差（L）/放弃（U）]：绘图区适当位置单击

输入下一个点或[端点相切（T）/公差（L）/放弃（U）/闭合（C）]：绘图区适当位置单击

输入下一个点或[端点相切（T）/公差（L）/放弃（U）/闭合（C）]：↙

用相同方法绘制另两条旗面边线。

绘制旗面外形轮廓效果如图 2–18 所示。

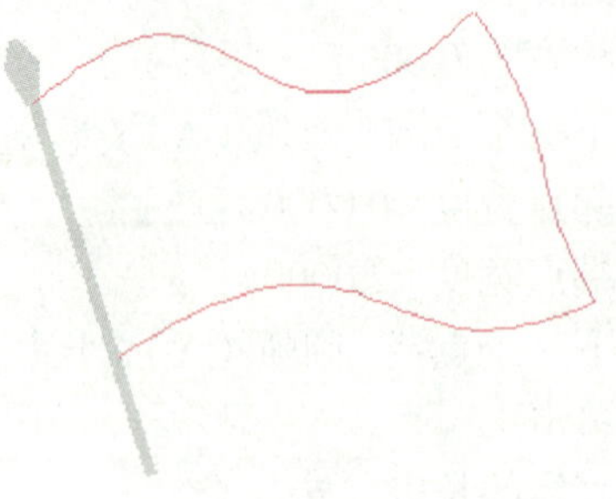

图 2–17　绘制旗杆及旗杆尖部　　　　图 2–18　绘制旗面外形轮廓

三、填充旗面颜色

单击“绘图”面板中的“图案填充”按钮，命令行提示与操作如下：

命令：_hatch

拾取内部点或[选择对象（S）/设置（T）]：正在选择所有对象 ...（单击旗面任意位置）

正在选择所有可见对象 ...

正在分析所选数据 ...

正在分析内部孤岛 ...

拾取内部点或[选择对象（S）/设置（T）]：↙

填充旗面效果如图 2–16b 所示。

相关知识

一、多段线的绘制

多段线是一种由直线段或圆弧组合而成的图形对象，多段线可具有不同线宽。它适合绘制各种复杂的图形轮廓。

单击“绘图”面板中的“多段线”按钮，命令行提示与操作如下：

命令：_pline

指定起点：（单击绘图区内任意一点）

当前线宽为 0.0000

指定下一个点或[圆弧（A）/半宽（H）/长度（L）/放弃（U）/宽度（W）]：

各选项的含义如下。

1. 下一个点

绘制一条直线段，将重复显示前一个提示。

2. 圆弧（A）

该方式是利用多段线的“圆弧（A）”命令，通过确定圆弧的“角度（A）/圆心（CE）/方向（D）/半宽（H）/直线（L）/半径（R）/第二个点（S）/放弃（U）/宽度（W）”来绘制多段线。

【例】 已知圆弧 *AB* 中 *A* 点的坐标为（50，180），*B* 点的坐标为（75，140），且 *AB* 圆弧对应的中心角为 180°，直线 *BC* 与 *AB* 圆弧相切且长度为 50 mm，根据已知条件绘制图形。

命令：_pline

指定起点：50，180↙

当前线宽为 0.0000

指定下一个点或[圆弧（A）/半宽（H）/长度（L）/放弃（U）/宽度（W）]：a↙

指定圆弧的端点或

[角度（A）/圆心（CE）/方向（D）/半宽（H）/直线（L）/半径（R）/第二个点（S）/放弃（U）/宽度（W）]：a↙

指定包含角：180↙

指定圆弧的端点或[圆心（CE）/半径（R）]：75，140↙

指定圆弧的端点或

[角度（A）/圆心（CE）/闭合（CL）/方向（D）/半宽（H）/直线（L）/半径（R）/第二个点（S）/放弃（U）/宽度（W）]：l↙

指定下一点或[圆弧（A）/闭合（C）/半宽（H）/长度（L）/放弃（U）/宽度（W）]：l↙

指定直线的长度：50↙

指定下一点或[圆弧（A）/闭合（C）/半宽（H）/长度（L）/放弃（U）/宽度（W）]：↙

绘制结果如图 2-19 所示。

将圆弧段添加到多段线中，显示的提示选项：

指定圆弧的端点或[角度（A）/圆心（CE）/闭合（CL）/方向（D）/半宽（H）/直线（L）/半径（R）/第二个点（S）/放弃（U）/宽度（W）]：

各选项的含义如下。

角度（A）：指定圆弧的圆心角，逆时针为正，顺时针为负。

圆心（CE）：指定圆弧中心。

方向（D）：指定圆弧的起点切线方向。

半宽（H）：指定多段线半宽。

直线（L）：切换回直线绘制模式。

半径（R）：指定圆弧的半径。

第二个点（S）：指定三点画弧中的第二点。

放弃（U）：取消上一步操作。

宽度（W）：指定多段线全宽。

3. 半宽（H）

指定从多段线线段的中心到其一边的宽度。

指定起点半宽 < 当前 >：输入值或按回车键
指定端点半宽 < 当前 >：输入值或按回车键

起点半宽将成为默认的端点半宽。端点半宽在再次更改半宽之前将作为所有后续线段的统一半宽。宽线线段的起点和端点位于宽线的中心。

4. 长度（L）

用于绘制指定长度的直线段。如果上一线段是圆弧，将绘制与该圆弧段相切的新直线段；如果上一线段是直线，将沿此直线段的延伸方向绘制指定长度的直线段。

5. 放弃（U）

用于取消上一步所绘制的一段多段线，可逐次回溯。

6. 宽度（W）

指定多段线的线宽。

指定起点宽度 < 当前 >：输入值或按回车键
指定端点宽度 < 起点宽度 >：输入值或按回车键

多段线的初始宽度和结束宽度可分别设置不同的值，从而绘制出诸如箭头之类的图形。

7. 闭合（C）

用于封闭多段线并结束“多段线”命令，该选项从指定多段线的第三点时才开始出现。

【例】绘制如图 2-20 所示图形，已知直线 *AC* 长 60 mm，点 *B* 位于直线 *AC* 的中点，圆弧半径为 15 mm，*A*、*C* 处起点线宽为 0，*B* 点的线宽为 6 mm。

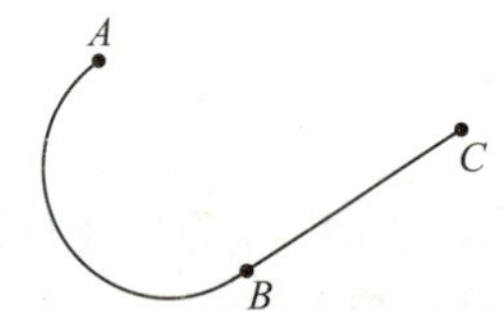

图 2-19　圆弧与直线相切的多段线

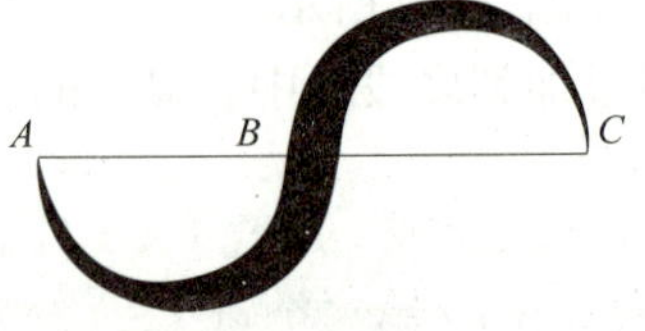

图 2-20　多段线图形

单击“绘图”面板中的“直线”按钮 ⁄，命令行提示与操作如下：

命令：_line
指定第一点：（单击绘图区内任意一点）
指定下一点或[放弃（U）]：@60，D↙
指定下一点或[放弃（U）]：↙

单击“绘图”面板中的“多段线”按钮，命令行提示与操作如下：

命令：_pline
指定起点：捕捉 *A* 点
当前线宽为 0.0000
指定下一个点或[圆弧（A）/半宽（H）/长度（L）/放弃（U）/宽度（W）]：w↙
指定起点宽度 <0.0000>：↙
指定端点宽度 <0.0000>：6↙
指定下一个点或[圆弧（A）/半宽（H）/长度（L）/放弃（U）/宽度（W）]：a↙
指定圆弧的端点或
[角度（A）/圆心（CE）/方向（D）/半宽（H）/直线（L）/半径（R）/第二个点（S）/放弃（U）/宽度（W）]：r↙
指定圆弧的半径：15↙
指定圆弧的端点或[角度（A）]：a↙
指定包含角：180↙
指定圆弧的弦方向 <0.00>：捕捉 *B* 点
指定圆弧的端点或
[角度（A）/圆心（CE）/闭合（CL）/方向（D）/半宽（H）/直线（L）/半径（R）/第二个点（S）/放弃（U）/宽度（W）]：w↙
指定起点宽度 <6.0000>：↙
指定端点宽度 <6.0000>：0↙
指定圆弧的端点或
[角度（A）/圆心（CE）/闭合（CL）/方向（D）/半宽（H）/直线（L）/半径（R）/第二个点（S）/放弃（U）/宽度（W）]：捕捉 *C* 点
指定圆弧的端点或
[角度（A）/圆心（CE）/闭合（CL）/方向（D）/半宽（H）/直线（L）/半径（R）/第二个点（S）/放弃（U）/宽度（W）]：↙

二、样条曲线的绘制

在 AutoCAD 2012 默认情况下，拟合点与样条曲线重合，而控制点确定控制框。控制框提供了一种便捷的方法，用来设置样条曲线的形状。绘图中用得最多的地方就是随意画一条曲线，比如局部剖视图的界线、较长零件的折断线等。在绘制相贯线、钣金工展开图的时候，样条曲线也很有用处。

单击“绘图”面板中的“样条曲线拟合”按钮 ，命令行提示与操作如下：

命令：_SPLINE
当前设置：方式 = 拟合　节点 = 弦
指定第一个点或[方式（M）/节点（K）/对象（O）]：m↙
输入样条曲线创建方式[拟合（F）/控制点（CV）]< 拟合 >：f↙
当前设置：方式 = 拟合　节点 = 弦

单击“绘图”面板中的“样条曲线控制点”按钮 ，命令行提示与操作如下：

命令：_SPLINE
指定第一个点或[方式（M）/节点（K）/对象（O）]：m↙
输入样条曲线创建方式[拟合（F）/控制点（CV）]< 拟合 >：cv↙
当前设置：方式 = 控制点　阶数 =3

当选取相同的点坐标时，利用两种方式绘制的样条曲线的图形效果如图 2–21 所示。

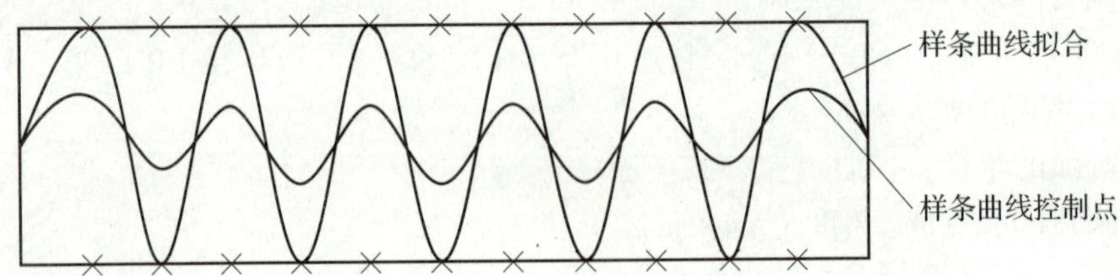

图 2–21　点坐标相同时利用两种方式绘制的样条曲线

三、图案填充的使用

用户经常要重复绘制某些图案以填充图形中的一个区域，从而表达该区域的特征，这样的填充操作在 AutoCAD 中称为图案填充。它常常用于表达断面和不同类型物体的外观纹理等，被广泛应用在绘制机械图、建筑施工图、地质构造图等各类图样中。例如，在机械工程图中，图案填充用于表达一个断面的区域，有时使用不同的图案填充来表达不同的零件或者材料。图案填充可以使用填充图案、实体填充或渐变填充来填充封闭区域或选定对象。

1. 图案填充

图案填充可以用一种指定的图案填充背景色。单击菜单栏中的“绘图”按钮，选择“图案填充”命令，打开“图案填充创建”选项卡，如图 2–22 所示，选择所需图案，设置图案填充特性，确定图案填充边界，创建图案填充。

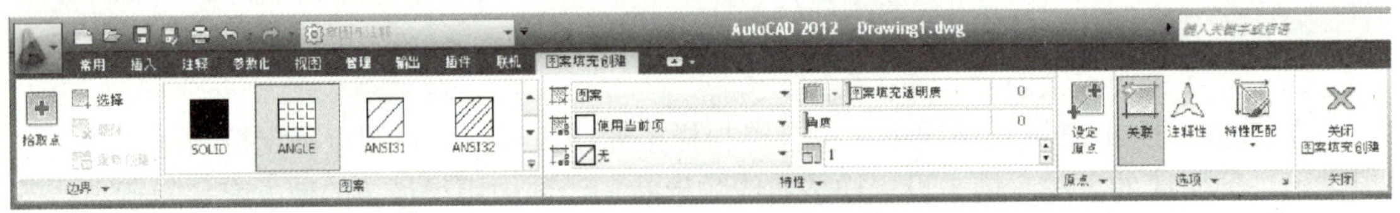

图 2–22　“图案填充创建”选项卡

“图案填充创建”选项卡中包括六个功能面板，分别是边界、图案、特性、原点、选项、关闭。

（1）边界

1）拾取点 ：根据围绕指定点构成封闭区域的现有对象来确定边界。一般采用此方法构造填充边界。

2）选择边界对象 ：根据构成封闭区域的选定对象确定边界。

3）删除边界对象 ：从边界定义中删除之前添加的任何对象。

（2）图案：显示所有预定义和自定义图案的预览图像。

（3）特性：在“特性”面板中，可以更改图案填充类型和颜色，或者修改图案填充的透明度级别、角度或比例。

1）图案填充类型 ：用于指定创建实体填充、渐变填充、预定义填充图案，或创建用户定义的填充图案。

2）图案填充颜色 ：用于为实体填充和填充图案指定颜色来替代当前颜色。

3）背景色 ：用于指定填充图案的背景色。

4）透明度 ：设定新图案填充或填充的透明度。

5）角度：用于指定图案填充或填充的角度。有效值为 0 到 359。

6）图案填充间距 ：用于指定用户定义图案中的直线间距。

（4）原点：控制填充图案生成的起始位置。某些图案填充（例如，砖块图案）需要与图案填充边界上的一点对齐。默认情况下，所有图案填充原点都对应于当前的 UCS 原点。在实际的绘图过程中，有时需要将填充图案严格对齐到某个局部边界，此时就需要指定原点。在用鼠标指定了原点后，可以进一步调整原点相对于边界范围的位置，共有 5 种情况：左下、右下、左上、右上、正中。另外，在选择了“存储为默认原点”选项后，可将原点坐标信息保存起来，避免重复设置，如图 2–23 所示。

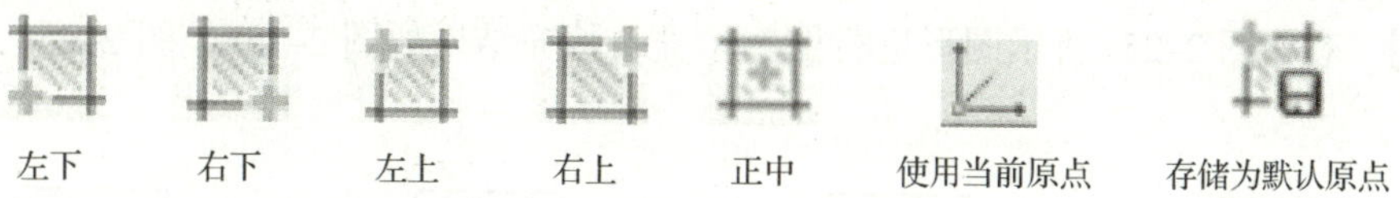

图 2–23　图案填充指定原点

（5）选项：控制几个常用的图案填充或填充选项。

1）关联：控制当用户修改图案填充边界时，是否自动更新图案填充。关联的图案填充在用户修改其边界对象时将会更新。

例如，对图 2–24a 所示图形进行缩放处理，若打开关联开关，那么填充图样与填充边界保持着关联关系，当填充边界被缩放或移动时，填充图样也相应跟着变化，如图 2–24b 所示。如果关闭关联开关，那么图案与边界不再关联，也就是填充图样不随边界的变化而变化，如图 2–24c 所示。

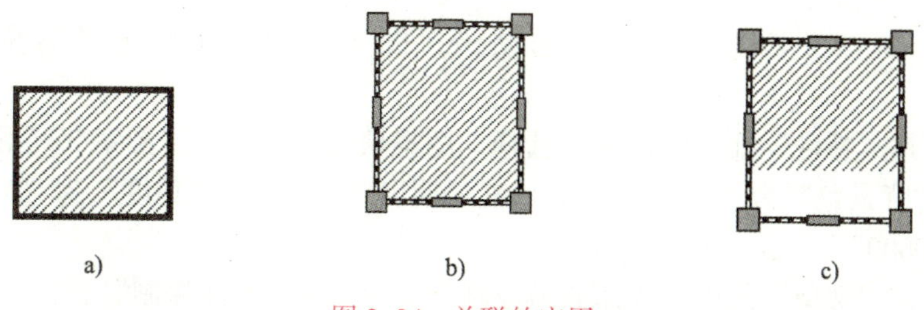

图 2–24　关联的应用

a）缩放前　b）缩放后，打开关联　c）缩放后，关闭关联

2）注释性：根据视口比例自动调整填充图案比例。

3）特性匹配：使用选定图案填充对象的特性设置图案填充特性，图案填充原点除外。

4）孤岛控制方式：控制填充图案的内部边界。

在填充区域内的对象称为孤岛，如封闭的图形、文字串的外框等，它影响了填充图案的内部边界。

①普通孤岛检测：从最外面边界开始往里填充，在交替的区域填充图案。这样在由外往里时，每奇数个区域被填充。

②外部孤岛检测：从最外面边界开始往里填充，遇到第一个内部边界后即停止填充，仅对最外边区域进行图案填充。

③忽略孤岛检测：最外端边界组成一个闭合的多边形时，将忽略所有的内部对象，对最外端边界所围成的全部区域进行图案填充。

④无孤岛检测：关闭孤岛检测。如果去掉“孤岛检测”前小框中的勾，即关闭此开关，无孤岛检测。

（6）关闭：关闭“图案填充创建”选项卡。用于退出图案填充命令。

2. 渐变色

以一种渐变色填充封闭区域。渐变填充可显示为明（一种与白色混合的颜色）、暗（一种与黑色混合的颜色）或两种颜色之间的平滑过渡，还能体现出光照在平面或三维对象上产生的过渡颜色，增加演示图形的效果。

各功能按钮的使用与图案填充相同。

【例】 对如图 2–25a 所示图形进行图案填充，填充结果如图 2–25b、图 2–25c、图 2–25d 所示。

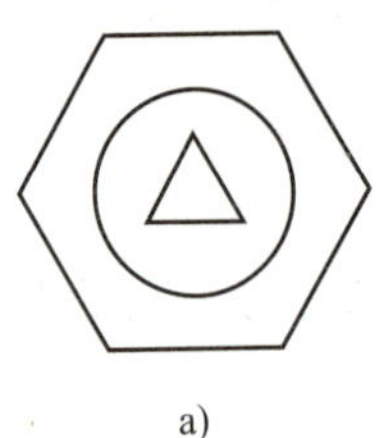

a)

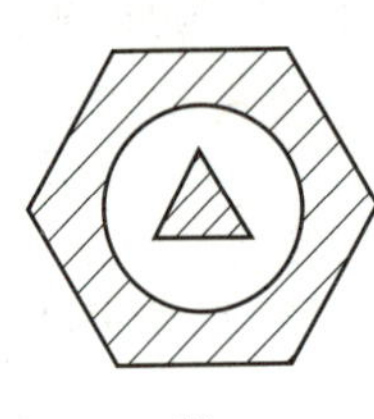

b)

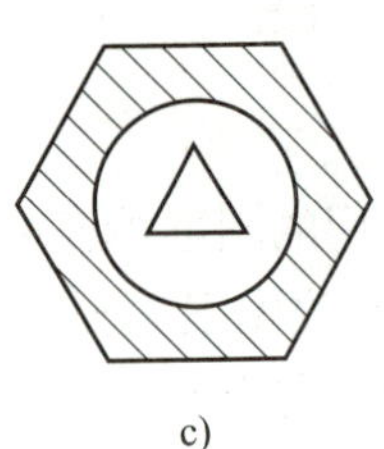

c)

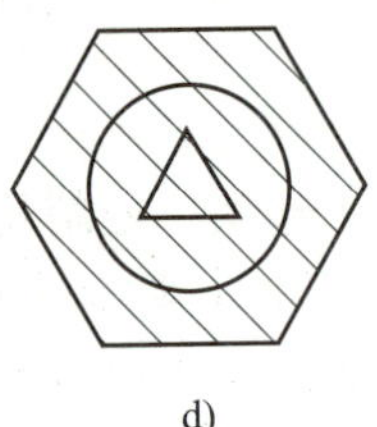

d)

图 2–25　图案填充示例

（1）图 2–25b 的填充

步骤一：单击“绘图”面板中的“图案填充”按钮，打开“图案填充创建”选项卡。

步骤二：在“图案填充创建”选项卡“图案”面板中，选择需要填充的图案“ANSI31”。

步骤三：在“特性”面板中，依次选择“图案填充类型”为“图案”，“图案填充颜色”为“蓝”色，“背景色”为“无”，“图案填充透明度”为“0”，“角度”为“0”，“填充图案比例”为“2.0000”。

步骤四：在“选项”面板中选择孤岛控制方式为“普通孤岛控制”。

步骤五：单击“拾取点”按钮，选择六边形与圆之间的部分，完成图案填充。

（2）图 2–25c 的填充

只需将图 2–25b 绘制步骤三中的“角度”调整为“90”；步骤四中选择孤岛控制方式为“外部孤岛控制”即可。

（3）图 2-25d 的填充

只需将图 2-25b 绘制步骤三中的“角度”调整为“90”，“填充图案比例”调整为“3.5000”；步骤四中选择孤岛控制方式为“忽略孤岛控制”即可。

知识拓展

一、螺旋线的绘制

螺旋线就是开口的二维线或三维螺旋线。

创建螺旋线时，可以指定以下特性：底面半径、顶面半径、高度、圈数、圈高、扭曲方向。

如果指定一个值来同时作为底面半径和顶面半径，将创建圆柱形螺旋线。默认情况下，顶面半径和底面半径设定的值相同。不能指定 0 来同时作为底面半径和顶面半径。

如果指定不同的值来作为顶面半径和底面半径，将创建圆锥形螺旋线。

如果指定的高度值为 0，则将创建扁平的二维螺旋线。

【例】 创建一个底面半径 20 mm，顶面半径 30 mm，螺旋高度 20 mm，圈数为 6 圈的螺旋线，如图 2-26 所示。

单击“绘图”面板中的“螺旋”按钮，命令行提示与操作如下：

```
命令：_Helix
圈数 = 6.0000 扭曲 =CCW
指定底面的中心点：0，0↙
指定底面半径或[直径（D）]<1.0000>：20↙
指定顶面半径或[直径（D）]<20.0000>：30↙
指定螺旋高度或[轴端点（A）/圈数（T）/圈高（H）/扭曲（W）]<20.0000>：↙
```

本例中螺旋线高度为 20 mm，从三维空间进行观察时的图形如图 2-27 所示。

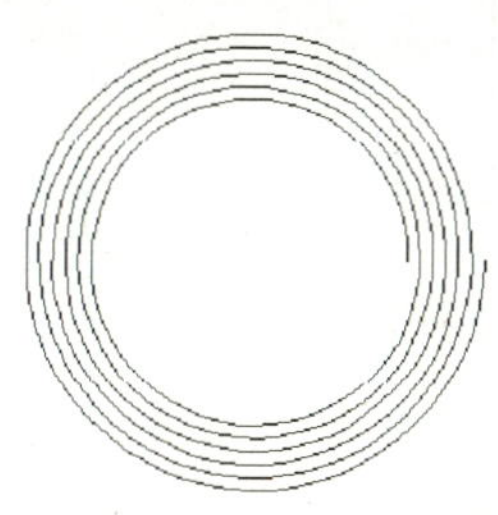

图 2-26　螺旋线

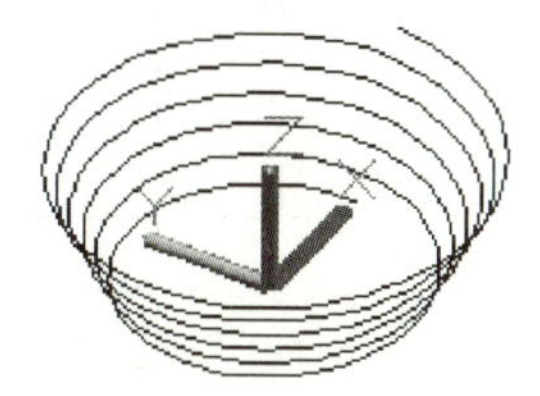

图 2-27　三维空间的螺旋线

二、多线对象的绘制

多线对象由 1~16 条平行线组成，这些平行线称为元素。多条平行线组成的组合对象，平行线之间的间距和数目是可以调整的。其突出的优点是能够提高绘图效率，保证图线之间的统一性。

在菜单栏中选择“绘图”面板中的“多线”命令，命令行提示与操作如下：

```
命令: _mline
当前设置: 对正 = 上, 比例 = 1.00, 样式 = STANDARD
指定起点或[对正(J)/比例(S)/样式(ST)]:
指定下一点:
指定下一点或[放弃(U)]:
```

各选项的含义如下。

1. 对正(J)

在指定的点之间绘制多线。

2. 比例(S)

控制多线的全局宽度。这个比例基于在多线样式定义中确定的宽度，不影响线型的比例。

3. 样式(ST)

输入多线样式名或[?]:

样式名：指定已加载的样式名或者是在用户创建的库文件(MLN)中已定义的样式名。

在 AutoCAD 2012 中，用户可以根据需要创建多线样式，设置其线条数目、线型、颜色和线的连接方式等。

注意：不能编辑 STANDARD 多线样式或图形中正在使用的任何多线样式的元素和多线特性。要编辑现有多线样式，必须在使用该样式绘制任何多线之前进行。

思考与练习

1. 绘制如图 2-28 所示图形。

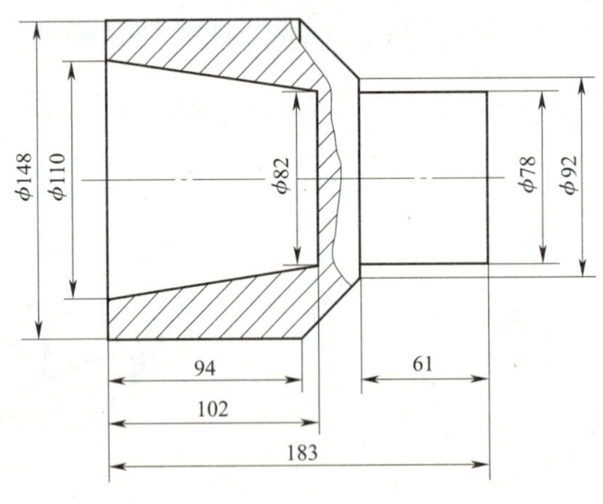

图 2-28　练习 1

2. 绘制如图 2-29 所示图形，圆环宽度为 10 mm，外圆直径为 100 mm，箭头尾部宽为 10 mm，起始宽度为 20 mm，中间同心圆直径为 50 mm。

3. 利用多线命令绘制如图 2-30 所示边长为 100 mm 的正方形，多线类型为三线，且多线的每两个元素间的间距为 10 mm。

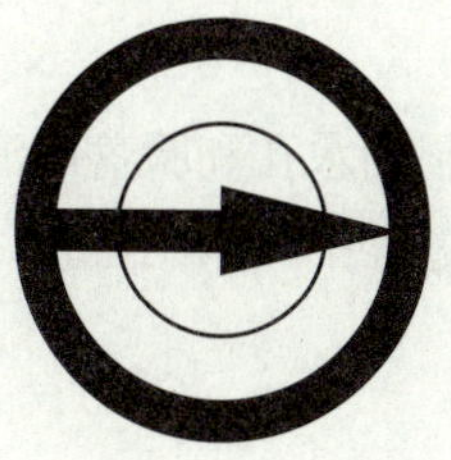

图 2-29　练习 2

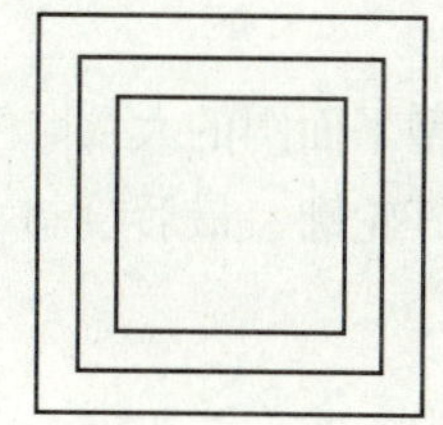

图 2-30　练习 3

任务 3　绘制圆弧类对象

任务目标

1. 掌握圆、圆弧、椭圆、椭圆弧的绘制方法。
2. 了解圆环的绘制方法。

任务提出

圆弧类对象是生产生活中应用十分广泛的图形元素，如机床设备中的传动零件——圆柱齿轮、轴向定位的零件——挡圈、生活中常用的卫生洁具——脸盆等，都是圆弧类对象。如图 2-31a 所示脸盆外池、内池、漏水孔、水管底座等也都是典型的圆弧类对象。本任务的内容就是完成图 2-31b 所示的脸盆简易造型平面图。

a）

b）

图 2-31　脸盆

a）实物图　b）简易造型平面图

任务分析

绘制脸盆简易造型平面图的大致顺序为：先绘制漏水孔和脸盆内池，从而确定脸盆的尺寸和位置，然后绘制其轮廓，最后绘制水管。绘制过程中要用到直线、圆、圆弧、椭圆、椭圆弧、圆环等命令。

任务实施

一、绘制漏水孔

单击“绘图”面板中的“圆环”按钮◎，命令行提示与操作如下：

命令：_donut
指定圆环的内径 <0.5>：5↙
指定圆环的外径 <1.0>：15↙
指定圆环的中心点或 < 退出 >：150，150↙
指定圆环的中心点或 < 退出 >：↙

绘制漏水孔效果如图 2–32 所示。

图 2–32　绘制漏水孔

二、绘制脸盆内池

单击“绘图”面板中的“椭圆弧”按钮，命令行提示与操作如下：

命令：_ellipse
指定椭圆的轴端点或[圆弧（A）/ 中心点（C）]：a↙
指定椭圆弧的轴端点或[中心点（C）]：50，150↙
指定轴的另一个端点：250，150↙
指定另一条半轴长度或[旋转（R）]：40↙
指定起始角度或[参数（P）]：180↙
指定终止角度或[参数（P）/ 包含角度（I）]：0↙
命令：_ellipse
指定椭圆的轴端点或[圆弧（A）/ 中心点（C）]：a↙
指定椭圆弧的轴端点或[中心点（C）]：捕捉 *A* 点
指定轴的另一个端点：捕捉 *B* 点
指定另一条半轴长度或[旋转（R）]：30↙
指定起始角度或[参数（P）]：0↙
指定终止角度或[参数（P）/ 包含角度（I）]：180↙

绘制脸盆内池效果如图 2–33 所示。

三、绘制脸盆外池

单击“绘图”面板中的“椭圆（圆心）”按钮，命令行提示与操作如下：

命令：_ellipse
指定椭圆的轴端点或[圆弧（A）/中心点（C）]：c↙
指定椭圆的中心点：捕捉圆环的中心
指定轴的端点：30，150↙
指定另一条半轴长度或[旋转（R）]：60↙

绘制脸盆外池效果如图 2–34 所示。

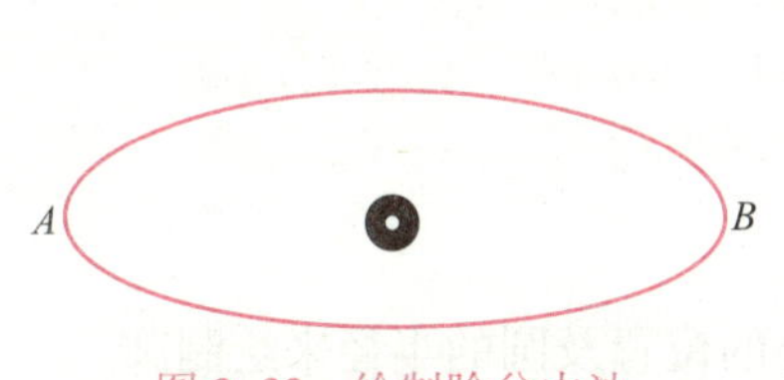

图 2–33　绘制脸盆内池

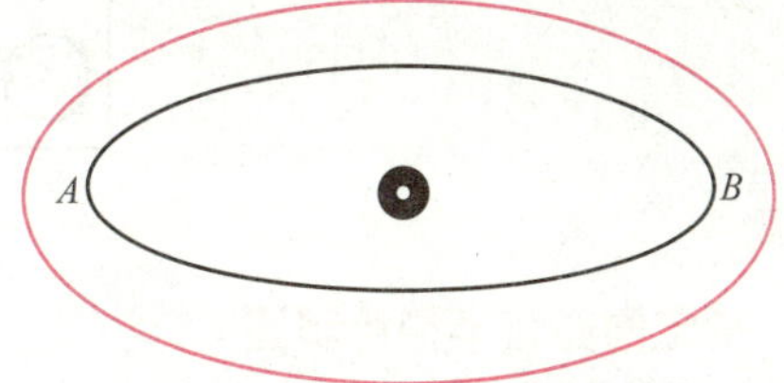

图 2–34　绘制脸盆外池

四、绘制水管

单击“绘图”面板中的“直线”按钮，命令行提示与操作如下：

命令：_line
指定第一点：120，105↙
指定下一点或[放弃（U）]：180，105↙
命令：_line
指定第一点：捕捉中点
指定下一点或[放弃（U）]：150，130↙

单击“绘图”面板中的“圆”按钮，命令行提示与操作如下：

命令：_circle
指定圆的圆心或[三点（3P）/两点（2P）/切点、切点、半径（T）]：捕捉端点 *C*
指定圆的半径或[直径（D）]：8↙
命令：_circle
指定圆的圆心或[三点（3P）/两点（2P）/切点、切点、半径（T）]：捕捉端点 *D*
指定圆的半径或[直径（D）]〈8.0000〉：↙

脸盆绘制完成效果如图 2–31b 所示。

相关知识

一、圆的绘制

单击“绘图”面板中的“圆”按钮，出现下拉菜单，如图 2–35 所示。

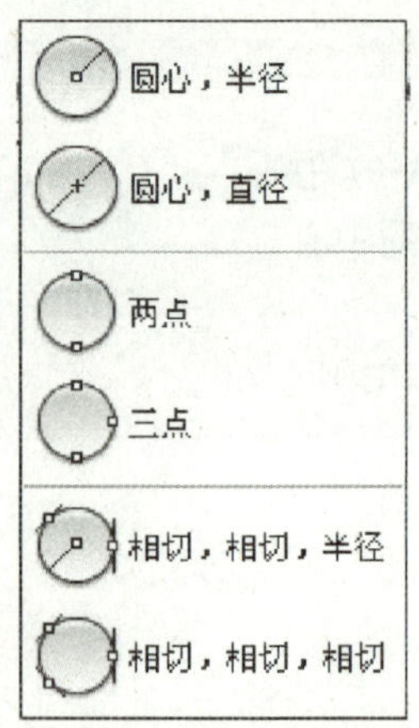

图 2-35 “圆”命令的下拉菜单

1. 指定圆心和半径绘制圆

该方式是利用“圆心、半径”命令，通过确定圆心的位置及圆的半径来绘制圆。

【例】 已知圆心坐标为（150，150），半径为 100 mm，根据已知条件绘制圆。

命令：_circle
指定圆的圆心或［三点（3P）/ 两点（2P）/ 相切、相切、半径（T）］：150，150
指定圆的半径或［直径（D）］：100↙

绘制结果如图 2-36 所示。

2. 指定圆心和直径绘制圆

该方式是利用“圆心、直径”命令，通过确定圆心的位置及圆的直径来绘制圆。

【例】 已知圆心坐标为（150，150），直径为 100 mm，根据已知条件绘制圆。

命令：_circle
指定圆的圆心或［三点（3P）/ 两点（2P）/ 相切、相切、半径（T）］：150，150↙
指定圆的半径或［直径（D）］：d↙
指定圆的直径：100↙

绘制结果如图 2-37 所示。

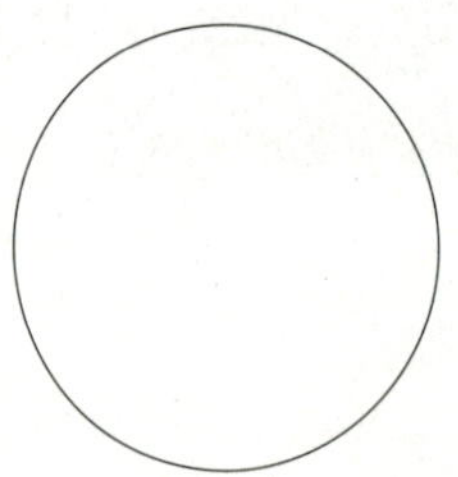

图 2-36 指定圆心和半径绘制圆

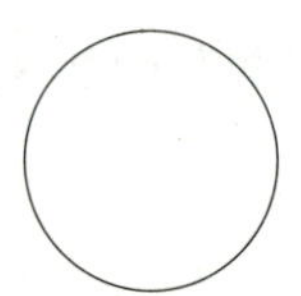

图 2-37 指定圆心和直径绘制圆

3. 指定直径两端点绘制圆

该方式是利用“两点”命令，通过确定圆的直径的两个端点来绘制圆。

【例】 已知 A、B 为圆的直径两端点，通过 A、B 两点绘制圆。

```
命令：_circle
指定圆的圆心或[三点（3P）/两点（2P）/相切、相切、半径（T）]：2p↙
指定圆的直径的第一个端点：A 点
指定圆的直径的第二个端点：B 点
```

绘制结果如图 2-38 所示。

4. 指定三点绘制圆

该方式是利用“三点”命令，通过确定圆周上三点来绘制圆。

【例】 已知 A、B、C 三点，通过 A、B、C 三点绘制圆。

```
命令：_circle
指定圆的圆心或[三点（3P）/两点（2P）/相切、相切、半径（T）]：3p↙
指定圆上的第一个点：A 点
指定圆上的第二个点：B 点
指定圆上的第三个点：C 点
```

绘制结果如图 2-39 所示。

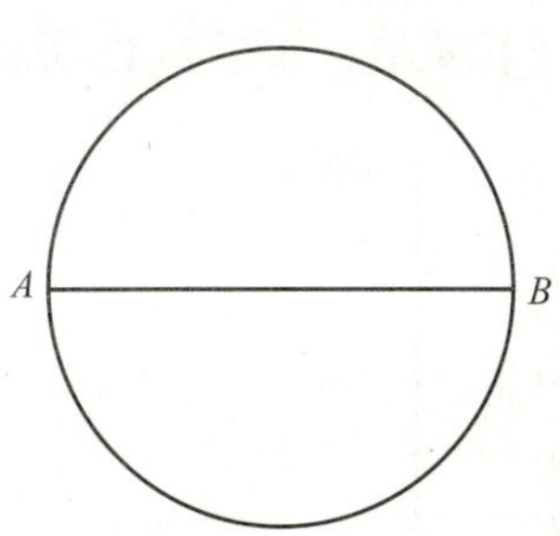

图 2-38　指定直径两端点绘制圆

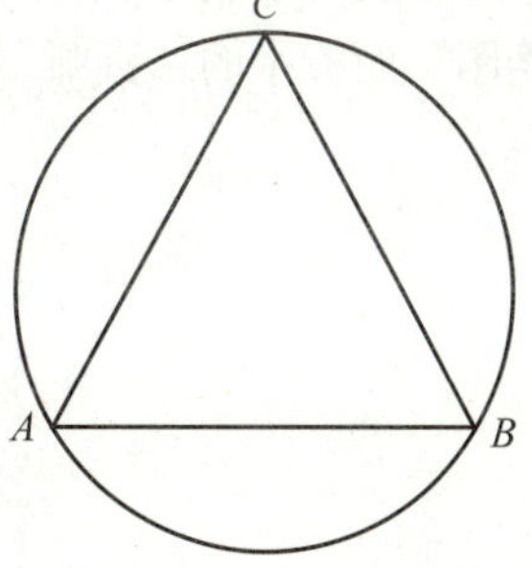

图 2-39　指定三点绘制圆

5. 指定两个相切对象和半径绘制圆

该方式是利用“相切、相切、半径”命令，通过指定两个相切对象和半径来绘制圆。

【例】 绘制一个与直线 AB、AC 相切且半径为 80 mm 的圆。

```
命令：_circle
指定圆的圆心或[三点（3P）/两点（2P）/相切、相切、半径（T）]：t↙
指定对象与圆的第一个切点：指定直线 AB 上任意一点
指定对象与圆的第二个切点：指定直线 AC 上任意一点
指定圆的半径：80↙
```

绘制结果如图 2-40 所示。

6. 指定三个相切对象绘制圆

该方式是利用“相切、相切、相切”命令，通过指定三个相切对象来绘制圆。

【例】 绘制一个圆，与直线 *AB*、*BC*、*AC* 相切。

```
命令：_circle
指定圆的圆心或[三点（3P）/两点（2P）/相切、相切、半径（T）]：3p↙
指定圆上的第一个点：_tan 到（指定直线 AB 上任意一点）
指定圆上的第二个点：_tan 到（指定直线 BC 上任意一点）
指定圆上的第三个点：_tan 到（指定直线 AC 上任意一点）
```

绘制结果如图 2-41 所示。

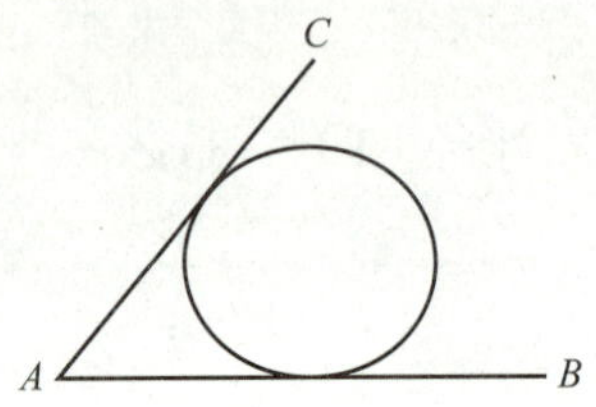

图 2-40 指定两个相切对象和半径绘制圆

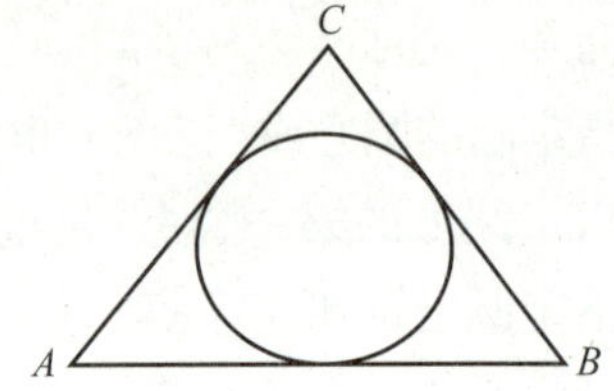

图 2-41 指定三个相切对象绘制圆

二、圆弧的绘制

已知三个参数就可以利用“圆弧”命令绘制圆弧。

单击“绘图”面板中的“圆弧” 按钮，出现下拉菜单，如图 2-42 所示。

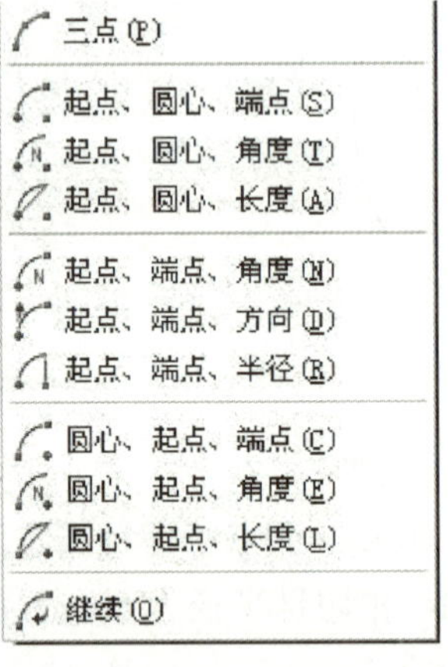

图 2-42 “圆弧”命令的下拉菜单

1. 指定三点绘制圆弧

该方式是利用“三点”命令，通过指定圆弧的起点、端点和圆弧上的任一点绘制圆弧。

【例】 已知 *S* 点、2 点和 *E* 点三点绘制圆弧。

```
命令：_arc
指定圆弧的起点或［圆心（C）］：S 点
```

指定圆弧的第二个点或［圆心（C）/ 端点（E）］：2 点
指定圆弧的端点：*E* 点

绘制结果如图 2–43 所示。

2. 指定起点、圆心和端点绘制圆弧

该方式是利用“起点、圆心、端点”命令，通过指定圆弧的起点、圆心和端点绘制圆弧。

【例】 已知圆弧起点 *S*、圆心 *C* 和端点 *E* 绘制圆弧。

命令：_arc
指定圆弧的起点或［圆心（C）］：*S* 点
指定圆弧的第二个点或［圆心（C）/ 端点（E）］：c↙
指定圆弧的圆心：*C* 点
指定圆弧的端点［角度（A）/ 弦长（L）］：*E* 点

绘制结果如图 2–44 所示。

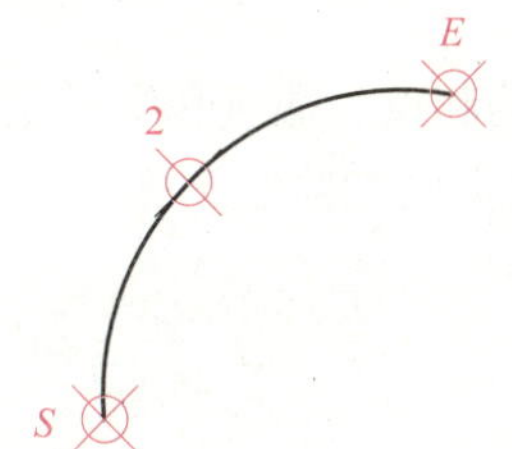

图 2–43　指定三点绘制圆弧

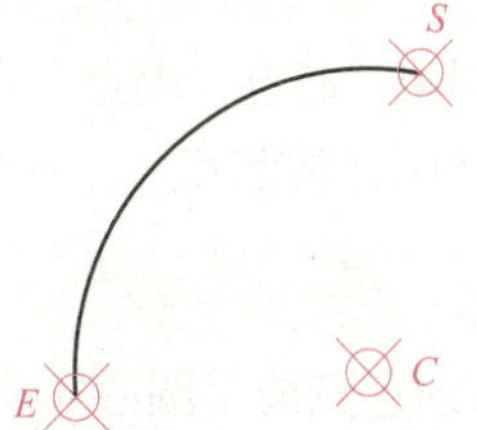

图 2–44　指定起点、圆心和端点绘制圆弧

3. 指定起点、圆心和角度绘制圆弧

该方式是利用“起点、圆心、角度”命令，通过指定圆弧的起点、圆心和角度绘制圆弧。

【例】 已知圆弧的起点 *S*、圆心 *C* 以及圆弧所对应的中心角为 120°，根据已知绘制圆弧。

命令：_arc
指定圆弧的起点或［圆心（C）］：*S* 点
指定圆弧的第二个点或［圆心（C）/ 端点（E）］：c↙
指定圆弧的圆心：*C* 点
指定圆弧的端点［角度（A）/ 弦长（L）］：a↙
指定包含角：120↙

绘制结果如图 2–45 所示。

注意：如果角度为正，逆时针绘制圆弧；如果角度为负，顺时针绘制圆弧。

4. 指定起点、圆心和弦长绘制圆弧

该方式是利用“起点、圆心、弦长”命令，通过指定圆弧的起点、圆心和弦长绘制圆弧。

【例】 已知圆弧的起点 *S*、圆心 *C*、弦长 *L* 为 300 mm，根据已知绘制圆弧。

命令：_arc
指定圆弧的起点或［圆心（C）］：*S* 点
指定圆弧的第二个点或［圆心（C）/ 端点（E）］：c↙
指定圆弧的圆心：点 *C*
指定圆弧的端点［角度（A）/ 弦长（L）］：l↙
指定弦长：300↙

绘制结果如图 2–46 所示。

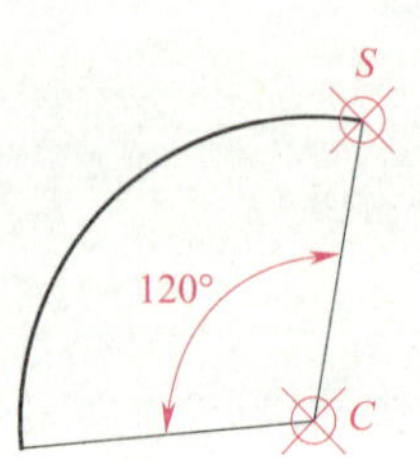

图 2–45　指定起点、圆心和角度绘制圆弧

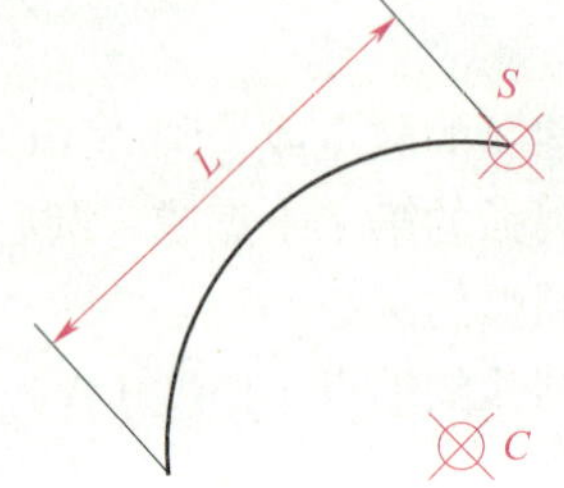

图 2–46　指定起点、圆心和弦长绘制圆弧

5. 指定起点、端点和半径绘制圆弧

该方式是利用“起点、端点、半径”命令，通过指定圆弧的起点、端点和半径绘制圆弧。

【例】 已知圆弧的起点 *S*、终点 *E*、半径 *R* 为 140 mm，根据已知绘制圆弧。

命令：_arc
指定圆弧的起点或［圆心（C）］：*S* 点
指定圆弧的第二个点或［圆心（C）/ 端点（E）］：e↙
指定圆弧的端点：*E* 点
指定圆弧的圆心或［角度（A）/ 方向（D）/ 半径（R）］：r↙
指定圆弧的半径：140↙

绘制结果如图 2–47 所示。

6. 指定起点、端点和方向绘制圆弧

该方式是利用“起点、端点和方向”命令，通过指定圆弧的起点、端点和方向绘制圆弧。

【例】 已知圆弧的起点 *S*、终点 *E*、方向为 *SD*，根据已知绘制圆弧。

命令：_arc
指定圆弧的起点或［圆心（C）］：*S* 点
指定圆弧的第二个点或［圆心（C）/ 端点（E）］：e↙
指定圆弧的端点：*E* 点
指定圆弧的圆心或［角度（A）/ 方向（D）/ 半径（R）］：d↙
指定圆弧的起点切向：*SD* 方向

绘制结果如图 2–48 所示。

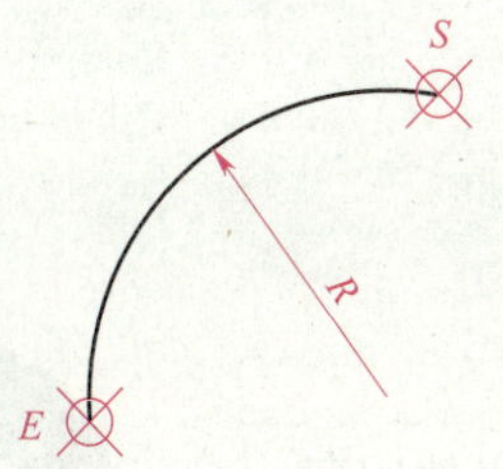

图 2-47　指定起点、端点和半径绘制圆弧

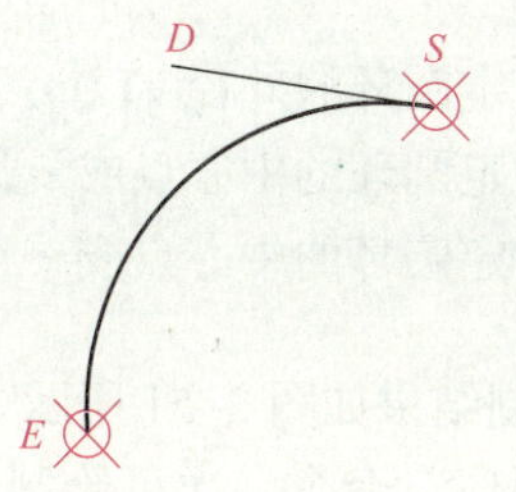

图 2-48　指定起点、端点和方向绘制圆弧

7. 连续方式绘制圆弧

该方式是利用“连续”命令，通过自动拾取上一次绘制的直线或圆弧的终点作为新圆弧的起点和指定圆弧的端点绘制圆弧。

【例】 已知圆弧 *AB*，绘制与其相切的圆弧 *BE*。

先绘制圆弧 *AB*，选择“连续”命令，则命令行提示与操作如下：

```
命令：_arc
指定圆弧的起点或［圆心（C）］：捕捉 B 点
指定圆弧的端点：E 点
```

绘制结果如图 2-49 所示。

【例】 已知直线段 *AB*，绘制与其相切的圆弧 *BE*。

先绘制直线段 *AB*，选择“连续”命令，则命令行提示与操作如下：

```
命令：_arc
指定圆弧的起点或［圆心（C）］：捕捉 B 点
指定圆弧的端点：E 点
```

绘制结果如图 2-50 所示。

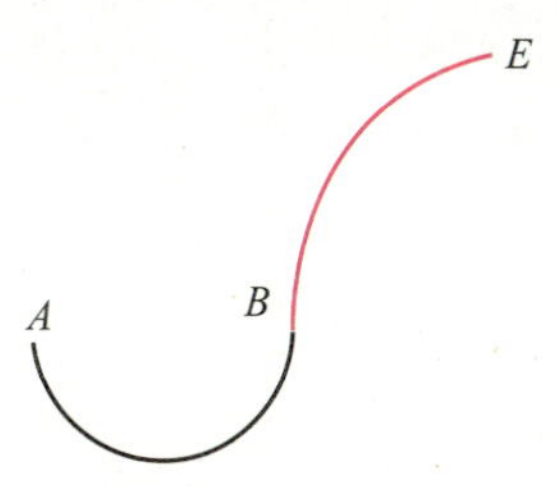

图 2-49　绘制与圆弧 *AB* 相切的圆弧 *BE*

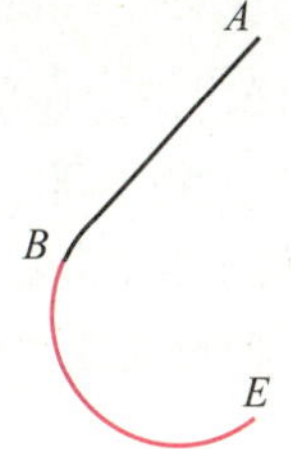

图 2-50　绘制与直线段 *AB* 相切的圆弧 *BE*

三、圆环的绘制

该方式是利用“圆环”命令，通过确定圆环内径和外径绘制圆环或实心圆。

单击“绘图”面板中的“圆环”按钮◎，命令行提示与操作如下：

```
命令：_donut
指定圆环的内径 <0.5>：20↙
```

```
指定圆环的外径 <1.0>：40 ↙
指定圆环的中心点或 < 退出 >：150，150 ↙
指定圆环的中心点或 < 退出 >：↙
```

绘制结果如图 2-51 所示。

图 2-51　内外径不等的圆环

“圆环”命令一次可绘制出多个相同的圆环。也可以按回车键，结束命令。

四、椭圆的绘制

单击菜单栏中的“绘图”按钮，选择“椭圆”命令。

1. 指定两端点和半轴长绘制椭圆

该方式是利用“轴、端点”命令，通过指定椭圆轴的两个端点和另一条半轴长绘制椭圆。

【例】 已知椭圆的一个端点坐标为（150，150），长轴为 120 mm 且倾斜 30°，短轴为 40 mm，根据已知绘制椭圆。

```
命令: _ellipse
指定椭圆的轴端点或[圆弧（A）/ 中心点（C）]：150，150 ↙
指定轴的另一个端点：@120<30 ↙
指定另一条半轴长度或[旋转（R）]：20 ↙
```

绘制结果如图 2-52 所示。

2. 指定中心点、端点和半轴长绘制椭圆

该方式是利用“中心点、端点和半轴长”命令，通过指定椭圆的中心点、轴的端点和另一条半轴长绘制椭圆。

【例】 已知椭圆的中心点坐标为（100，100），长轴为 60 mm 且水平，短轴为 40 mm，根据已知绘制椭圆。

```
命令: _ellipse
指定椭圆的轴端点或[圆弧（A）/ 中心点（C）]：c ↙
指定椭圆的中心点：100，100 ↙
指定轴的端点：@30，0 ↙
指定另一条半轴长度或[旋转（R）]：20 ↙
```

绘制结果如图 2-53 所示。

五、椭圆弧的绘制

单击“绘图”面板中的“椭圆弧”按钮。

该方式是利用“轴端点、半轴长、起始角度和端点角度”命令，通过指定椭圆轴的两个端点、另一条半轴长、起始角度和端点角度绘制椭圆弧。

【例】 已知椭圆弧两个轴端点分别为 A、B（A、B 之间距离为 500 mm），短半轴长度为 160 mm，起始角度为 -120°，终止角度为 150°。

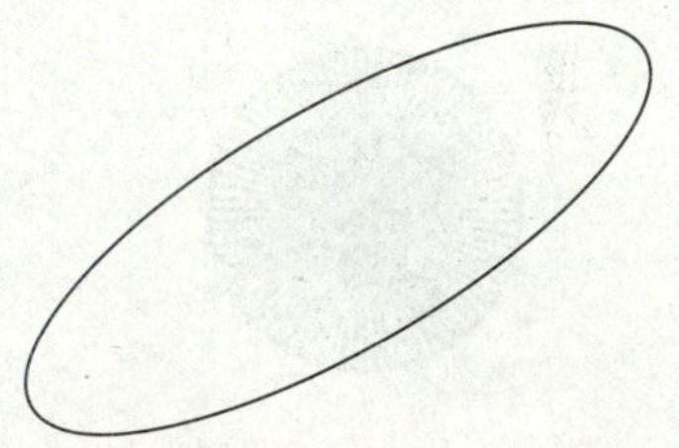

图 2-52　指定两端点和半轴长绘制椭圆

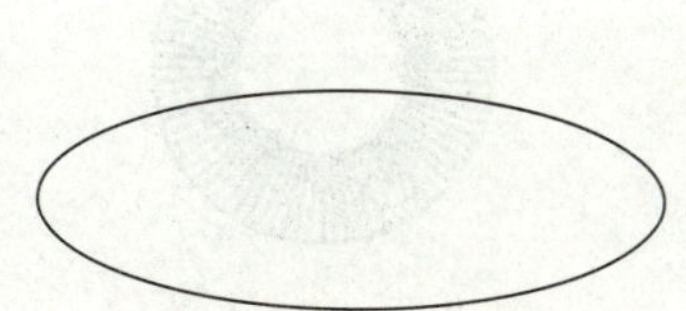

图 2-53　指定中心点、端点和半轴长绘制椭圆

命令：_ellipse
指定椭圆的轴端点或[圆弧（A）/中心点（C）]：a↙
指定椭圆弧的轴端点或[中心点（C）]：*A* 点
指定轴的另一个端点：*B* 点
指定另一条半轴长度或[旋转（R）]：160↙
指定起始角度或[参数（P）]：-120↙
指定终止角度或[参数（P）/包含角度（I）]：150↙

绘制结果如图 2-54 所示。

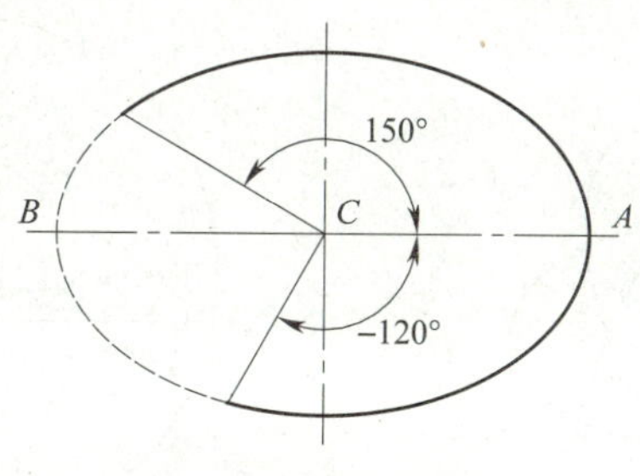

图 2-54　椭圆弧的绘制

知识拓展

圆环的绘制

圆环是否填充，可用"FILL"命令或系统变量 FILLMODE 加以控制。当值为 1 时，圆环被填充，其效果如图 2-51、图 2-55、图 2-56 所示；当值为 0 时，圆环不被填充，其效果如图 2-57、图 2-58 所示。

图 2-55　内径为 0（圆环被填充）

图 2-56　内外径相等

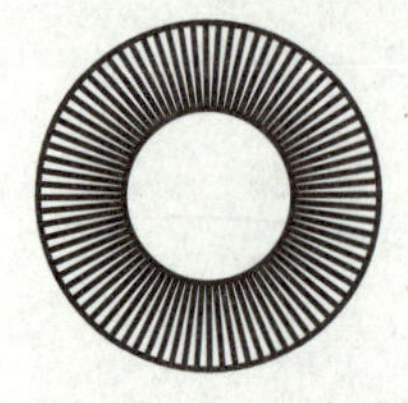
图 2-57　内外径不等

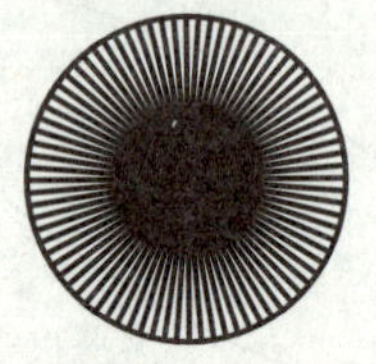
图 2-58　内径为 0（圆环不被填充）

（1）如果指定的内径为 0，则绘制实心圆，如图 2-55 所示。

（2）如果输入的外径值小于内径值，系统会自动将内外径值互换。

（3）圆环的内外径可以相等，此时的圆环如同一圆，如图 2-56 所示，但实际上是零宽度的多段线。因此，圆环是由两个等宽度的半圆弧多段线构成的。

思考与练习

1. 绘制如图 2-59 所示图形，三个椭圆形，长轴都是 200 mm，短轴都是 100 mm，三个椭圆长轴的倾斜角度分别为 0°、60°、120°。

2. 绘制如图 2-60 所示图形。

3. 绘制如图 2-61 所示图形。

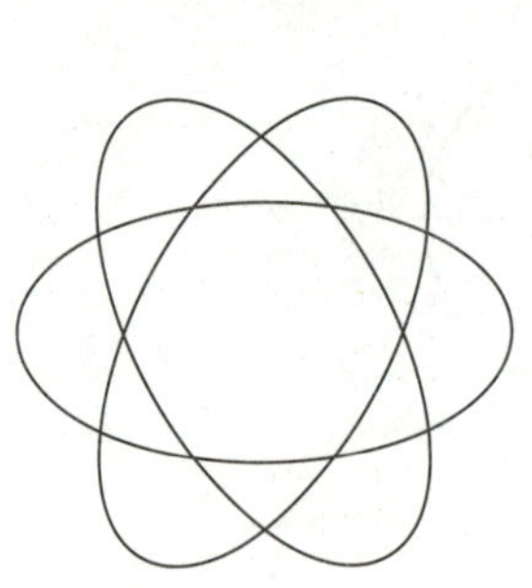
图 2-59　练习 1

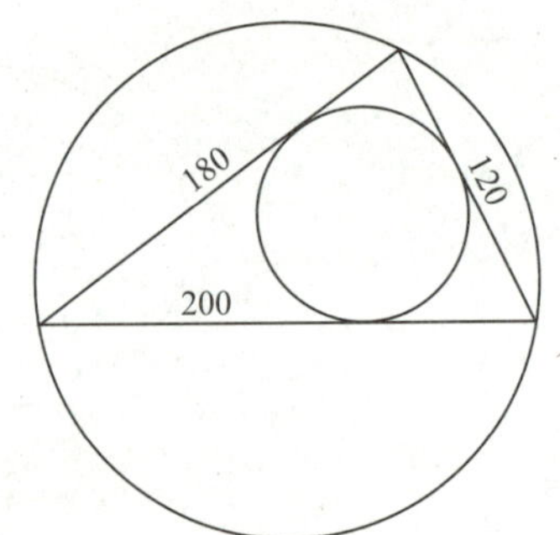

图 2-60　练习 2

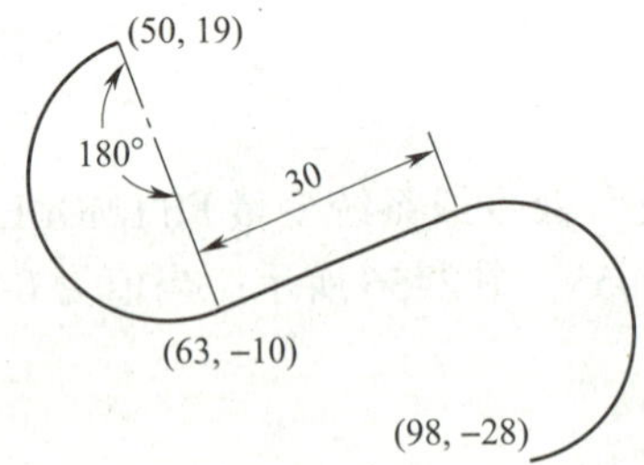

图 2-61　练习 3

任务 4　绘制多边形对象

掌握矩形、正多边形的绘制方法。

任务提出

机械设备中有很多部件的基本形状是矩形或多边形。例如，挡板、轴承座以及支座等零件的基座就是圆角长方体，在长方体上开圆孔或方孔与其他零件或地面等连接紧固。如图 2-62a 所示为挡板的实物图，下面用 AutoCAD 2012 绘制图 2-62b 所示挡板平面图。

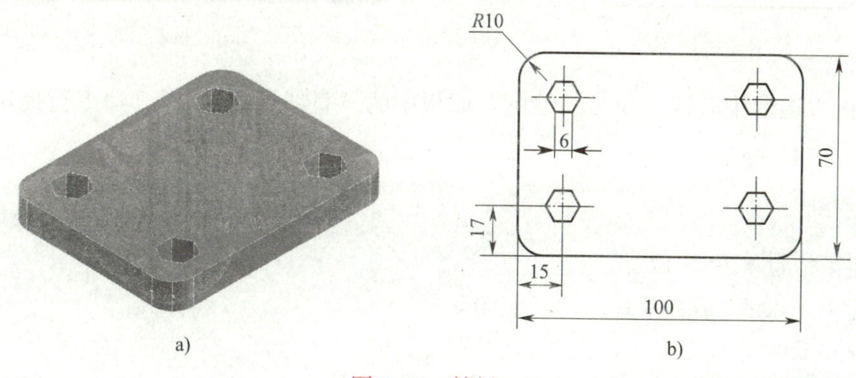

图 2-62　挡板

a）实物图　b）平面图

任务分析

绘制挡板平面图的大致顺序为：先绘制外矩形框，从而确定挡板的尺寸，然后绘制正六边形定位线，最后绘制四个正六边形。绘制过程中要用到矩形、直线等命令。

任务实施

一、绘制矩形

单击"绘图"面板中的"矩形"按钮 □ ，命令行提示与操作如下：

命令：_rectang

指定第一个角点或［倒角（C）/ 标高（E）/ 圆角（F）/ 厚度（T）/ 宽度（W）］：f↙

指定矩形的圆角半径 <0.0000>：10↙
指定第一个角点或[倒角（C）/标高（E）/圆角（F）/厚度（T）/宽度（W）]：0，0↙
指定另一个角点或[面积（A）/尺寸（D）/旋转（R）]：100，70↙

绘制结果如图 2–63 所示。

二、绘制正六边形

在“图层”面板中的“图层”下拉列表中选择“细点画线”图层，将该图层设置为当前图层，如图 2–64 所示。

图 2–63　绘制矩形

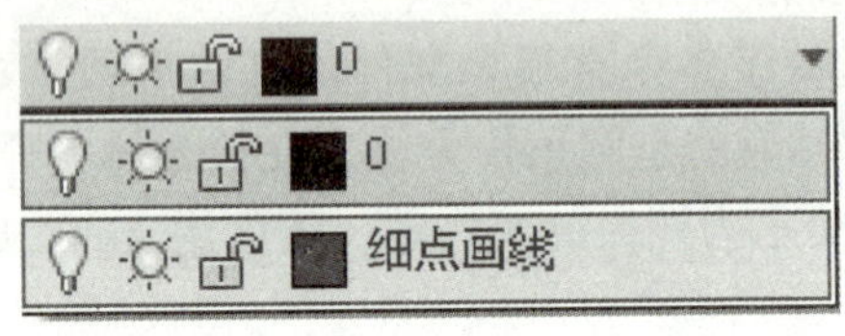

图 2–64　将“细点画线”图层设为当前图层

绘制正六边形中心线，单击“绘图”面板中的“直线”按钮 ，命令行提示与操作如下：

命令：_line
指定第一点：7.5，17↙
指定下一点或[放弃（U）]：@15，0↙
命令：_line
指定第一点：捕捉到中点，沿垂直线向上移动单击
指定下一点或[放弃（U）]：沿垂直线向下移动单击

绘制结果如图 2–65 所示。

单击“绘图”面板中的“多边形”按钮 ，命令行提示与操作如下：

命令：_polygon
输入侧面数 <4>：6↙
指定正多边形的中心点或[边（E）]：捕捉两条直线的交点
输入选项[内接于圆（I）/外切于圆（C）]<I>：↙
指定圆的半径：6↙

绘制结果如图 2–66 所示。

用同样的方法绘制其他三个中心线及正六边形。

绘制结果如图 2–62 所示。

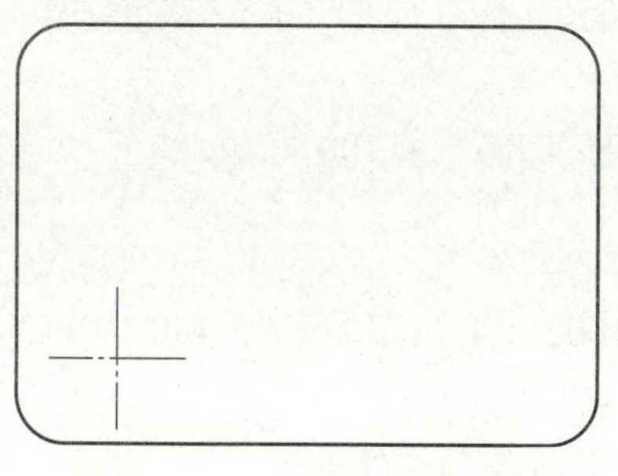

图 2-65　绘制正六边形中心线

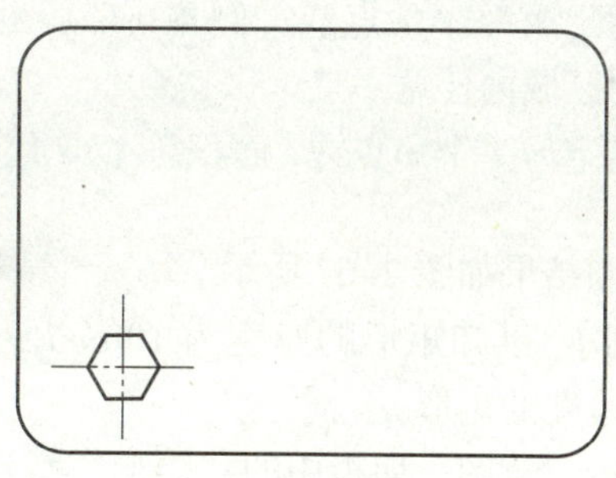

图 2-66　绘制正六边形

相关知识

一、矩形的绘制

单击“绘图”面板中的“矩形”按钮，命令行提示与操作如下：

```
命令：_rectang
指定第一个角点或[倒角（C）/标高（E）/圆角（F）/厚度（T）/宽度（W）]：
```

各选项的含义如下。

倒角（C）：绘制倒角矩形，需要输入第一、二倒角距离。

标高（E）：用于设置矩形在三维空间内的基面高度，即距离当前坐标系的 *XOY* 坐标平面的高度。

圆角（F）：绘制圆角矩形，需要输入圆角半径。

厚度（T）和宽度（W）：分别用于设置矩形各边的厚度和宽度，以绘制具有一定厚度和宽度的矩形。矩形的厚度指的是 *Z* 轴方向的高度。

【例】 过顶点 *A*（40，105），顶点 *B*（165，190）两点绘制一矩形。

单击“绘图”面板中的“矩形”按钮，命令行提示与操作如下：

```
命令：_rectang
指定第一个角点或[倒角（C）/标高（E）/圆角（F）/厚度（T）/宽度（W）]：40，105↙
指定另一个角点或[面积（A）/尺寸（D）/旋转（R）]：165，190↙
```

【例】 已知矩形长 100 mm，宽 70 mm，倒角 6 mm，根据已知绘制倒角矩形。

单击“绘图”面板中的“矩形”按钮，命令行提示与操作如下：

```
命令：_rectang
指定第一个角点或[倒角（C）/标高（E）/圆角（F）/厚度（T）/宽度（W）]：c↙
指定矩形的第一个倒角距离 <0.0000>：6↙
指定矩形的第二个倒角距离 <0.0000>：6↙
```

指定第一个角点或[倒角（C）/标高（E）/圆角（F）/厚度（T）/宽度（W）]：单击绘图区域内任意一点

指定另一个角点或[面积（A）/尺寸（D）/旋转（R）]：@100，70↙

绘制结果如图 2–67 所示。

【例】 已知矩形的厚度为 10 mm，过顶点 *A*（100，100），顶点 *B*（180，160）两点绘制一有厚度的矩形。

单击“绘图”面板中的“矩形”按钮 ，命令行提示与操作如下：

命令：_rectang

指定第一个角点或[倒角（C）/标高（E）/圆角（F）/厚度（T）/宽度（W）]：t↙

指定矩形的厚度 <0.0000>：10↙

指定第一个角点或[倒角（C）/标高（E）/圆角（F）/厚度（T）/宽度（W）]：100，100↙

指定另一个角点或[面积（A）/尺寸（D）/旋转（R）]：180，160↙

绘制结果如图 2–68 所示。

图 2–67　绘制倒角矩形

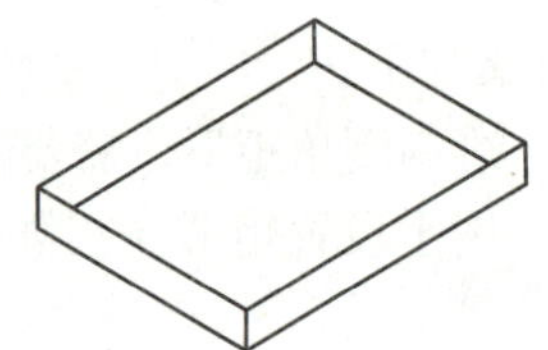
图 2–68　绘制有厚度的矩形（在三维建模工作空间显示）

二、正多边形的绘制

单击“绘图”面板中的“多边形”按钮 ，命令行提示与操作如下：

命令：_polygon

输入侧面数 <4>：

指定正多边形的中心点或[边（E）]：

输入选项[内接于圆（I）/外切于圆（C）]<I>：

指定圆的半径：

【例】 已知正六边形边长为 100 mm，根据已知绘制正六边形。

单击“绘图”面板中的“多边形”按钮 ，命令行提示与操作如下：

命令：_polygon

输入侧面数 <4>：6↙

指定正多边形的中心点或[边（E）]：e↙

指定边的第一个端点：单击绘图区域内任意一点
指定边的第二个端点：@100<0↙

绘制结果如图 2–69a 所示。

【例】 绘制一正六边形，内接于圆心为（100，160），半径为 100 mm 的圆。

单击“绘图”面板中的“多边形”按钮⬠，命令行提示与操作如下：

命令：_polygon
输入侧面数 <4>：6↙
指定正多边形的中心点或［边（E）］：100，160↙
输入选项［内接于圆（I）/ 外切于圆（C）］<I>：↙
指定圆的半径：100↙

绘制结果如图 2–69b 所示。

【例】 绘制一正六边形，外切于圆心为（100，160），半径为 86.6 mm 的圆。

单击“绘图”面板中的“多边形”按钮⬠，命令行提示与操作如下：

命令：_polygon
输入侧面数 <4>：6↙
指定正多边形的中心点或［边（E）］：100，160↙
输入选项［内接于圆（I）/ 外切于圆（C）］<I>：c↙
指定圆的半径：86.6↙

绘制结果如图 2–69c 所示。

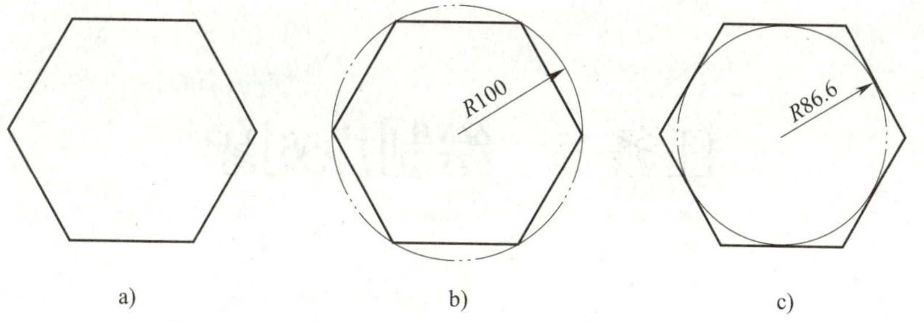

图 2–69 绘制正六边形

a）指定边长 b）内接法（I 方式） c）外切法（C 方式）

思考与练习

1. 绘制如图 2–70 所示六角螺母。
2. 绘制如图 2–71 所示五角星。

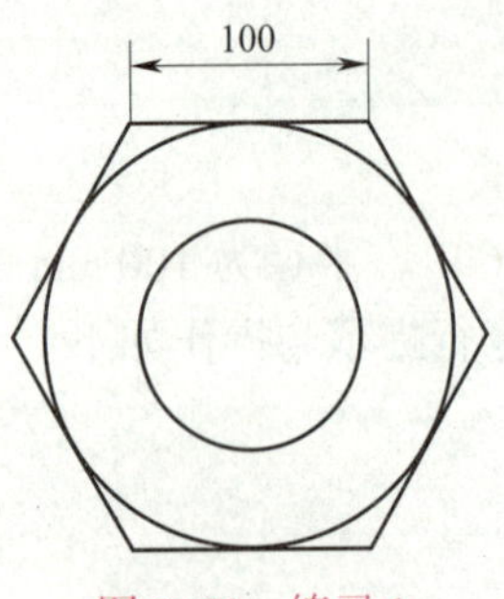

图 2-70　练习 1

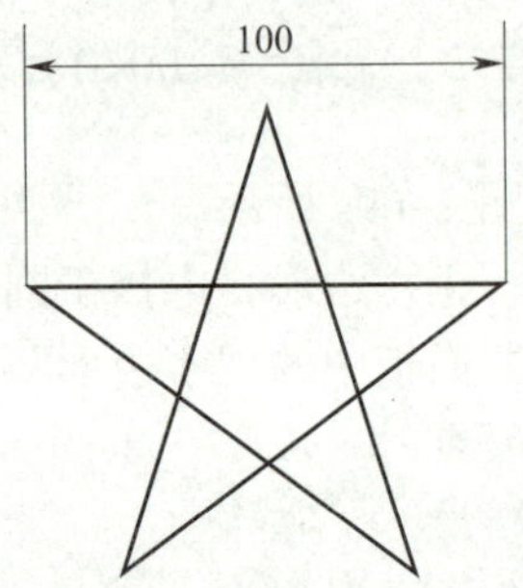

图 2-71　练习 2

3. 绘制如图 2-72 所示图形。
4. 绘制如图 2-73 所示图形。

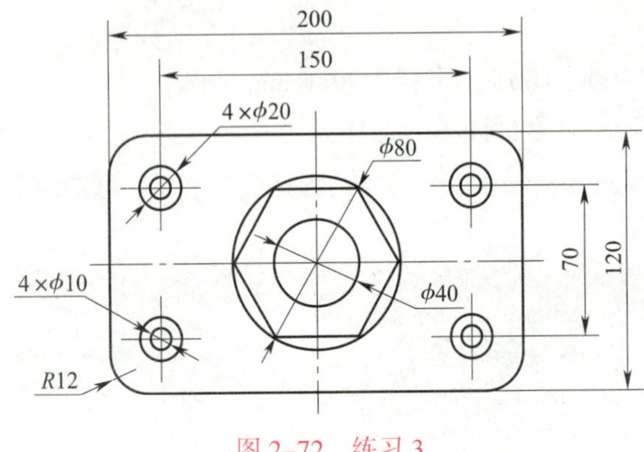

图 2-72　练习 3

图 2-73　练习 4

任务 5　绘制点对象

任务目标

1. 掌握点样式设置，定数、定距等分的方法。
2. 掌握创建块、插入块、编辑块属性的方法。

任务提出

直尺、三角板、量角器、圆规这些常用的量具，其上的刻度就是常见的点对象，如

图 2–74a 所示刻度尺上的刻度。本任务就用 AutoCAD 绘制如图 2–74b 所示的刻度尺平面图，包含外形轮廓、长刻度、短刻度和刻度数字，从而掌握设置点样式、定数、定距等分的方法以及创建、插入和编辑块的方法。

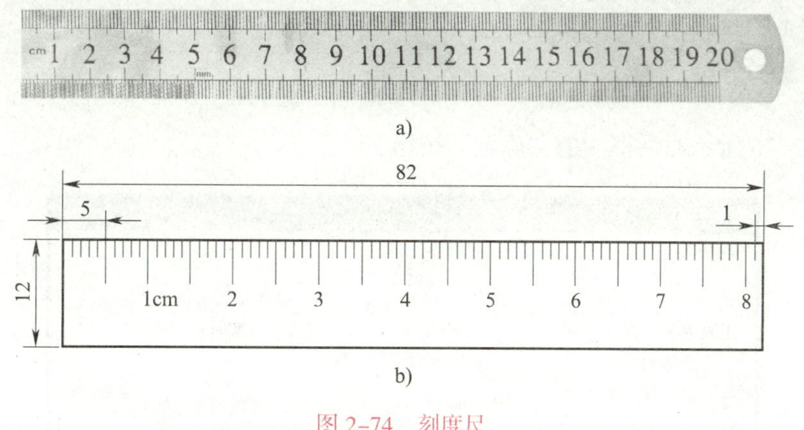

图 2–74　刻度尺

a）实物图　b）平面图

任务分析

绘制刻度尺平面图的大致顺序为：先将刻度尺的基本单元创建为块，并定义块属性，然后插入带有属性的块，最后绘制外轮廓线。绘制过程中会用到点、定数等分、创建块、定义块属性等命令。

任务实施

一、绘制刻度尺的基本单元

单击“绘图”面板中的“直线”按钮 ，命令行提示与操作如下：

```
命令：_line
指定第一点：100，100↙
指定下一点或［放弃（U）］：@5，0↙
指定下一点或［放弃（U）］：↙
命令：_line
指定第一点：100，101↙
指定下一点或［放弃（U）］：@0，0.5↙
指定下一点或［放弃（U）］：↙
```

绘制结果如图 2–75 所示。

1. 定义名称为 a 的块

单击“块”面板中的“创建”按钮 ，弹出如图 2–76 所示

图 2–75　刻度线基本单元

“块定义”对话框。命令行提示与操作如下：

命令：_block
指定插入基点：垂直线上端点
选择对象：找到 1 个（选择垂直线）
选择对象：↙

单击图 2–76 所示对话框中的“确定”按钮。

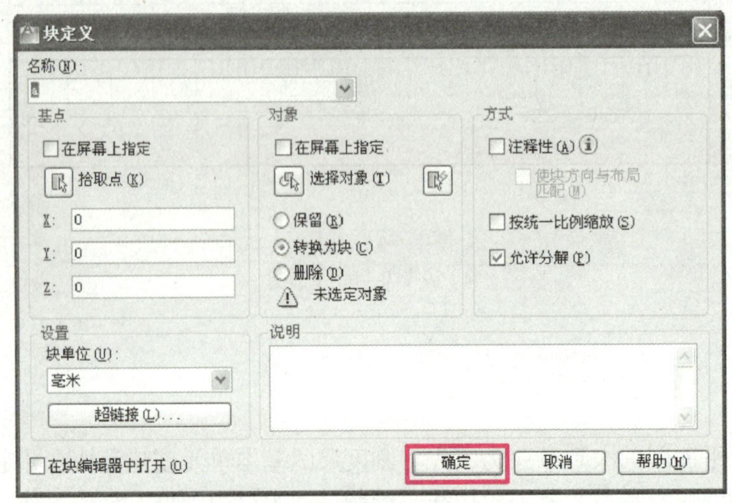

图 2–76 “块定义”对话框

2. 定数等分水平线

单击“绘图”面板中的“定数等分”按钮 ，命令行提示与操作如下：

命令：_divide
选择要定数等分的对象：选择水平直线
输入线段数目或［块（B）］：b↙
输入要插入的块名：a↙
是否对齐块和对象？［是（Y）/ 否（N）］<Y>：↙
输入线段数目：5↙

绘制结果如图 2–77 所示。

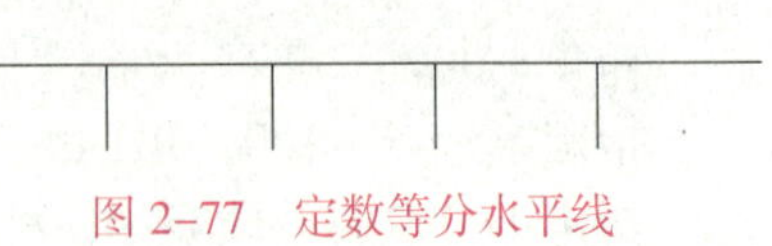
图 2–77 定数等分水平线

利用“直线”命令，在图 2–77 水平线的右端按 2 倍短刻度线长度，绘制长刻度线，结果如图 2–79 所示。

二、定义块及块属性

选择菜单栏中“绘图”→“块”→“定义属性”命令，弹出如图 2–78 所示“属性定义”对话框。

在“属性”选项组的“标记”文本框中输入“数字”，单击“确定”按钮，在图 2–79 所示长刻度线下方单击。

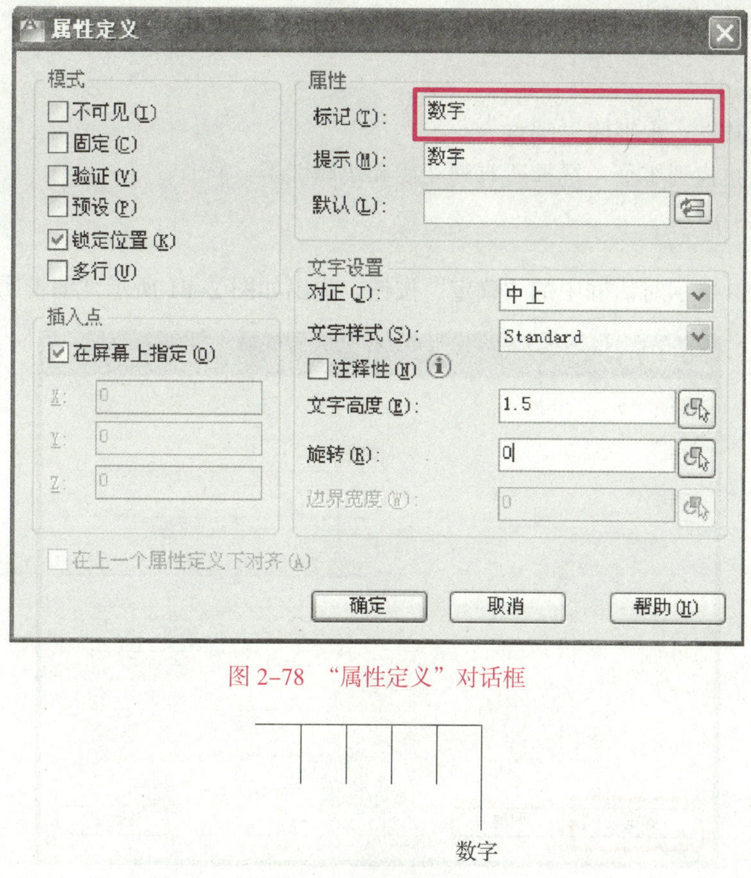

图 2–78 “属性定义”对话框

图 2–79 刻度尺基本单元

定义名称为 b 的块。单击“块”面板中的“创建”按钮 ，弹出如图 2–80 所示“块定义”对话框。

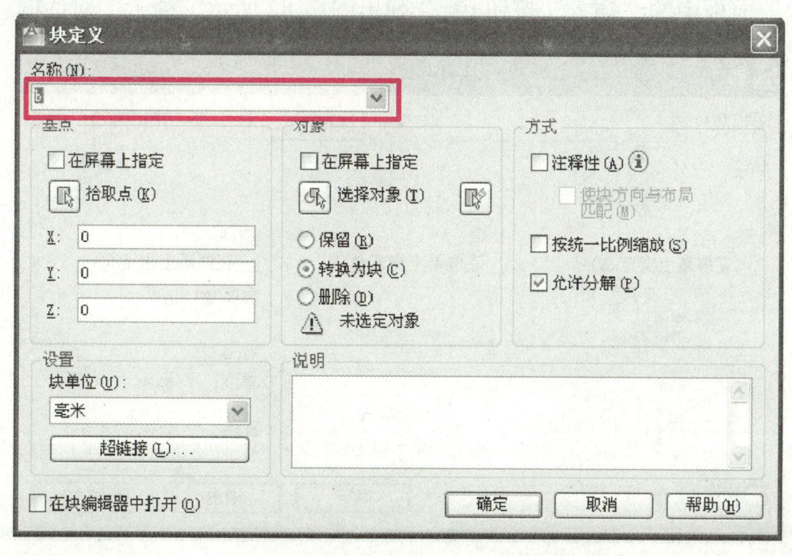

图 2–80 “块定义”对话框

命令行提示与操作如下：

```
命令：_block
指定插入基点：水平线左端点
选择对象：找到 1 个（选择所有刻度线和块属性）
选择对象：↙
```

单击图 2-80 所示对话框中的“确定”按钮，弹出如图 2-81 所示“编辑属性”对话框。

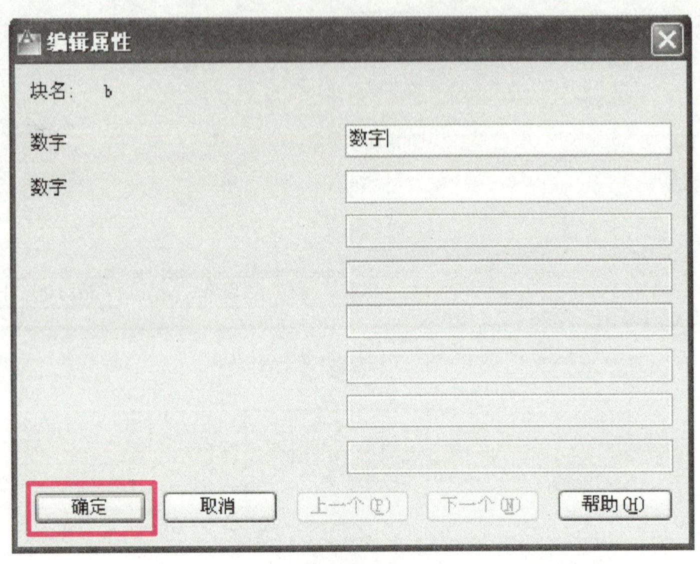

图 2-81 “编辑属性”对话框

输入“数字”，然后单击“确定”按钮。

三、插入带有属性的块

单击“块”面板中的“插入”按钮，弹出图 2-82 所示“插入”对话框。

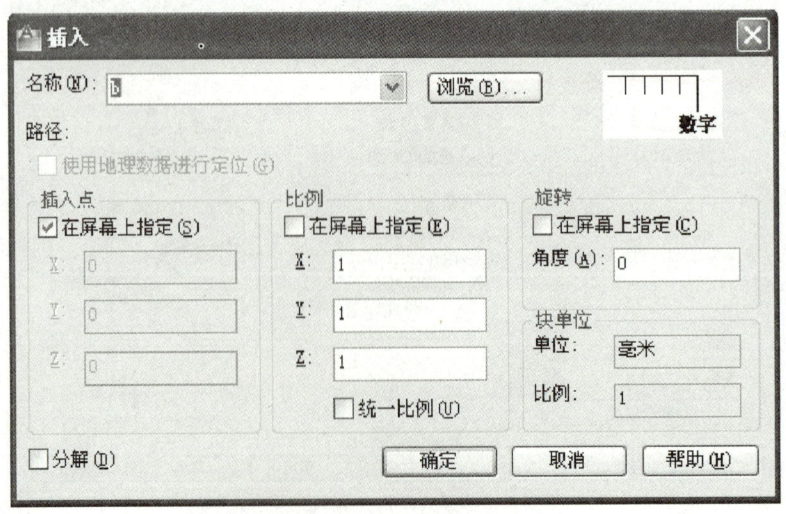

图 2-82 “插入”对话框

命令行提示与操作如下：

```
命令：_insert
指定插入点或［基点（B）/比例（S）/旋转（R）］：指定插入块的右端点
输入属性值
数字：1 cm
```

插入块 b 并修改块属性 16 次后的结果如图 2–83 所示。

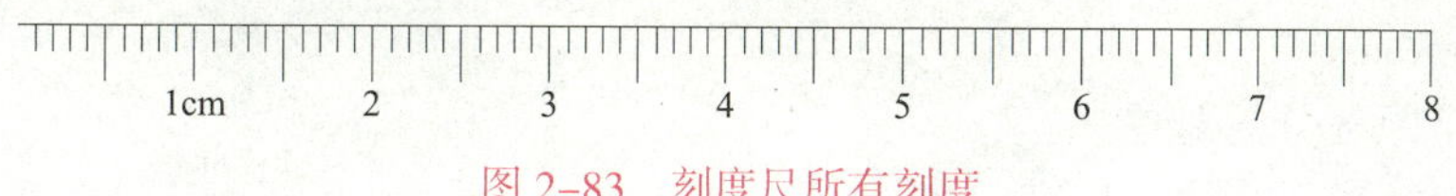

图 2–83　刻度尺所有刻度

四、绘制外轮廓线

单击“绘图”面板中的“直线”按钮，命令行提示与操作如下：

```
命令：_line
指定第一点：捕捉刻度尺左端点并单击
指定下一点或［放弃（U）］：@82，0↙
指定下一点或［放弃（U）］：@0，12↙
指定下一点或［放弃（U）］：@-82，0↙
指定下一点或［放弃（U）］：c↙
```

绘制结果如图 2–74b 所示。

相关知识

一、点样式

AutoCAD 提供多种点的样式。选择菜单栏中“格式”→“点样式”命令，弹出如图 2–84 所示“点样式”对话框。用户可选择自己需要的点样式。此外，还可以更改点的大小。

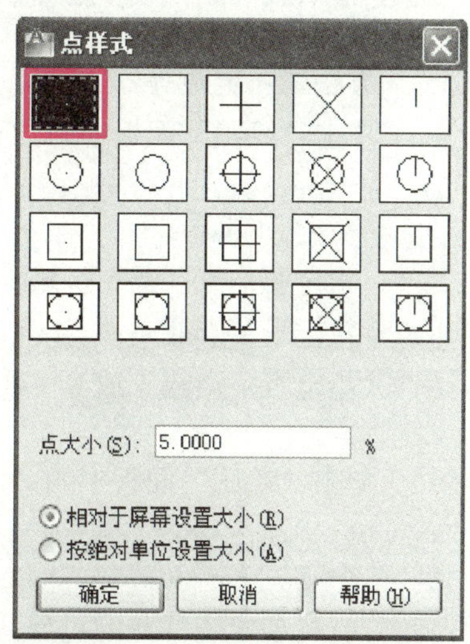

图 2–84　“点样式”对话框

二、点的绘制

点是图形的最基本对象之一。利用 AutoCAD 用户可以方便地绘制以各种形式显示的点。

1. 定数等分

所谓定数等分点，是指在所指定的对象上按指定数目等间距创建点。

单击“绘图”面板中的“定数等分”按钮，命令行提示与操作如下：

```
命令：_divide
选择要定数等分的对象：
输入线段数目或［块（B）］：
```

2. 定距等分

所谓定距等分点，是指在所指定的对象上按指定距离放置多个点。

单击“绘图”面板中的“定距等分”按钮，命令行提示与操作如下：

```
命令：_measure
选择要定距等分的对象：
指定线段长度或［块（B）］：
```

【例】 用定数等分和定距等分两种方法把长为 100 mm 的直线段等分成 20 份。

方法一：定数等分

单击“绘图”面板中的“直线”按钮，命令行提示与操作如下：

```
命令：_line
指定第一点：绘图区域内任意位置单击
指定下一点或［放弃（U）］：@100<0↙
指定下一点或［放弃（U）］：↙
```

单击“绘图”面板中的“定数等分”按钮，命令行提示与操作如下：

```
命令：_divide
选择要定数等分的对象：单击所画直线
输入线段数目或［块（B）］：20
```

方法二：定距等分

单击“绘图”面板中的“直线”按钮，命令行提示与操作如下：

```
命令：_line
指定第一点：绘图区域内任意位置单击
指定下一点或［放弃（U）］：@100<0
指定下一点或［放弃（U）］：↙
```

单击“绘图”面板中的“定距等分”按钮，命令行提示与操作如下：

```
命令：_measure
选择要定距等分的对象：单击所画直线
指定线段长度或［块（B）］：5↙
```

选择菜单栏中“格式”→“点样式”命令，弹出“点样式”对话框，选择相应的点样式，如图 2-85 所示。

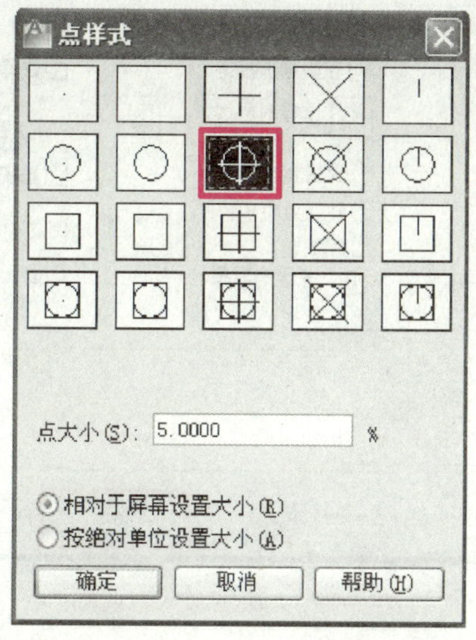

图 2-85 “点样式”对话框

绘制结果如图 2-86 所示。

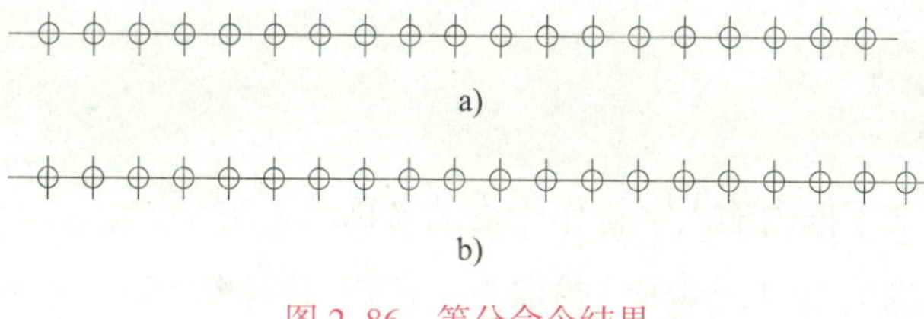

图 2-86 等分命令结果

a）定数等分 b）定距等分

小提示：

定数等分的命令是分成 19 个点 20 份，定距等分的命令是分成 20 个点 20 份。

三、块的操作

块是图形对象的集合，通常用于绘制复杂、重复的图形。一旦将一组对象定义成块，就可以根据绘图需要将其插入到图中的任意指定位置，即将绘图过程变成了拼图，从而提高绘图效率。属性是从属于块的文字信息。块可以根据需要将其插入图中指定位置，而且可以按不同比例和角度插入。

1. 定义块

定义块命令用于将选定的单个或多个图形对象组合成为一个整体图形，保存于当前图形文件内，以供当前文件重复使用。

单击“块”面板中的“创建”按钮，弹出如图 2-87 所示的“块定义”对话框。

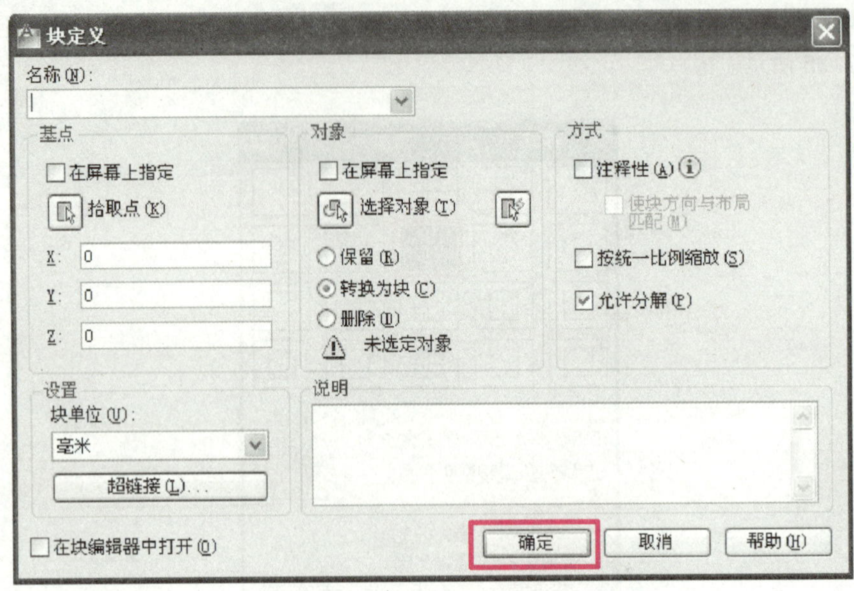

图 2-87 “块定义”对话框

命令行提示与操作如下：

命令：_block
指定插入基点：
选择对象：找到 1 个
选择对象：

（1）在“名称”文本框内输入字符作为块的名称。

（2）在“基点”选项组中，单击“拾取点”按钮 拾取点(K)，返回绘图区拾取基点。

（3）在“对象”选项组中，单击“选择对象”按钮 选择对象(T)，返回绘图区，选择图形，单击 确定 按钮，所创建的内部块存在于文件内部，将会与文件一起进行保存。

2. 插入块

使用“插入块”命令可以将内部块、外部块以及一些存盘的文件，以不同的比例和角度插入到当前图形中。

单击“块”面板中的“插入”按钮，弹出如图 2-88 所示的“插入”对话框。

（1）单击“名称”文本框，在展开的下拉列表中选择要插入的块的名称。

小提示：

“名称”下拉文本框用于设置需要插入的内部图块。单击此下拉文本框使其展开，所有的内部图块都显示在此列表内，用户可以根据需要进行选择。外部块可按 浏览(B)... 按钮导入。

（2）在“比例”选项组中可以勾选下方的“统一比例”复选框，同时设置图块的缩放比例。

（3）在“旋转”选项组中可以指定块的旋转角度。

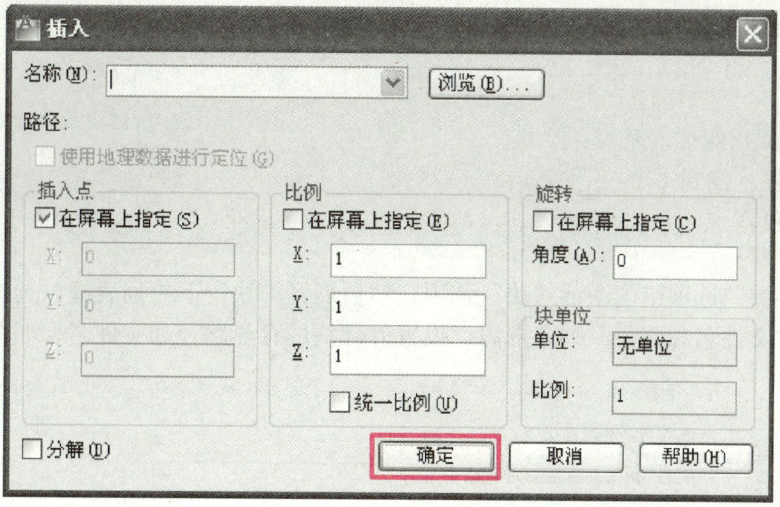

图 2-88 “插入”对话框

（4）其他参数采用默认设置，单击 确定 按钮返回绘图区。

3. 写块

使用创建块命令制作的图块仅供当前文件所引用，为了弥补这种图块给绘图过程带来的不便，AutoCAD 提供了写块命令，使用此命令创建的图块，不但可以被当前文件所使用，还可以供其他文件进行重复引用。

（1）在命令行输入“Wblock”或“W”后按回车键，弹出如图 2-89 所示“写块”对话框。

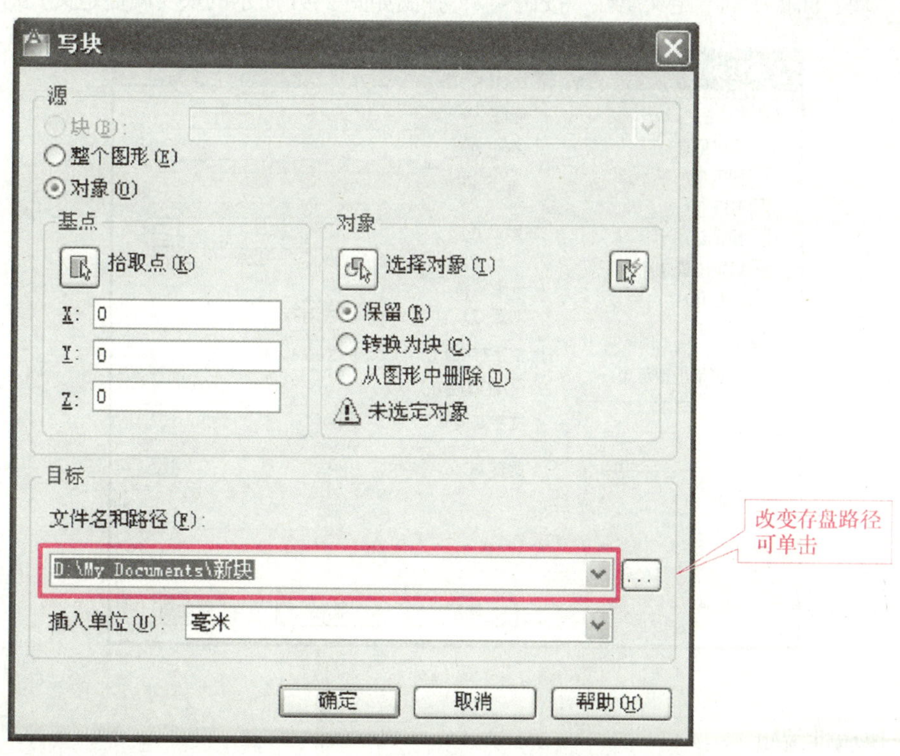

图 2-89 “写块”对话框

命令行提示与操作如下：

```
命令：w
WBLOCK 指定插入基点：
选择对象：找到 1 个
选择对象：
```

（2）在“源”选项组内激活“块”选项，然后展开“块”下拉列表框，选择内部块。

（3）在“文件名和路径”列表框内，设置外部块的存盘路径和文件名，如图 2–90 所示。

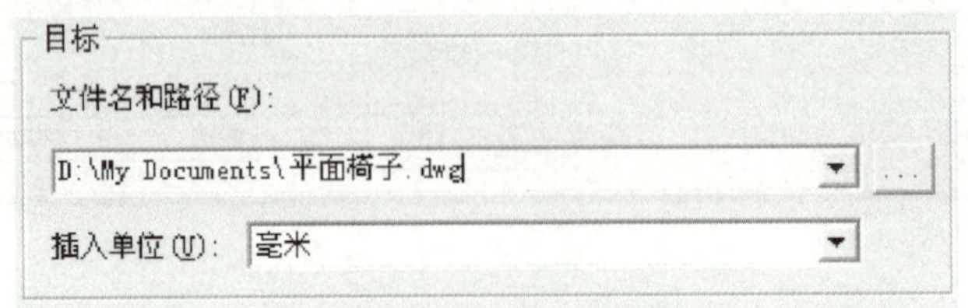

图 2–90　创建外部块对话框

（4）单击 确定 按钮，将内部块转化为外部图块，以独立文件形式存盘。

4. 块属性

属性是从属于块的非图形信息，是块的组成部分。

（1）定义属性

单击“块”面板中的“定义属性”按钮，弹出如图 2–91 所示的块“属性定义”对话框。

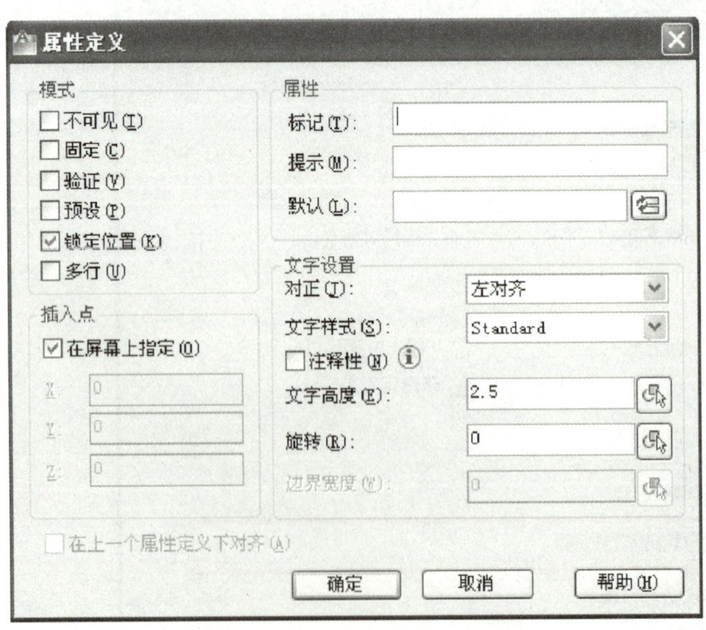

图 2–91　块“属性定义”对话框

（2）块属性编辑

单击“块”面板中的“块编辑器”按钮，弹出如图 2–92 所示的“编辑块定义”对话框。

命令：_bedit 正在重生成模型

选择要编辑的块，单击 确定 按钮，弹出如图 2-93 所示的“块编写选项板”对话框。选择修改项进行修改。

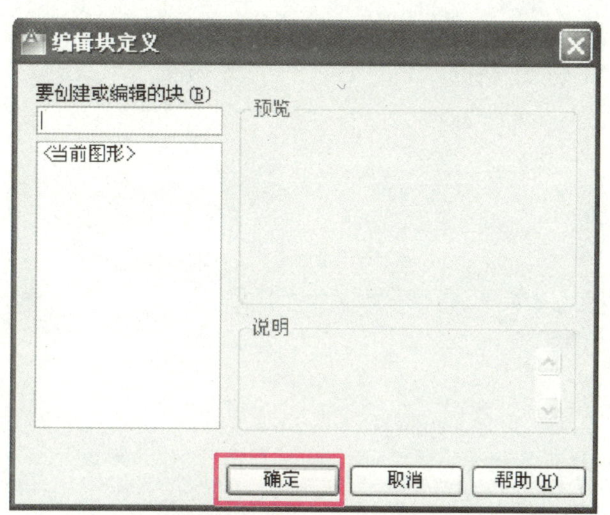

图 2-92 “编辑块定义”对话框

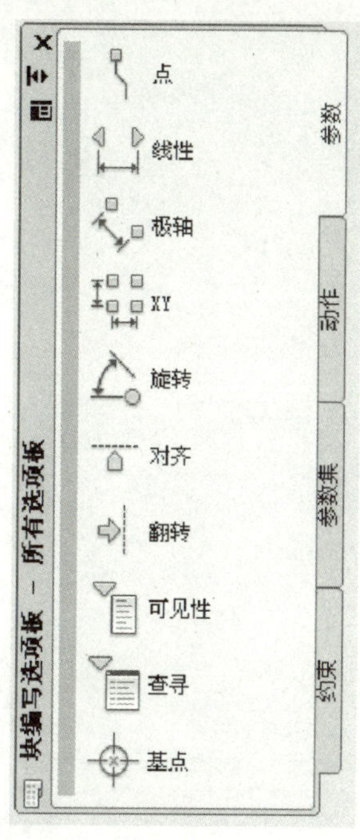

图 2-93 “块编写选项板”对话框

思考与练习

1. 绘制如图 2-94 所示图形。

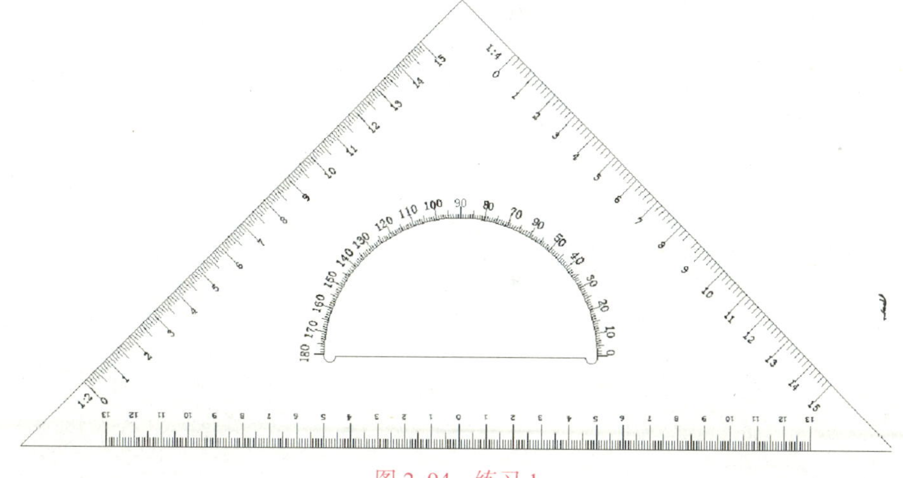

图 2-94 练习 1

2. 绘制如图 2-95 所示图形，以块文件名为“表面结构符号”存入符号库。

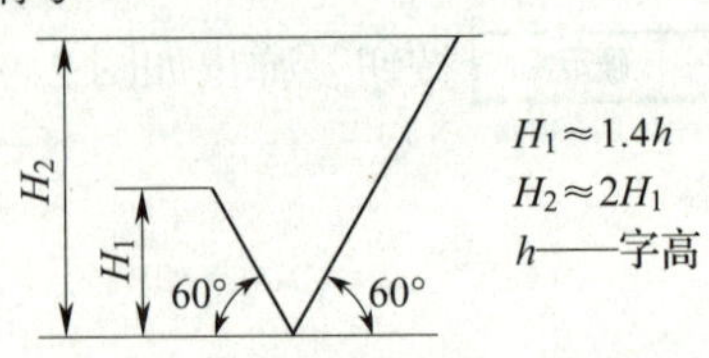

图 2-95　表面结构符号

模块三 基本图形元素的编辑

任务1 绘制扳手

任务目标

1. 掌握选择、删除、分解编辑命令的用法。
2. 掌握偏移、修剪、圆角编辑命令的用法。

任务提出

有些图形并不是直接绘制出来的，要经过编辑修改才能生成。有的图形要将几个基本图形经过分解、偏移、修剪后才能生成。如图 3–1 所示的扳手就是这样绘制而成的，本任务利用 AutoCAD 2012 来绘制图 3–1b 所示的扳手零件图。

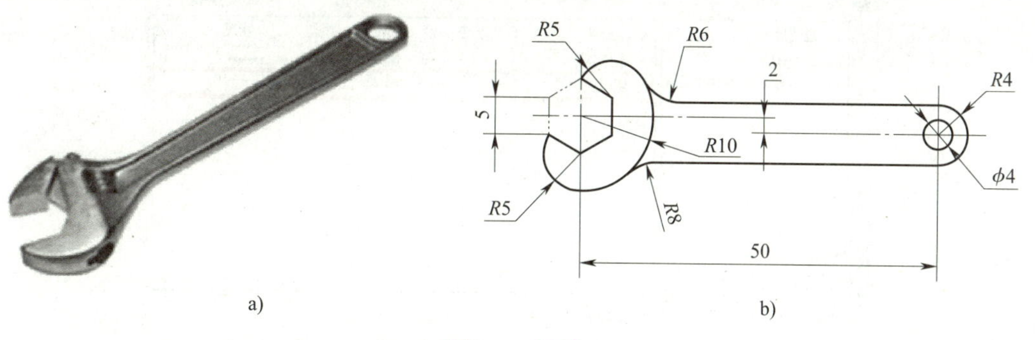

图 3–1 扳手
a）实物图 b）零件图

任务分析

绘制扳手零件图的大致顺序为：先绘制正六边形，再绘制扳手开口端外形轮廓，然后定位右侧手柄的中心，并绘制其轮廓。绘制过程中要用到选择、删除、分解、圆角、偏移、修剪等图形编辑命令。

任务实施

一、新建粗实线和细点画线图层

1. 单击“图层”面板中的“图层特性”按钮 ，打开“图层特性管理器”对话框，如图 3–2 所示。

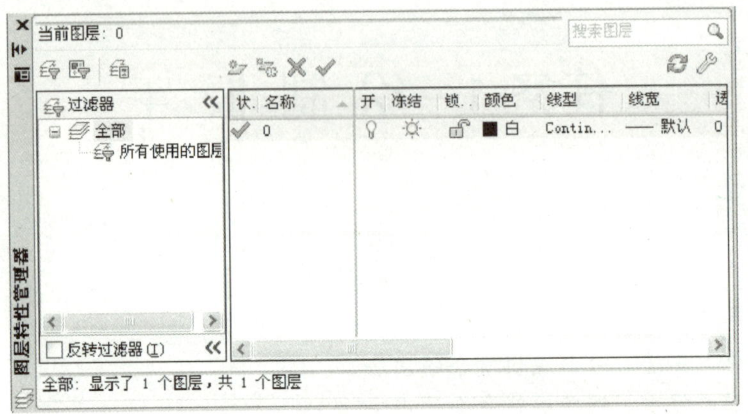

图 3–2 “图层特性管理器”对话框

2. 单击“新建图层”按钮 ，新建“细点画线”图层，颜色设置为“红”色，线型设置为“CENTER”，线宽为 0.15 mm；将粗实线层的线宽设置为 0.3 mm，并设置为当前图层，如图 3–3 所示。

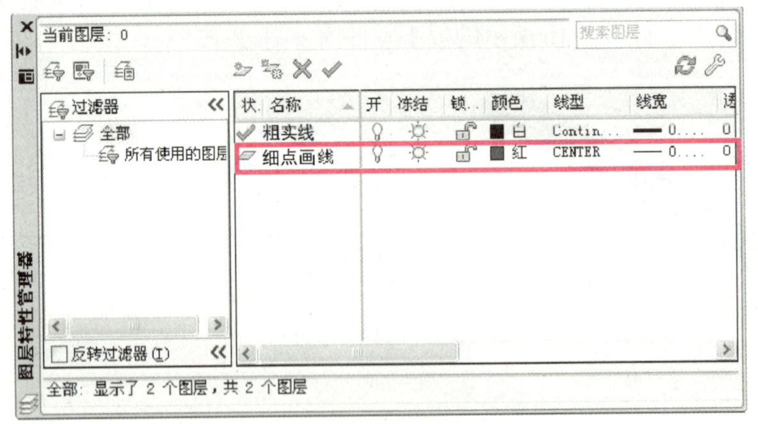

图 3–3 创建粗实线和细点画线图层

关闭“图层特性管理器”对话框，完成粗实线和细点画线图层的创建。

二、绘制正六边形

将“粗实线”图层设置为当前图层，单击“绘图”面板中的“正多边形”按钮 ，命令行提示与操作如下：

命令：_polygon

输入侧面数 <4>：6↙

指定正多边形的中心点或［边（E）］：e↙

指定边的第一个端点：单击绘图区域内任意一点

第二个端点：@5<30

绘制结果如图 3–4 所示。

三、绘制大圆

单击“绘图”面板中的“圆”按钮 ⊙ ，命令行提示与操作如下：

命令：_circle

指定圆的圆心或［三点（3P）/ 两点（2P）/ 切点、切点、半径（T）］：捕捉并单击正六边形中心

指定圆的半径或［直径（D）］：10

绘制结果如图 3–5 所示。

四、绘制两个小圆

命令：↙（重复执行上次命令）

指定圆的圆心或［三点（3P）/ 两点（2P）/ 切点、切点、半径（T）］：单击 *E* 点，如图 7–6 所示

指定圆的半径或［直径（D）］：5↙

命令：↙（重复执行上次命令）

指定圆的圆心或［三点（3P）/ 两点（2P）/ 切点、切点、半径（T）］：单击 *F* 点，如图 7–6 所示

指定圆的半径或［直径（D）］<5.0000>：↙

绘制结果如图 3–6 所示。

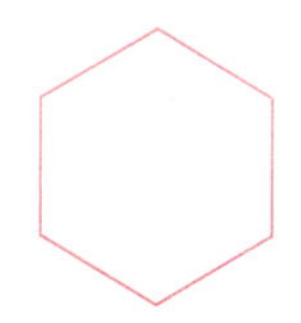

图 3–4　绘制正六边形

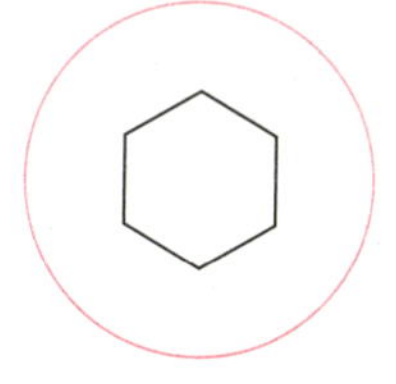

图 3–5　绘制大圆

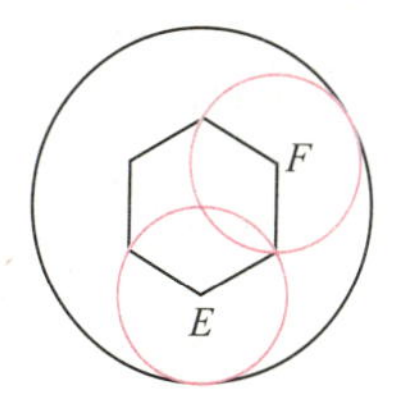

图 3–6　绘制两个小圆

五、绘制大圆的中心线

1. 在“图层”面板中的“图层”下拉列表中选择“细点画线”图层，将该图层设置为当前图层，如图 3–7 所示。

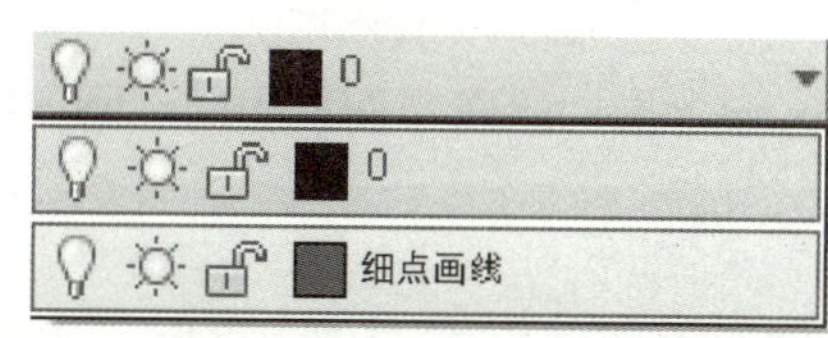

图 3–7　将“细点画线”设置为当前图层

2. 单击“绘图”面板中的“直线”按钮 ／ ，命令行提示与操作如下：

命令：_line 指定第一点：单击 *C* 点
指定下一点或［放弃（U）］：50，0↙
命令：↙（重复执行上次命令）指定第一点：单击 *A* 点
指定下一点或［放弃（U）］：单击 *B* 点

绘制结果如图 3-8 所示。

六、绘制手柄中心线

单击“修改”面板中的“偏移”按钮，命令行提示与操作如下：

命令：_offset
当前设置：删除源 = 否　图层 = 源　OFFSETGAPTYPE=0
指定偏移距离或［通过（T）/ 删除（E）/ 图层（L）］< 通过 >：　50↙
选择要偏移的对象，或［退出（E）/ 放弃（U）］< 退出 >：单击直线 *AB*
指定要偏移的那一侧上的点，或［退出（E）/ 多个（M）/ 放弃（U）］< 退出 >：单击直线 *AB* 右侧任意一点
选择要偏移的对象，或［退出（E）/ 放弃（U）］< 退出 >：↙
命令：↙（重复执行上次命令）
当前设置：删除源 = 否　图层 = 源　OFFSETGAPTYPE=0
指定偏移距离或［通过（T）/ 删除（E）/ 图层（L）］<50.0000>：　2↙
选择要偏移的对象，或［退出（E）/ 放弃（U）］< 退出 >：单击直线 *CD*
指定要偏移的那一侧上的点，或［退出（E）/ 多个（M）/ 放弃（U）］< 退出 >：单击直线 *CD* 下方任意一点
选择要偏移的对象，或［退出（E）/ 放弃（U）］< 退出 >：↙

绘制结果如图 3-9 所示。

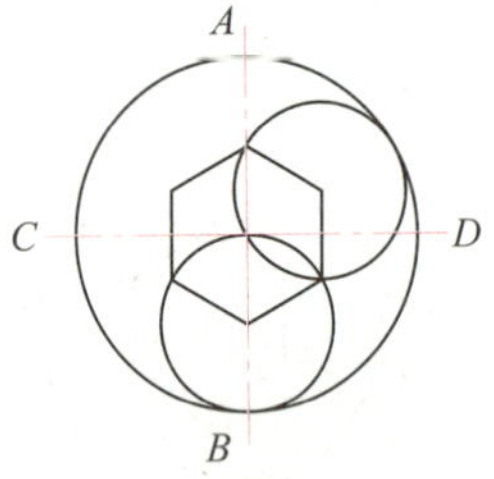

图 3-8　绘制大圆的中心线

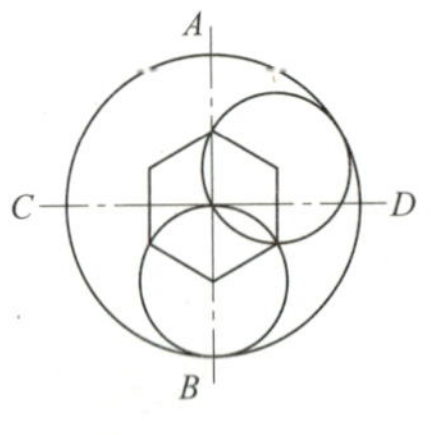

图 3-9　绘制手柄中心线

七、绘制手柄外轮廓

单击“绘图”面板中的“圆”按钮，命令行提示与操作如下：

命令：_circle
指定圆的圆心或［三点（3P）/ 两点（2P）/ 切点、切点、半径（T）］：捕捉并单击手柄中心线的交点

指定圆的半径或［直径（D）］：2↙
命令：↙（重复执行上次命令）
指定圆的圆心或［三点（3P）/ 两点（2P）/ 切点、切点、半径（T）］：捕捉并单击手柄中心线的交点
指定圆的半径或［直径（D）］：4↙

单击“绘图”面板中的“直线”按钮 ╱ ，命令行提示与操作如下：

命令：_line
指定第一点：单击 *E* 点
指定下一点或［放弃（U）］：直线与左侧大圆的交点
指定下一点或［放弃（U）］：↙
命令：↙（重复执行上次命令）
指定第一点：单击 *F* 点
指定下一点或［放弃（U）］：直线与左侧大圆的交点
指定下一点或［放弃（U）］：↙

绘制结果如图 3-10 所示。

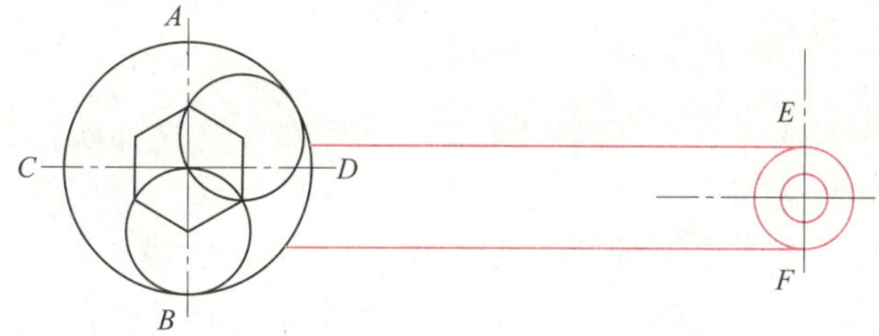

图 3-10　绘制手柄外轮廓

八、绘制圆角

单击“修改”面板中的“圆角”按钮 ，命令行提示与操作如下：

命令：fillet
当前设置：模式 = 修剪，半径 =0.0000
选择第一个对象或［放弃（U）/ 多段线（P）/ 半径（R）/ 修剪（T）/ 多个（M）］：r↙
指定圆角半径 <0.0000>：6↙
选择第一个对象或［放弃（U）/ 多段线（P）/ 半径（R）/ 修剪（T）/ 多个（M）］：单击手柄上方轮廓线
选择第二个对象，或按住 Shift 键选择对象以应用角点或［半径（R）］：单击左侧大圆
命令：↙（重复执行上次命令）
当前设置：模式 = 修剪，半径 =6.0000
选择第一个对象或［放弃（U）/ 多段线（P）/ 半径（R）/ 修剪（T）/ 多个（M）］：r↙

指定圆角半径 <6.0000>：8 ↙

选择第一个对象或［放弃（U）/ 多段线（P）/ 半径（R）/ 修剪（T）/ 多个（M）］：单击手柄下方轮廓线

选择第二个对象，或按住 Shift 键选择对象以应用角点或［半径（R）］：单击左侧大圆

绘制结果如图 3–11 所示。

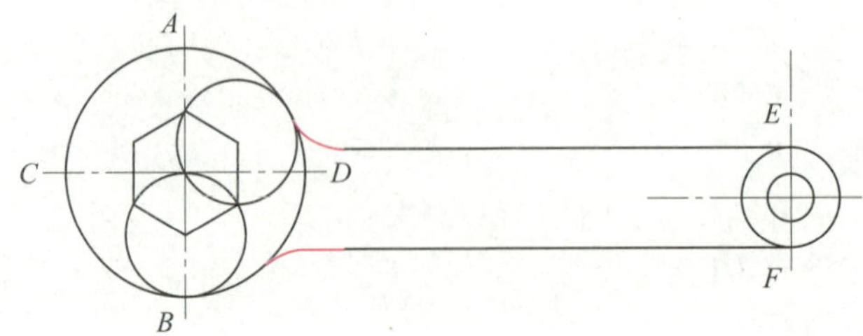

图 3–11　绘制圆角

九、修剪

单击“修改”面板中的“修剪”按钮 -/--，命令行提示与操作如下：

命令：_trim

当前设置：投影 =UCS，边 = 无

选择剪切边 ...

选择对象或 < 全部选择 >：　指定对角点：找到 20 个（选择所有图形对象）

选择对象：↙

选择要修剪的对象，或按住 Shift 键选择要延伸的对象，或

［栏选（F）/ 窗交（C）/ 投影（P）/ 边（E）/ 删除（R）/ 放弃（U）］：单击要修剪的全部对象

选择要修剪的对象，或按住 Shift 键选择要延伸的对象，或

［栏选（F）/ 窗交（C）/ 投影（P）/ 边（E）/ 删除（R）/ 放弃（U）］：↙

绘制结果如图 3–1b 所示。

相关知识

一、对象的选择与删除

1. 单击选择对象

直接单击可选择单个对象，依次单击不同的对象可选择多个对象。

所有被选中的对象将形成一个选择集。要从此选择集中取消某个对象，只需在按住 Shift 键的同时单击需要取消的对象即可。

2. 利用窗选和窗交方法选择对象

如果希望选择一组邻近对象，可使用窗选或窗交法。所谓窗选是指先单击确定选择窗口

的左侧角点，然后向右移动光标，再单击确定其对角点，即自左向右拖出选择窗口，此时所有完全包含在选择窗口中的对象均会被选中，如图 3–12 所示。

所谓窗交是指先单击确定选择窗口的右侧角点，然后向左移动光标，再单击确定其对角点，即自右向左拖出选择窗口，此时所有完全包含在选择窗口中，以及所有与选择窗口相交的对象均会被选中，如图 3–13 所示。

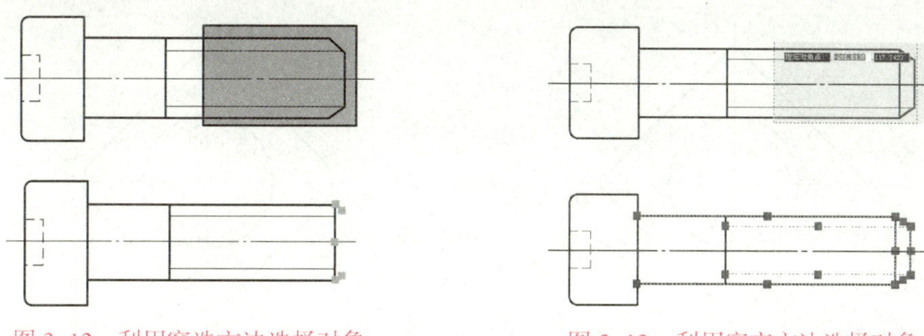

图 3–12　利用窗选方法选择对象　　　图 3–13　利用窗交方法选择对象

3. 删除对象的方法

删除对象的功能是用于擦除绘图窗口内指定的对象。

单击“修改”面板中的“删除”按钮，命令行提示与操作如下：

命令：_erase
选择对象：
选择对象：

选定对象后，按 Delete 键也可以删除对象。

二、对象的分解与圆角

1. 分解对象

“分解”命令可以将复合对象分解为各个组成部分。

【例】 分解图 3–14 所示正六边形。

图 3–14　分解正六边形

a）分解前　b）分解后

单击“修改”面板中“分解”按钮，命令行提示与操作如下：

命令：_explode
选择对象：指定对角点：找到 1 个（选择正六边形）
选择对象：↙

分解结果如图 3-14b 所示。

2. 对象的圆角

“圆角”命令利用给定半径的圆弧分别与两条图线相切。“圆角”命令也可以对两条平行线做圆弧连接。

【例】 对图 3-15a 所示图形的外轮廓进行倒圆角。

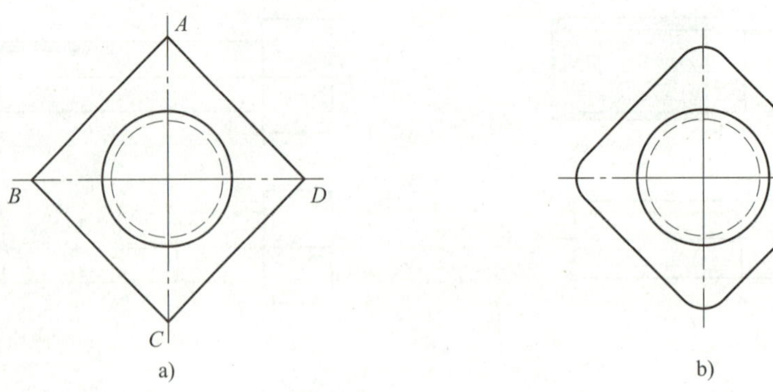

图 3-15 倒圆角

a）倒圆角前 b）倒圆角后

单击“修改”面板中“圆角”按钮，命令行提示与操作如下：

命令：_fillet

当前设置：模式 = 修剪，半径 =0.0000

选择第一个对象或 [放弃（U）/ 多段线（P）/ 半径（R）/ 修剪（T）/ 多个（M）]：r↙

指定圆角半径 <0.0000>：3↙

选择第一个对象或 [放弃（U）/ 多段线（P）/ 半径（R）/ 修剪（T）/ 多个（M）]：m↙

选择第一个对象或 [放弃（U）/ 多段线（P）/ 半径（R）/ 修剪（T）/ 多个（M）]：单击直线 *AB*

选择第二个对象，或按住 Shift 键选择对象以应用角点或 [半径（R）]：单击直线 *AD*

选择第一个对象或 [放弃（U）/ 多段线（P）/ 半径（R）/ 修剪（T）/ 多个（M）]：单击直线 *AD*

选择第二个对象，或按住 Shift 键选择对象以应用角点或 [半径（R）]：单击直线 *CD*

选择第一个对象或 [放弃（U）/ 多段线（P）/ 半径（R）/ 修剪（T）/ 多个（M）]：单击直线 *CD*

选择第二个对象，或按住 Shift 键选择对象以应用角点或 [半径（R）]：单击直线 *BC*

选择第一个对象或 [放弃（U）/ 多段线（P）/ 半径（R）/ 修剪（T）/ 多个（M）]：单击直线 *BC*

选择第二个对象，或按住 Shift 键选择对象以应用角点或 [半径（R）]：单击直线 *AB*

选择第一个对象或 [放弃（U）/ 多段线（P）/ 半径（R）/ 修剪（T）/ 多个（M）]：↙

三、对象的偏移与修剪

1. 偏移对象

“偏移”命令用于移动、旋转和缩放二维或三维对象，以便与其他对象对齐。

单击“修改”面板中的“偏移”按钮，命令行提示与操作如下：

命令：_offset

当前设置：删除源 = 否　图层 = 源　OFFSETGAPTYPE=0

指定偏移距离或［通过（T）/ 删除（E）/ 图层（L）］< 通过 >:

选择要偏移的对象，或［退出（E）/ 放弃（U）］< 退出 >:

指定要偏移的那一侧上的点，或［退出（E）/ 多个（M）/ 放弃（U）］< 退出 >:

选择要偏移的对象，或［退出（E）/ 放弃（U）］< 退出 >: ↙

图 3-16 所示为各种图形对象的偏移效果。

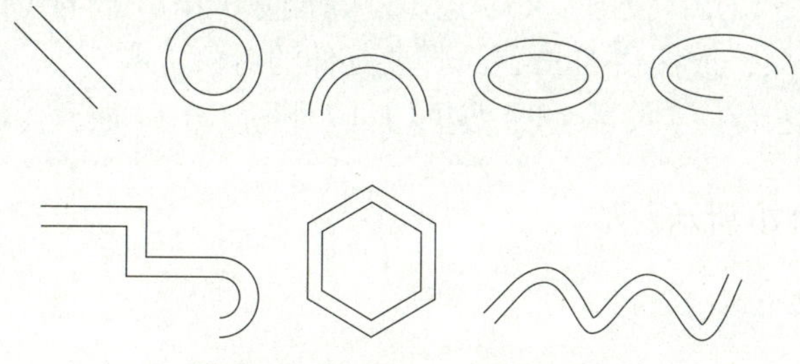

图 3-16　偏移得到的各种图形

2. 修剪对象

“修剪”命令可以修剪掉目标对象中不需要的部分，该命令要求先选择作为剪切边的对象，再指定要剪去的部分。

【例】将图 3-17a 所示图形修剪为图 3-17b。

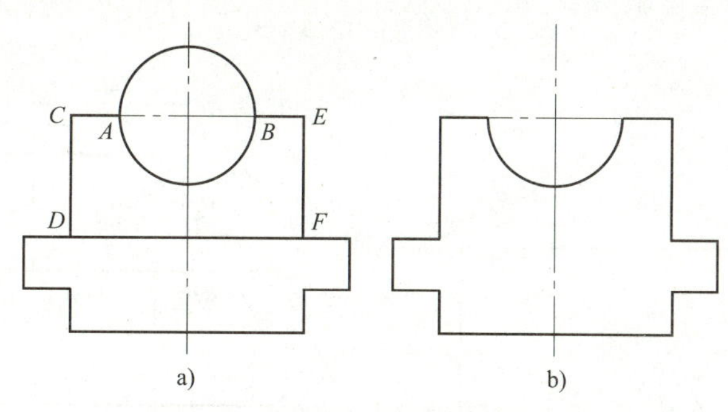

图 3-17　修剪图形

a）修剪前　b）修剪后

单击“修改”面板中“修剪”按钮，命令行提示与操作如下：

命令：_trim

当前设置：投影 =UCS，边 = 无

选择剪切边 ...

选择对象或 < 全部选择 >：　找到 1 个（选择中心线 *AB*）

选择对象：↙

选择要修剪的对象，或按住 Shift 键选择要延伸的对象，或

[栏选（F）/ 窗交（C）/ 投影（P）/ 边（E）/ 删除（R）/ 放弃（U）]：选择圆形上半部分

命令：↙（继续执行上一次的修剪命令）

当前设置：投影 =UCS，边 = 无

选择剪切边 ...

选择对象或 < 全部选择 >：　单击直线 *CD*、直线 *EF*

选择对象：↙

选择要修剪的对象，或按住 Shift 键选择要延伸的对象，或

[栏选（F）/ 窗交（C）/ 投影（P）/ 边（E）/ 删除（R）/ 放弃（U）]：单击直线 *DF*

选择要修剪的对象，或按住 Shift 键选择要延伸的对象，或

[栏选（F）/ 窗交（C）/ 投影（P）/ 边（E）/ 删除（R）/ 放弃（U）]：↙

修剪结果如图 3–17b 所示。

思考与练习

1. 绘制一个长为 60 mm、宽为 30 mm 的矩形，在矩形对角线交点处先绘制一个边长为 5 mm 的正六边形，其次在其外侧绘制一个同心的正六边形，偏移的距离为 3 mm，然后绘制一个偏移正六边形的外接圆，最后绘制外接圆的切线，与矩形相交于下边线左右各 1/8 处，如图 3–18 所示。

2. 绘制图 3–19 所示图形。

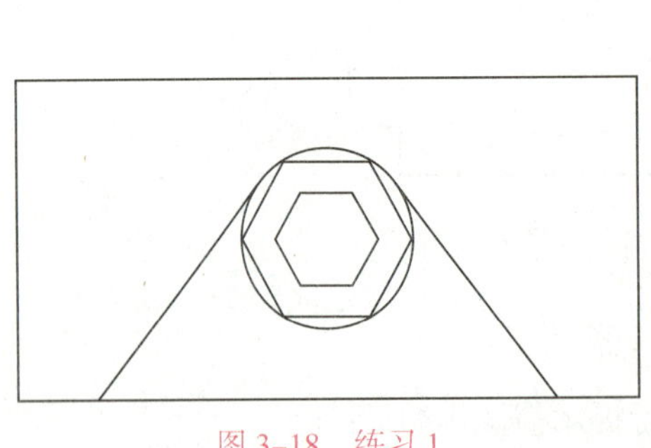

图 3–18　练习 1

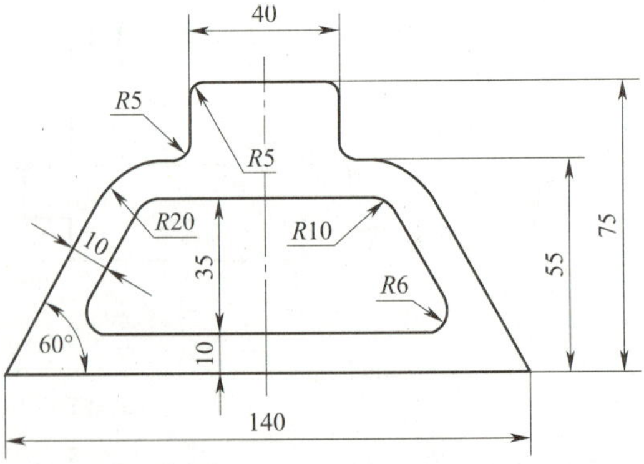

图 3–19　练习 2

任务2 绘制螺栓

任务目标

1. 掌握使用延伸、倒角、缩放命令调整对象大小或形状的方法。
2. 掌握使用镜像命令复制图形对象的方法。
3. 掌握使用移动命令改变对象位置的方法。

任务提出

复杂的机械图形在利用基本绘图命令绘制后，往往还需要对其进行编辑才能最终完成，比如利用延伸、倒角、镜像等命令进行编辑。如图 3-20b 所示螺栓零件图，在绘制过程中就用到了延伸、倒角、缩放、镜像、移动等命令。本任务将通过绘制图 8-1b 所示螺栓零件图，来介绍延伸、倒角、缩放、镜像、移动等命令的用法。

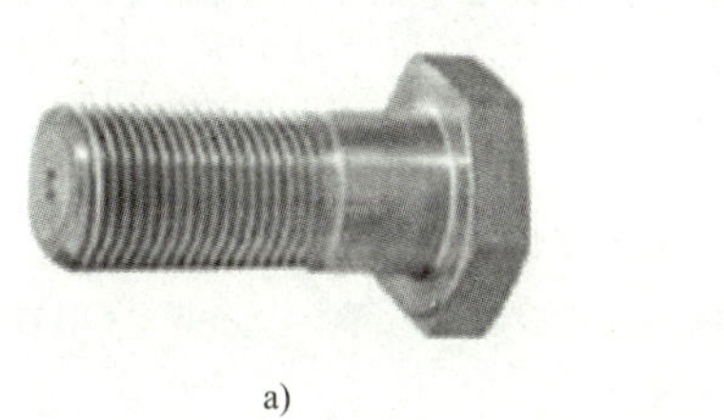

a)

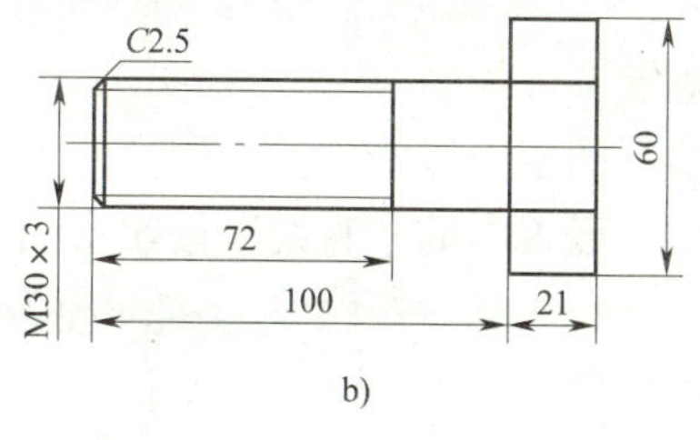

b)

图 3-20 螺栓
a）实物图 b）零件图

任务分析

绘制螺栓零件图的大致顺序：先绘制螺栓头外轮廓，其次绘制螺杆，然后绘制螺纹。绘制过程中要用到倒角、延伸、镜像、缩放等命令。

任务实施

一、设置图层

1. 单击“图层”面板的“图层特性”按钮 ，打开“图层特性管理器”对话框。

2. 单击“新建图层”按钮，新建“粗实线”图层，颜色设置为“白”，线型设置为“Continuous”，线宽设置为 0.30 mm。

3. 单击“新建图层”按钮，新建“细实线”图层，颜色设置为“白”，线型设置为“Continuous”，线宽设置为 0.15 mm。

4. 单击“新建图层”按钮，新建“细点画线”图层，颜色设置为“红”，线型设置为“CENTER”，线宽设置为 0.30 mm。

如图 3–21 所示为新建的三个图层的“图层特性管理器”对话框，关闭对话框完成图层设置。

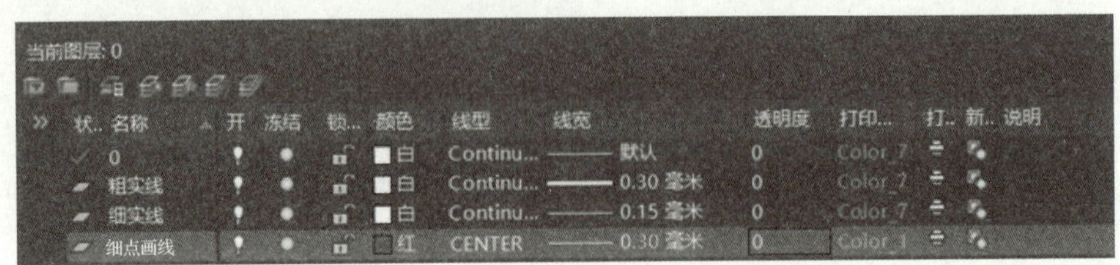

图 3–21　新建图层的“图层特性管理器”对话框

二、绘制中心线

将“细点画线”图层设置为当前图层。

单击“绘图”面板中的“直线”按钮，命令行提示与操作如下：

```
命令：_line
指定第一点：单击绘图区内任意一点
指定下一点或［放弃（U）］：@130，0↙
```

三、绘制螺栓头外轮廓

将“粗实线”图层设置为当前图层。

单击“绘图”面板中的“直线”按钮，命令行提示与操作如下：

```
命令：_line
指定第一点：from↙
基点：（捕捉直线端点 A）<偏移>：@-5，0↙
指定下一点或［放弃（U）］：@0，30↙
指定下一点或［放弃（U）］：@21，0↙
指定下一点或［闭合（C）/ 放弃（U）］：@0，-30↙
指定下一点或［闭合（C）/ 放弃（U）］：↙
```

绘制结果如图 3–22 所示。

四、绘制螺杆外轮廓

单击“绘图”面板中的“直线”按钮，命令行提示与操作如下：

```
命令：_line
指定第一点：from↙
```

基点：（捕捉直线端点 *B*）< 偏移 >：@0，15↙
指定下一点或［放弃（U）］：@-100，0↙
指定下一点或［放弃（U）］：@0，-15↙
指定下一点或［闭合（C）/ 放弃（U）］：↙

绘制结果如图 3-23 所示。

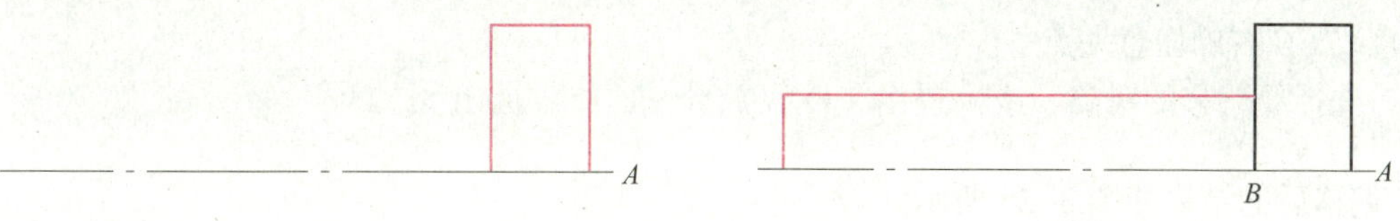

图 3-22　绘制螺栓头外轮廓　　　　图 3-23　绘制螺杆外轮廓

五、绘制螺栓头棱线（延伸命令）

单击“修改”面板中的“延伸”按钮 --/ ，命令行提示与操作如下：

命令：_extend
当前设置：投影 =UCS，边 = 无
选择边界的边 ...
选择对象或 < 全部选择 >：　找到 1 个拾取边界 *EF*，如图 8-5 所示
选择对象：↙
选择要延伸的对象，或按住 Shift 键选择要修剪的对象，或
［栏选（F）/ 窗交（C）/ 投影（P）/ 边（E）/ 放弃（U）］：单击直线 *CD* 右端一点，如图 8-5 所示
选择要延伸的对象，或按住 Shift 键选择要修剪的对象，或
［栏选（F）/ 窗交（C）/ 投影（P）/ 边（E）/ 放弃（U）］：↙

绘制结果如图 3-24 所示。

图 3-24　绘制螺栓头棱角线

六、绘制螺纹牙底线及螺纹终止线

单击“修改”面板中的“偏移”按钮 ，命令行提示与操作如下：

1. 偏移螺纹牙底线

命令：_offset
当前设置：删除源 = 否　图层 = 源　OFFSETGAPTYPE=0
指定偏移距离或［通过（T）/ 删除（E）/ 图层（L）］<25.0000>：2↙
选择要偏移的对象，或［退出（E）/ 放弃（U）］< 退出 >：选择直线 *CD*，如图 8-6 所示
指定要偏移的那一侧上的点，或［退出（E）/ 多个（M）/ 放弃（U）］< 退出 >：单击直线 *CD* 下方任意一点
选择要偏移的对象，或［退出（E）/ 放弃（U）］< 退出 >：↙

2. 偏移螺纹终止线

命令：↙（继续执行上一次的偏移命令）
当前设置：删除源 = 否　图层 = 源　OFFSETGAPTYPE=0
指定偏移距离或［通过（T）/ 删除（E）/ 图层（L）］<2.0000>：72 ↙
选择要偏移的对象，或［退出（E）/ 放弃（U）］< 退出 >：选择直线 *CG*，如图 3–25 所示
指定要偏移的那一侧上的点，或［退出（E）/ 多个（M）/ 放弃（U）］< 退出 >：单击直线 *CG* 右侧任意一点
选择要偏移的对象，或［退出（E）/ 放弃（U）］< 退出 >：↙

偏移后的结果如图 3–25 所示。

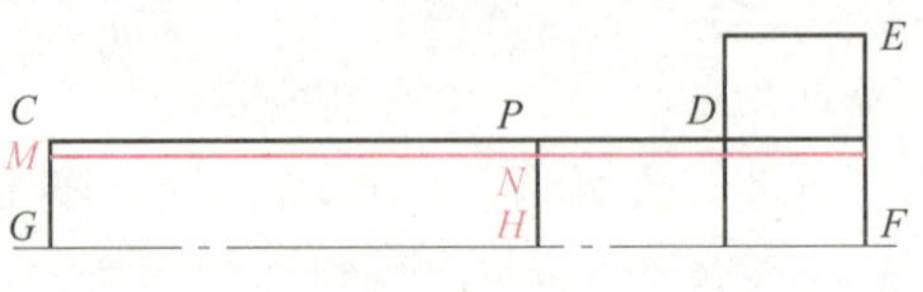

图 3–25　偏移直线 *CD*、直线 *CG*

3. 修改螺纹牙底线的长度

单击“修改”面板中的“修剪”按钮 -/--，命令行提示与操作如下：

命令：_trim
当前设置：投影 =UCS，边 = 无
选择剪切边 ...
选择对象或 < 全部选择 >：找到 1 个拾取边界 *PH*，如图 3–26 所示
选择对象：↙
选择要修剪的对象，或按住 Shift 键选择要延伸的对象，或
［栏选（F）/ 窗交（C）/ 投影（P）/ 边（E）/ 删除（R）/ 放弃（U）］：单击直线 *MN* 位于直线 *PH* 右侧的部分，如图 8–7 所示
选择要修剪的对象，或按住 Shift 键选择要延伸的对象，或
［栏选（F）/ 窗交（C）/ 投影（P）/ 边（E）/ 删除（R）/ 放弃（U）］：↙

4. 修改螺纹牙底线 *MN* 的线宽

选中直线 *MN*，单击“特性”面板中“线宽”处的三角符号，在弹出的下拉列表中选择线宽 0.18 mm，按 Esc 键退出。

绘制结果如图 3–26 所示。

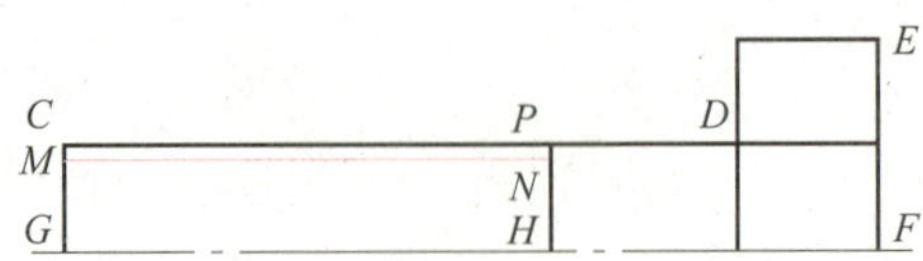

图 3–26　绘制螺纹牙底线及螺纹终止线

七、倒角

单击“修改”面板中的“倒角”按钮，命令行提示与操作如下：

命令：_chamfer

（“修剪”模式）当前倒角距离 1=0.0000，距离 2=0.0000

选择第一条直线或［放弃（U）/ 多段线（P）/ 距离（D）/ 角度（A）/ 修剪（T）/ 方式（E）/ 多个（M）］：d↙

指定第一个倒角距离 <0.0000>：2.5↙

指定第二个倒角距离 <2.5000>：2.5↙

选择第一条直线或［放弃（U）/ 多段线（P）/ 距离（D）/ 角度（A）/ 修剪（T）/ 方式（E）/ 多个（M）］：单击直线 *CD*

选择第二条直线，或按住 Shift 键选择直线以应用角点或［距离（D）/ 角度（A）/ 方法（M）］：单击直线 *CG*

绘制结果如图 3–27 所示。

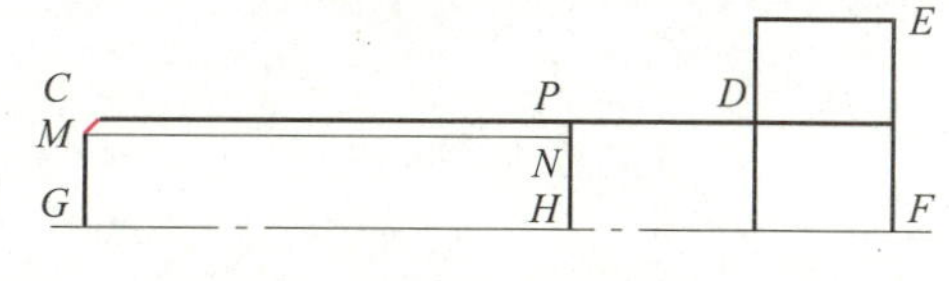

图 3–27　倒角

八、镜像处理

单击“修改”面板中的“镜像”按钮，命令行提示与操作如下：

命令：_mirror

选择对象：指定对角点：找到 8 个

选择对象：↙

指定镜像线的第一点：指定镜像线的第二点：捕捉 *G* 点和 *F* 点

要删除源对象吗？［是（Y）/ 否（N）］<N>：↙

绘制结果如图 3–28 所示。

镜像操作完成后，连接倒角形成的轮廓线，如图 3–29 所示。

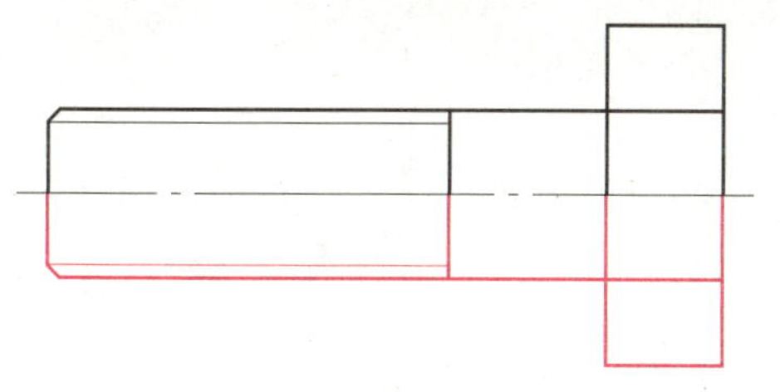

图 3–28　镜像后的图形

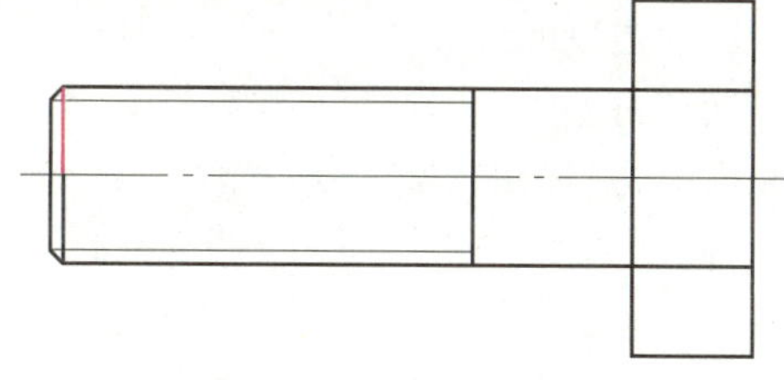

图 3–29　螺栓

九、缩放图形

单击“修改”面板中的“缩放”按钮，命令行提示与操作如下：

命令：_scale

选择对象：指定对角点：找到 17 个

选择对象：↙

```
指定基点：在绘图区任意选择一个远离图形的点
指定比例因子或［复制（C）/参照（R）]：c↙
缩放一组选定对象。
指定比例因子或［复制（C）/参照（R）]：5↙
```

缩放结果如图 3-30 所示。

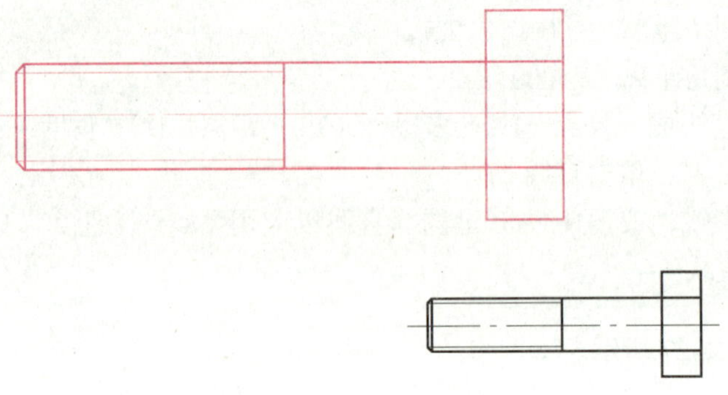

图 3-30　缩放后的图形

相关知识

一、延伸命令

使用“延伸”（EXTEND）命令可以将直线、圆弧、椭圆弧和非闭合多段线等对象延长到指定对象的边界，使其与边界相接。

单击“修改”面板中“延伸”按钮 --/ **延伸**，命令行提示与操作如下：

```
命令：_extend
当前设置：投影 =UCS，边 = 无
选择边界的边 ...
选择对象：（选择延伸边界）
选择要延伸的对象，或按住 Shift 键选择要修剪的对象，或
［栏选（F）/窗交（C）/投影（P）/边（E）/放弃（U）]：（选择延伸对象）
选择要延伸的对象，或按住 Shift 键选择要修剪的对象，或
［栏选（F）/窗交（C）/投影（P）/边（E）/放弃（U）]：↙
```

命令行提示中各选项的含义如下。

1. 栏选（F）/窗交（C）

使用栏选或窗交方式选择延伸对象时，可以快速地一次延伸多个对象。

2. 投影（P）

指定延伸对象时使用投影的方法，包括无投影、到 *XY* 平面投影以及沿当前视图方向的投影三种。

3. 边（E）

可将对象延伸到隐含边界。当边界太短，延伸对象后不能与其直接相交时，选择该项可将所选对象隐含边界延长，从而使对象延伸到与边界延长边相交的位置。

【例】 对图 3–31a 所示图形的肋板进行延伸，延伸后的图形如图 3–31b 所示。

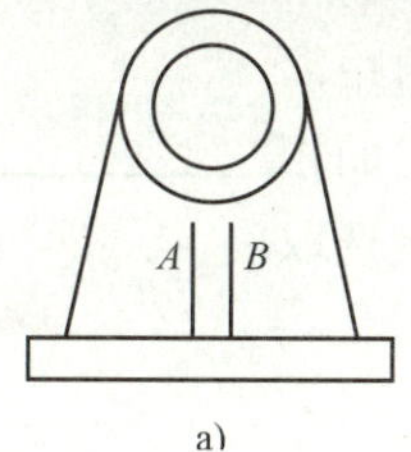

a)

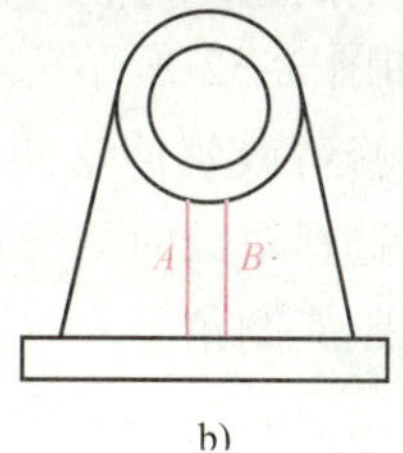

b)

图 3–31　对图形肋板进行延伸

a）延伸前　b）延伸后

选择图 3–31a 中大圆为延伸边界，下方两条肋板直线为延伸对象，单击“修改”面板中的“延伸”按钮 --/ **延伸**，命令行提示与操作如下：

```
命令：_extend
当前设置：投影 =UCS，边 = 无
选择边界的边 ...
选择对象或 < 全部选择 >：  找到 1 个（选择大圆作为延伸边界）↙
选择对象：↙
选择要延伸的对象，或按住 Shift 键选择要修剪的对象，或
[栏选（F）/ 窗交（C）/ 投影（P）/ 边（E）/ 放弃（U）]：单击 A 点
选择要延伸的对象，或按住 Shift 键选择要修剪的对象，或
[栏选（F）/ 窗交（C）/ 投影（P）/ 边（E）/ 放弃（U）]：单击 B 点
选择要延伸的对象，或按住 Shift 键选择要修剪的对象，或
[栏选（F）/ 窗交（C）/ 投影（P）/ 边（E）/ 放弃（U）]：↙
```

二、倒角命令

使用“倒角”命令可以在两个非平行对象之间绘制斜角，即通过延伸或修剪，使它们相交或将它们用斜线连接。

单击“修改”面板中“倒角”按钮 ⌈⌉，命令行提示与操作如下：

```
命令：_chamfer
（“修剪”模式）当前倒角距离 1=0.0000，距离 2=0.0000
选择第一条直线或 [ 放弃（U）/ 多段线（P）/ 距离（D）/ 角度（A）/ 修剪（T）/ 方式（E）/ 多个（M）]：
```

提示中显示了当前设置的倒角距离，此时可以直接选择要倒角的直线，也可设置倒角选项，各选项的含义如下。

1. 多段线（P）

选择该选项后，可在所选多段线的各拐角处添加倒角。当线段长度小于倒角距离时，则不做倒角，且忽略圆弧段。

2. 距离（D）

指定第一个和第二个倒角距离，即倒角至选定边端点的长度。

倒角距离的含义如图 3-32 所示。如果两个倒角距离都为 0，则倒角操作将修剪或延伸这两个对象直至它们相交，但不创建倒角线。选择对象时，可以按住 Shift 键选取两条直线，直接生成零距离倒角。

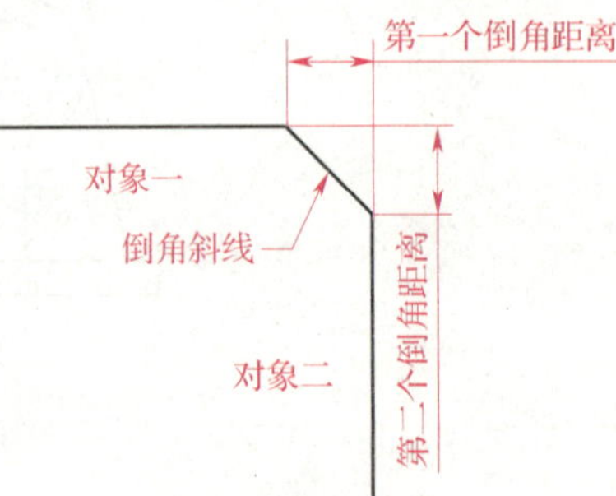

图 3-32　倒角距离

3. 角度（A）

确定第一个选定边的倒角长度和角度。

4. 修剪（T）

设置是否将选定的边修剪或延伸到倒角斜线的端点。

5. 方式（E）

可在“距离”和“角度”两个选项之间选择一种倒角方式。

6. 多个（M）

选择该项后，可依次对多组图形进行倒角，而不必重新启动命令。

【例】 对图 3-33a 所示图形的外轮廓进行倒角，倒角后的图形如图 3-33b 所示。

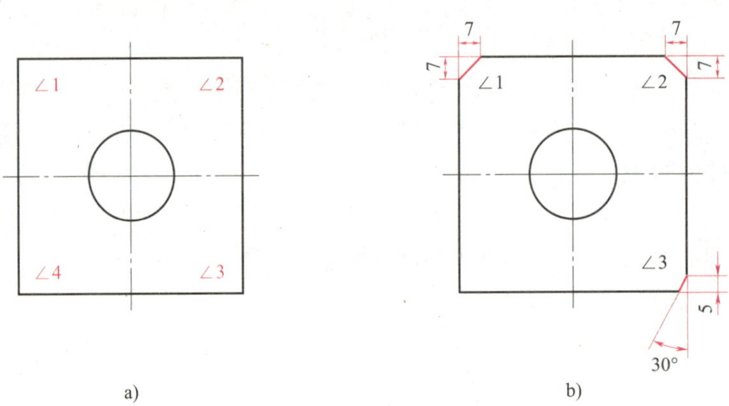

图 3-33　对图形轮廓进行倒角

a）倒角前　b）倒角后

单击“修改”面板中“倒角”按钮，命令行提示与操作如下：

命令：_chamfer（∠ 1 和∠ 2）

（“修剪”模式）当前倒角距离 1=0.0000，距离 2=0.0000

选择第一条直线或［放弃（U）/ 多段线（P）/ 距离（D）/ 角度（A）/ 修剪（T）/ 方式（E）/ 多个（M）］：m↙

选择第一条直线或［放弃（U）/ 多段线（P）/ 距离（D）/ 角度（A）/ 修剪（T）/ 方式（E）/ 多个（M）］：d↙

指定第一个倒角距离 <0.0000>：7↙
指定第二个倒角距离 <7.0000>：↙
选择第一条直线或［放弃（U）/ 多段线（P）/ 距离（D）/ 角度（A）/ 修剪（T）/ 方式（E）/ 多个（M）］：选择∠ 1 的第一条边
选择第二条直线，或按住 Shift 键选择直线以应用角点或［距离（D）/ 角度（A）/ 方法（M）］：选择∠ 1 的第二条边
选择第一条直线或［放弃（U）/ 多段线（P）/ 距离（D）/ 角度（A）/ 修剪（T）/ 方式（E）/ 多个（M）］：选择∠ 2 的第一条边
选择第二条直线，或按住 Shift 键选择直线以应用角点或［距离（D）/ 角度（A）/ 方法（M）］：选择∠ 2 的第二条边
选择第一条直线或［放弃（U）/ 多段线（P）/ 距离（D）/ 角度（A）/ 修剪（T）/ 方式（E）/ 多个（M）］：↙
命令：↙（继续执行上一次的倒角命令）
（“修剪”模式）当前倒角距离 1=7.0000，距离 2=7.0000
选择第一条直线或［放弃（U）/ 多段线（P）/ 距离（D）/ 角度（A）/ 修剪（T）/ 方式（E）/ 多个（M）］：a↙
指定第一条直线的倒角长度 <5.0000>：5↙
指定第一条直线的倒角角度 <30>：30↙
选择第一条直线或［放弃（U）/ 多段线（P）/ 距离（D）/ 角度（A）/ 修剪（T）/ 方式（E）/ 多个（M）］：选择∠ 3 的右边第一条边
选择第二条直线，或按住 Shift 键选择直线以应用角点或［距离（D）/ 角度（A）/ 方法（M）］：选择∠ 3 的下方第二条边

三、镜像命令

使用“镜像”命令能将目标对象按指定的镜像线做对称复制，原目标对象可保留也可以删除。

单击“修改”面板中“镜像”按钮 ⚠，命令行提示与操作如下：

命令：_mirror
选择对象：选择需要镜像的对象
指定镜像线的第一点：指定镜像线的第二点：
要删除源对象吗？［是（Y）/ 否（N）］<N>：↙

执行镜像命令时，绕镜像线翻转对象创建镜像图像，输入两点指定临时镜像线，可以选择是删除源对象（Y）还是保留源对象（N）。

默认情况下，镜像文字、图案填充、属性和属性定义块，它们在镜像图像中不会翻转或倒置。文字的对齐和对正方式在镜像对象前后相同。

【例】 对图 3-34a 所示图形进行镜像操作，镜像完成后的图形如图 3-34b 所示。

单击“修改”面板中“镜像”按钮 ⚠，命令行提示与操作如下：

命令：_mirror
选择对象：指定对角点：找到 26 个

选择对象：↙
指定镜像线的第一点：指定镜像线的第二点：捕捉中心线的两个端点
要删除源对象吗？［是（Y）/ 否（N）］<N>：↙

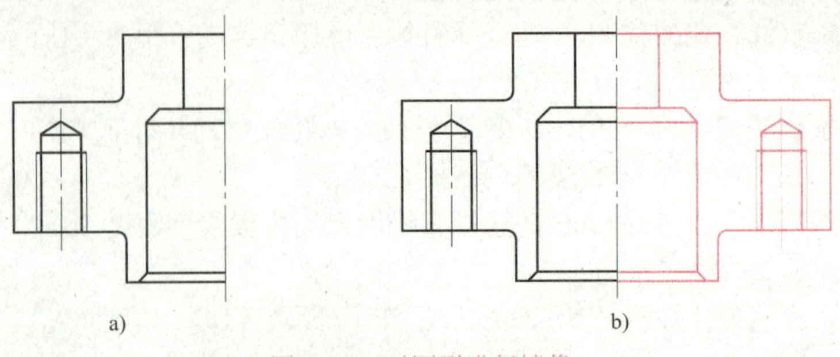

图 3-34　对图形进行镜像
a）镜像前　b）镜像后

四、缩放命令

使用“缩放”命令可以放大或缩小选定对象，使缩放后对象的形状保持不变，而实体尺寸将发生变化。

单击“修改”面板中的“缩放”按钮，命令行提示与操作如下：

命令：_scale
选择对象：
指定基点：
指定比例因子或［复制（C）/ 参照（R）］：

1. 指定基点

表示选定对象的大小发生改变时位置保持不变的点。

2. 比例因子

按指定的比例缩放选定对象的尺寸。大于 1 的比例因子使对象放大，介于 0 和 1 之间的比例因子使对象缩小。还可以拖动光标使对象变大或变小。

3. 复制

在创建要缩放的选定对象的同时保留源文件。

4. 参照

按参照长度和指定的新长度缩放所选对象。

【例】 对图 3-35a 所示图形进行缩放，缩放完成后的图形如图 3-35b 所示。

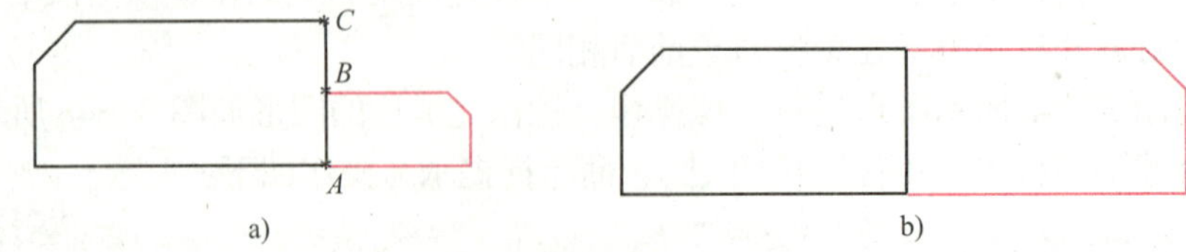

图 3-35　对图形进行缩放
a）缩放前　b）缩放后

方法一：使用比例因子

```
命令：_scale
选择对象：指定对角点：找到 4 个（选择右半部分图形）
选择对象：↙
指定基点：单击 A 点
指定比例因子或［复制（C）/ 参照（R）］：2↙
```

方法二：使用参照

```
命令：_scale
选择对象：指定对角点：找到 4 个（选择右半部分图形）
选择对象：↙
指定基点：单击 A 点
指定比例因子或［复制（C）/ 参照（R）］：r↙
指定参照长度 <1.0000>：单击 A 点
指定第二点：单击 B 点
指定新的长度或［点（P）］<1.0000>：单击点 C↙
```

五、移动命令

使用“移动”命令可将所选对象从一个位置移动到另一个位置，其方向和大小均不发生改变。单击“修改”面板中“移动”按钮，命令行提示与操作如下：

```
命令：_move
选择对象：
指定基点或［位移（D）］<位移>：
指定第二个点或<使用第一个点作为位移>：
```

在 AutoCAD 2012 中，图形的移动方法主要有两种：基点法和相对位移法。

1. 基点法

基点法是指在执行“移动”命令后，通过指定基点及第二点的位置（坐标值或捕捉相关点）移动对象。

【例】 利用基点法将图 3-36a 所示的小圆的圆心由 *A* 点移动到 *B* 点，移动完成后的图形如图 3-36b 所示。

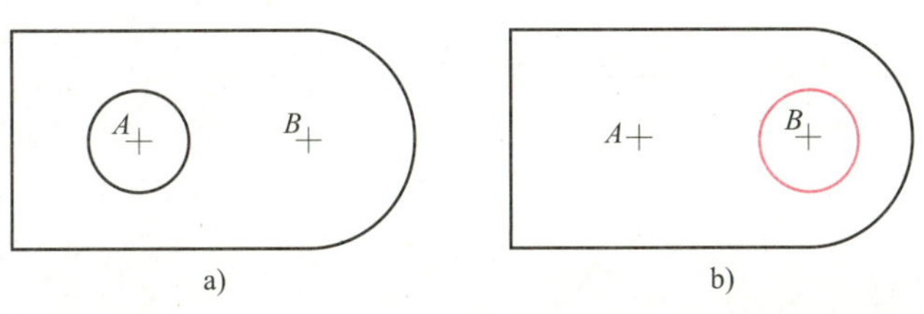

图 3-36　基点法移动

a）移动前　b）移动后

```
命令：_move
选择对象：找到 1 个（左端小圆）
选择对象：↙
指定基点或［位移（D）］<位移>：单击 A 点
指定第二个点或 <使用第一个点作为位移>：单击 B 点
```

2. 相对位移法

相对位移法是指通过指定移动的相对位移量来移动对象。主要用于能够同时捕捉到要移动对象的初始位置（基点）和目标位置（第二点）的情况。

例如将图 3–36a 中的小圆向右平移 30 mm，可得到如图 3–36b 所示结果。命令行提示与操作如下：

```
命令：_move
选择对象：（左端小圆）
选择对象：↙
指定基点或［位移（D）］<位移>：d↙
指定位移 <0.0000，0.0000，0.0000>：@30，0↙
```

思考与练习

1. 绘制如图 3–37 所示图形。

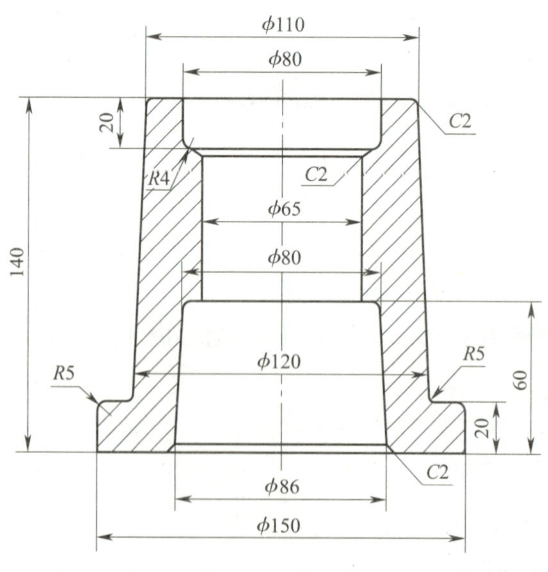

图 3–37 练习 1

2. 绘制如图 3–38 所示图形。

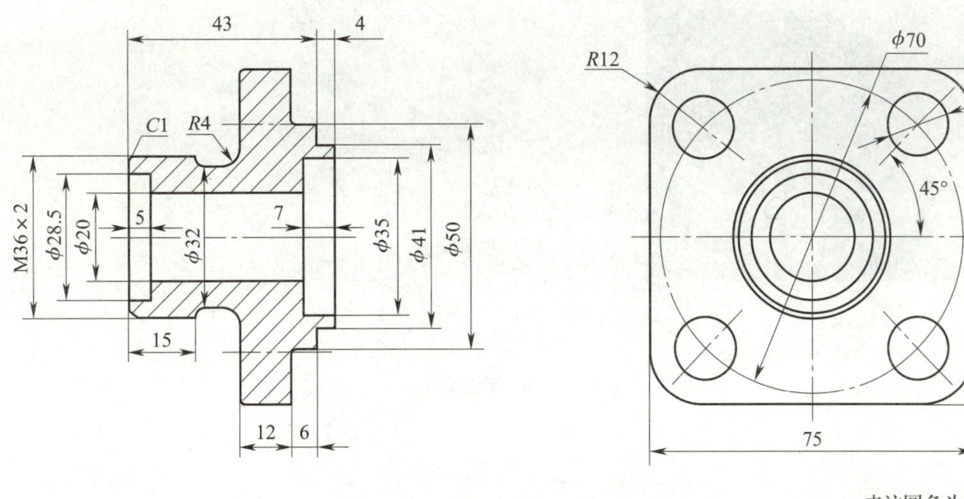

图 3–38　练习 2

任务3　绘制钟表

任务目标

1. 掌握打断、复制、旋转命令的用法。
2. 掌握阵列、对齐命令的用法。
3. 了解合并命令的用法。

任务提出

复杂的图形是将基本图形进行修改后生成的，掌握了修改操作后，可以既方便又简捷地绘制出所需要的图形。在日常生活中，所看到的图形有很多重复的部分，绘制这类图形可利用方便简捷的方法。本任务就以图 3–39 所示的钟表及其平面图为例来介绍这类图形的绘制方法。

a)

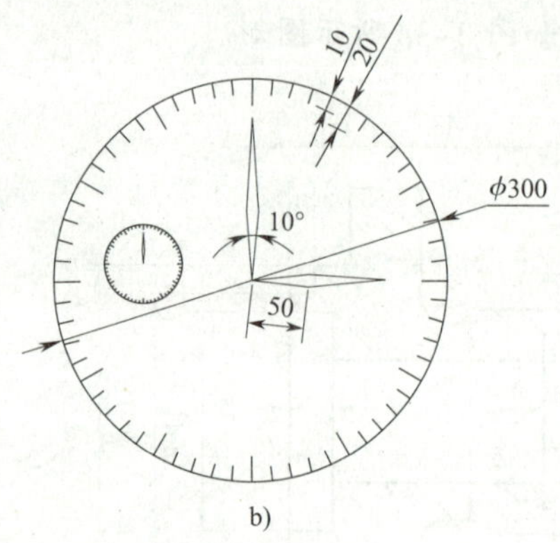

b)

图 3-39　钟表

a）实物图　b）平面图

任务分析

绘制钟表平面图的大致顺序为：先绘制大表盘，其次绘制刻度线，然后绘制时针和分针，最后绘制小表盘。绘制过程中要用到旋转、复制、拉伸、阵列、对齐等命令。

任务实施

一、绘制钟表表盘

单击“绘图”面板中的“圆”按钮 ⊙，命令行提示与操作如下：

> 命令：_circle
> 指定圆的圆心或［三点（3P）/ 两点（2P）/ 切点、切点、半径（T）］：单击绘图区域内任意一点
> 指定圆的半径或［直径（D）］：150↙

绘制结果如图 3-40 所示。

二、绘制分钟刻度线

单击“绘图”面板中的“直线”按钮 ╱，命令行提示与操作如下：

> 命令：_line
> 指定第一点：捕捉圆的上象限点
> 指定下一点或［放弃（U）］：@0，-10↙

单击“修改”面板中的“环形阵列”按钮 ⁘，命令行提示与操作如下：

> 命令：_arraypolar
> 选择对象：找到 1 个（选择垂直刻度线）

选择对象：↙
类型 = 极轴　关联 = 是
指定阵列的中心点或［基点（B）/ 旋转轴（A）］：选择大圆圆心
输入项目数或［项目间角度（A）/ 表达式（E）］：60↙
指定填充角度（+= 逆时针、-= 顺时针）或［表达式（EX）］<360>：↙
按 Enter 键接受或［关联（AS）/ 基点（B）/ 项目（I）/ 项目间角度（A）/ 填充角度（F）/ 行（ROW）/ 层（L）/ 旋转项目（ROT）/ 退出（X）］< 退出 >：↙

绘制结果如图 3-41 所示。

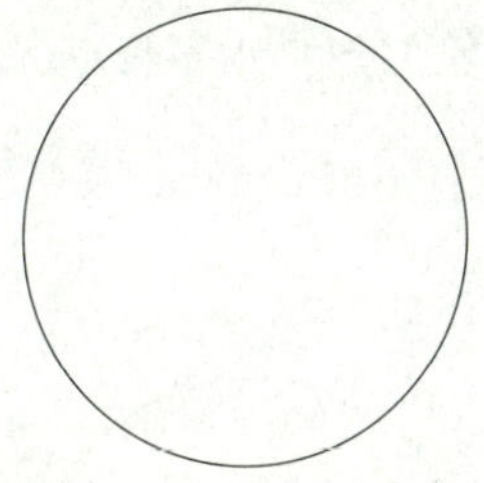
图 3-40　绘制钟表表盘

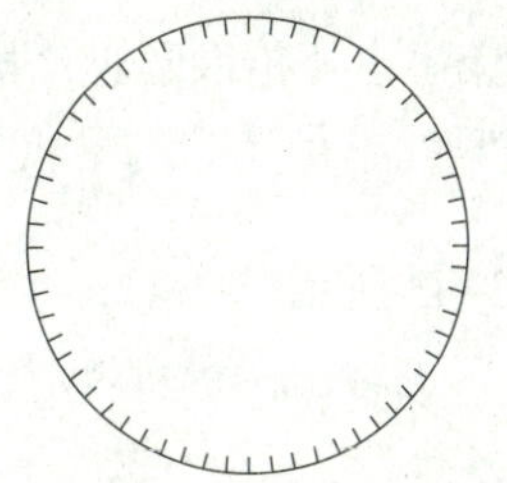
图 3-41　绘制分钟刻度线

三、绘制小时刻度线

单击"绘图"面板中的"直线"按钮 ，命令行提示与操作如下：

命令：_line
指定第一点：捕捉圆的上象限点
指定下一点或［放弃（U）］：@0，-20↙

单击"修改"面板中的"环形阵列"按钮 ，命令行提示与操作如下：

命令：_arraypolar
选择对象：找到 1 个
选择对象：↙
类型 = 极轴　关联 = 是
指定阵列的中心点或［基点（B）/ 旋转轴（A）］：选择大圆圆心
输入项目数或［项目间角度（A）/ 表达式（E）］：12↙
指定填充角度（+= 逆时针、-= 顺时针）或［表达式（EX）］<360>：↙
按 Enter 键接受或［关联（AS）/ 基点（B）/ 项目（I）/ 项目间角度（A）/ 填充角度（F）/ 行（ROW）/ 层（L）/ 旋转项目（ROT）/ 退出（X）］< 退出 >：↙

绘制结果如图 3-42 所示。

四、绘制时针

单击"绘图"面板中的"直线"按钮 ，命令行提示与操作如下：

```
命令：_line
指定第一点：选择大圆圆心
指定下一点或［放弃（U）］：@50<5↙
指定下一点或［放弃（U）］：↙
```

然后单击“修改”面板中的“镜像”按钮，命令行提示与操作如下：

```
命令：_mirror
选择对象：找到 1 个（选择刚绘制的直线）
选择对象：↙
指定镜像线的第一点：拾取圆心　指定镜像线的第二点：水平移动光标拾取一点
要删除源对象吗？［是（Y）/否（N）］<N>：↙
```

绘制结果如图 3-43 所示。

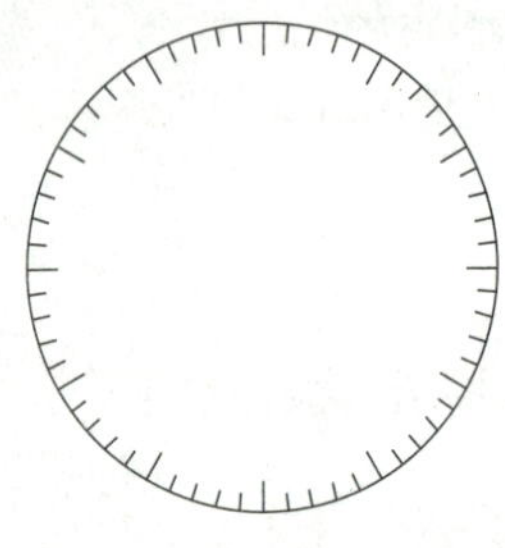

图 3-42　绘制小时刻度线

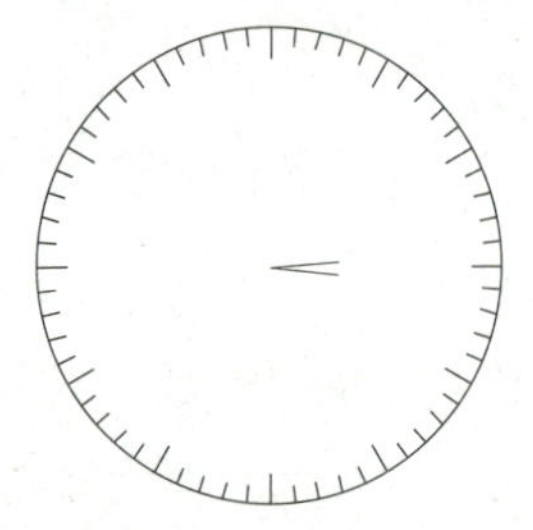

图 3-43　绘制时针左半部分

再次单击“修改”面板中的“镜像”按钮，命令行提示与操作如下：

```
命令：_mirror
选择对象：找到 1 个
选择对象：找到 1 个，总计 2 个（选择时针左半部分）
选择对象：↙
指定镜像线的第一点：捕捉第一条直线的右端点
指定镜像线的第二点：捕捉第二条直线的右端点
要删除源对象吗？［是（Y）/否（N）］<N>：↙
```

绘制结果如图 3-44 所示。

五、绘制分针

1. 旋转时针

单击“绘图”面板中的“旋转”按钮，命令行提示与操作如下：

```
命令：_rotate
UCS 当前的正角方向：　ANGDIR= 逆时针　ANGBASE=0
选择对象：指定对角点：找到 4 个（选择绘制好的时针）
```

选择对象：↙
指定基点：选择大圆圆心
指定旋转角度，或［复制（C）/ 参照（R）］<6>：c ↙
旋转一组选定对象。
指定旋转角度，或［复制（C）/ 参照（R）］<6>：90 ↙

绘制结果如图 3–45 所示。

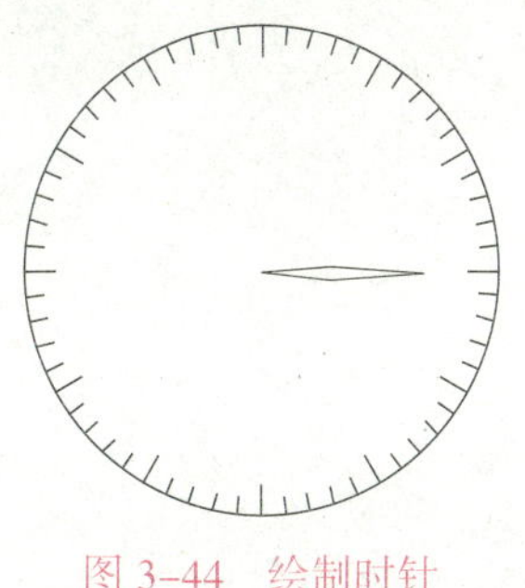
图 3–44　绘制时针

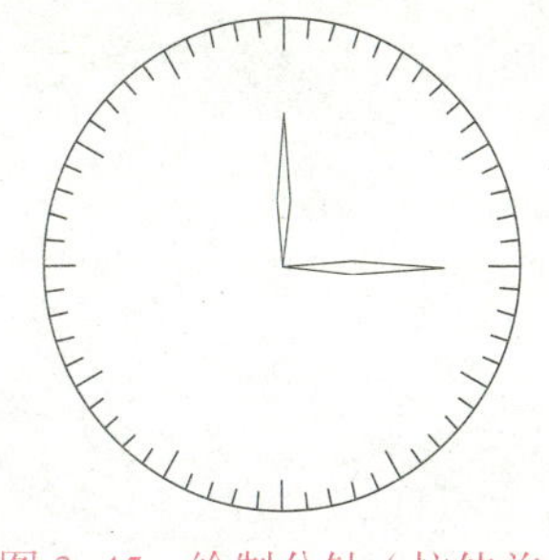
图 3–45　绘制分针（拉伸前）

2. 拉伸分针

单击“修改”面板中的“拉伸”按钮 拉伸，命令行提示与操作如下：

命令：_stretch
以交叉窗口或交叉多边形选择要拉伸的对象 ...
选择对象：指定对角点：找到 2 个
选择对象：↙
指定基点或［位移（D）］< 位移 >：指定分针的上交点
指定第二个点或 < 使用第一个点作为位移 >：拉伸至合适位置

绘制结果如图 3–46 所示。

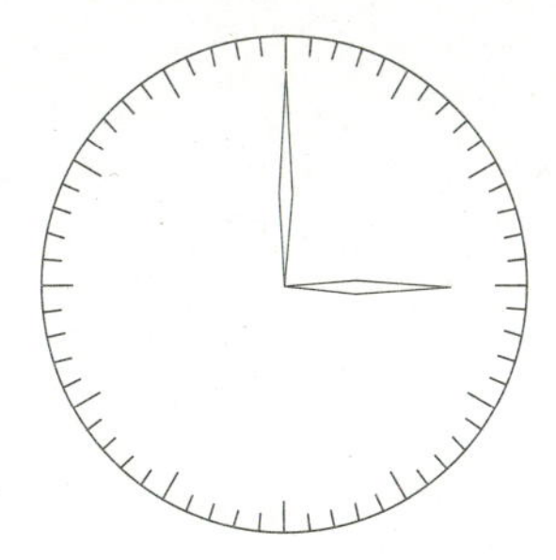
图 3–46　绘制分针（拉伸后）

六、绘制小表盘

1. 单击“修改”面板中的“复制”按钮 ，命令行提示与操作如下：

命令：_copy
选择对象：指定对角点：找到 11 个

选择对象：↙
当前设置：　复制模式 = 多个
指定基点或［位移（D）/ 模式（O）］< 位移 >：选择圆心
指定第二个点或 < 使用第一个点作为位移 >：移动至合适位置
指定第二个点或［阵列（A）/ 退出（E）/ 放弃（U）］< 退出 >：↙

复制结果如图 3-47 所示。

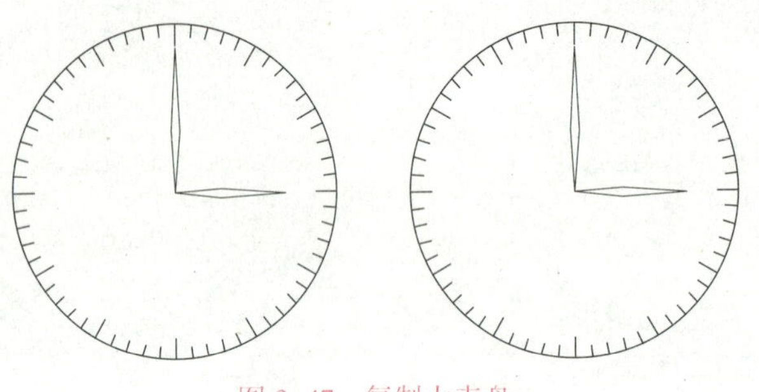

图 3-47　复制大表盘

2. 单击“删除”按钮，删除时针，绘制结果如图 3-48 所示。

3. 单击“修改”面板中的“缩放”按钮，将删除时针后的表盘缩小为原图的 1/4，命令行提示与操作如下：

选择对象：指定对角点：找到 7 个
选择对象：↙
指定基点：选择圆心
指定比例因子或［复制（C）/ 参照（R）］：0.25↙

绘制结果如图 3-49 所示。

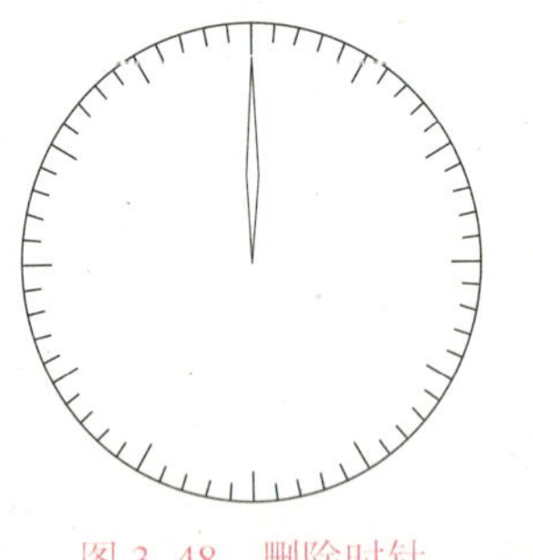

图 3-48　删除时针

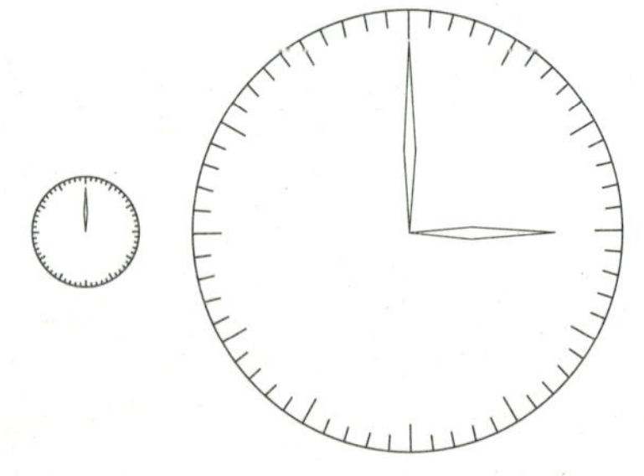

图 3-49　绘制小表盘

4. 移动小表盘

单击“修改”面板中的“移动”按钮，命令行提示与操作如下：

命令：_move
选择对象：指定对角点：找到 7 个

选择对象：↙
指定基点或［位移（D）］<位移>：选择圆心
指定第二个点或 <使用第一个点作为位移>：移动至合适位置

绘制结果如图 3–50 所示。

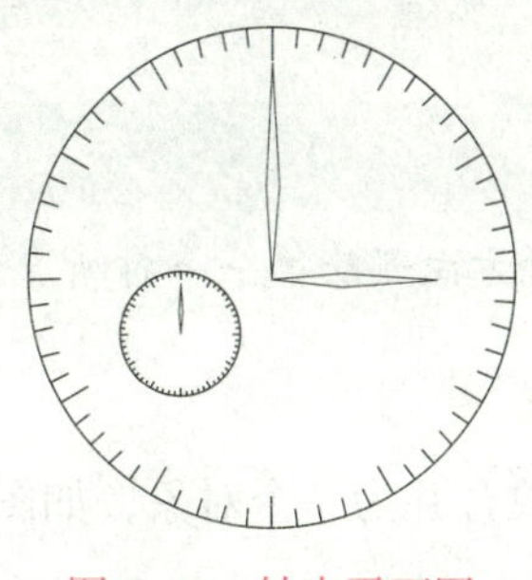

图 3–50　钟表平面图

相关知识

一、打断于点

在某一点处打断选定的对象，如图 3–51 所示。

图 3–51　利用“打断于点”命令打断图形

a）打断前（一个对象）　b）打断后（两个对象）

二、打断

在两点之间打断选定的对象，如图 3–52 所示。

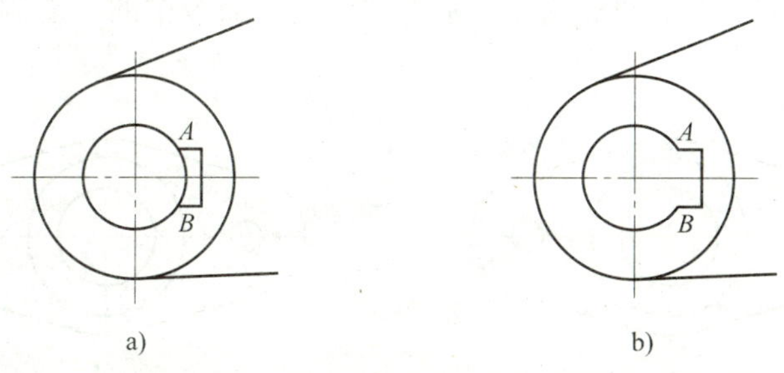

图 3–52　利用“打断”命令打断对象

a）打断前　b）打断后

单击“修改”面板中的“打断”按钮 ，命令行提示与操作如下：

命令：_break 选择对象：
指定第二个打断点或［第一点（F）］：f↙
指定第一个打断点：拾取 *A* 点
指定第二个打断点：拾取 *B* 点

小提示：

在打断圆时，系统将按逆时针方向删除第一个打断点到第二个打断点之间的圆弧部分。

三、合并对象

“合并”命令可以将相似的对象合并为一个对象，如图 3–53 所示，将两条直线合并为一条直线。

单击“修改”面板中的“合并”按钮 ，命令行提示与操作如下：

命令：join
选择源对象或要一次合并的多个对象：找到 1 个
选择要合并的对象：找到 1 个，总计 2 个
选择要合并的对象：↙

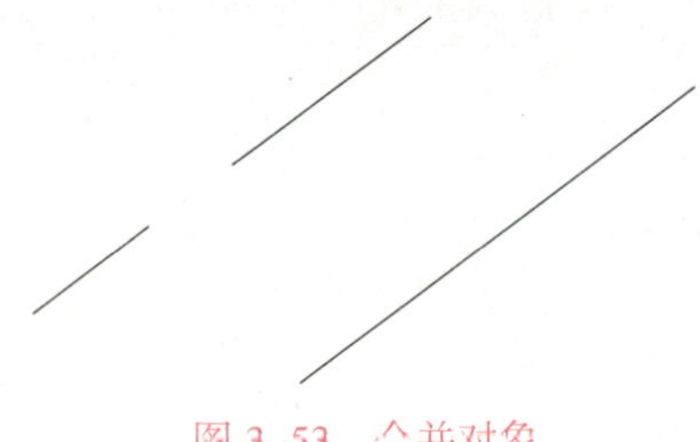

图 3–53　合并对象

四、复制对象

“复制”命令可以复制一个或多个图形。

【例】 复制图 3–54 所示的螺纹孔。单击“修改”面板中的“复制”按钮 ，命令行提示与操作如下：

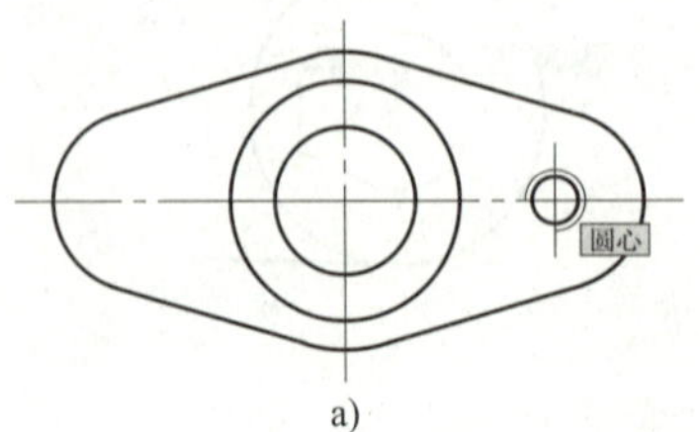

a)

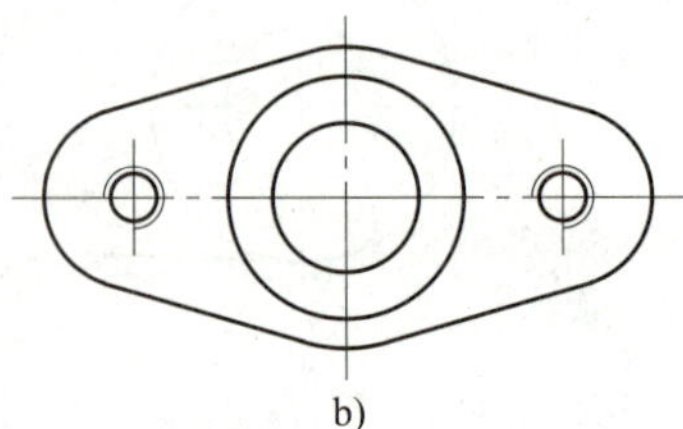

b)

图 3–54　复制对象

a）复制前　b）复制后

```
命令：_copy
选择对象：找到 1 个
选择对象：找到 1 个，总计 2 个
选择对象：↙
当前设置：　复制模式 = 多个
指定基点或 [ 位移（D）/ 模式（O）] < 位移 >：选择右侧圆弧的圆心
指定第二个点或 [ 阵列（A）] < 使用第一个点作为位移 >：捕捉左侧圆弧的圆心
指定第二个点或 [ 阵列（A）/ 退出（E）/ 放弃（U）] < 退出 >：↙
```

五、旋转对象

“旋转”命令可将选定的图形绕指定基点旋转一定的角度。

【例】将图 3–55a 选取的图形旋转并复制“–90°”。

单击“修改”面板中的“旋转”按钮 。命令行提示与操作如下：

```
命令：_rotate
UCS 当前的正角方向：　ANGDIR= 逆时针　ANGBASE=0
选择对象：指定对角点：找到 6 个
选择对象：↙
指定基点：选择大圆的圆心
指定旋转角度，或 [ 复制（C）/ 参照（R）] <0>：c ↙
旋转一组选定对象。
指定旋转角度，或 [ 复制（C）/ 参照（R）] <0>：–90 ↙
```

旋转并复制的结果如图 3–55 所示。

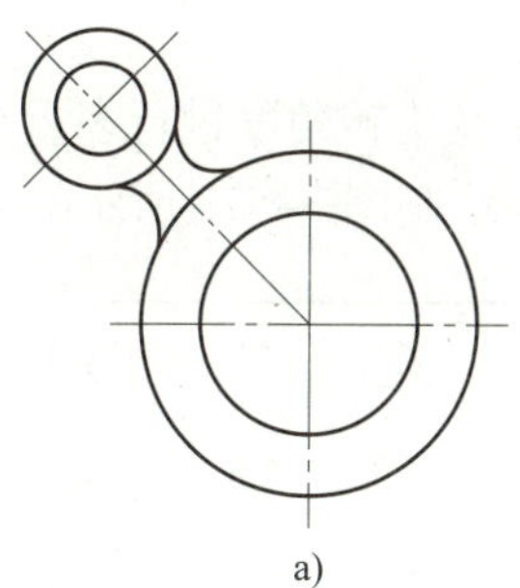
a)

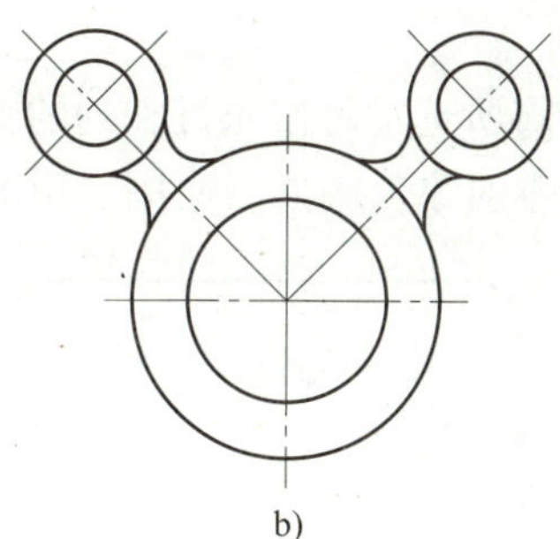
b)

图 3–55　旋转并复制对象

a）旋转并复制前　b）旋转并复制后

命令行提示中各选项的含义如下。

如果在命令行提示下选择“参照（R）”选项，可以将对象从指定的角度旋转到新的绝对角度。如果不知道要旋转的角度值，只知道对象在第一位置和第二位置的绝对角度，可选择此选项。

如果在命令行提示下选择“复制（C）”选项，则可以旋转并复制对象。

注意：输入的角度值为正，按逆时针方向旋转对象；输入的角度值为负，按顺时针方向旋转对象。

六、拉伸对象

“拉伸”命令可拉伸或压缩图形。交叉窗口中的端点被移动，而窗口外的端点不动。与窗口边界相交的对象被拉伸或压缩，同时保持与图形未动部分相连。

【例】拉伸图 3-56a 所示的图形。

单击“修改”面板中的“拉伸”按钮 ，命令行提示与操作如下：

```
命令：_stretch
以交叉窗口或交叉多边形选择要拉伸的对象...
选择对象：指定对角点：找到 26 个
选择对象：↙
指定基点或［位移（D）］<位移>：
指定第二个点或<使用第一个点作为位移>：8↙
```

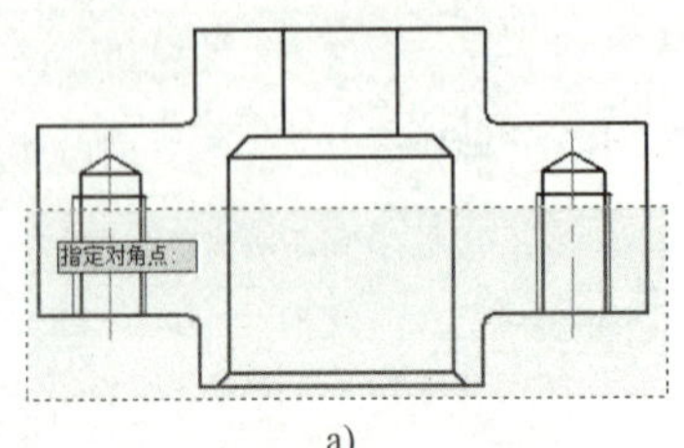

a)

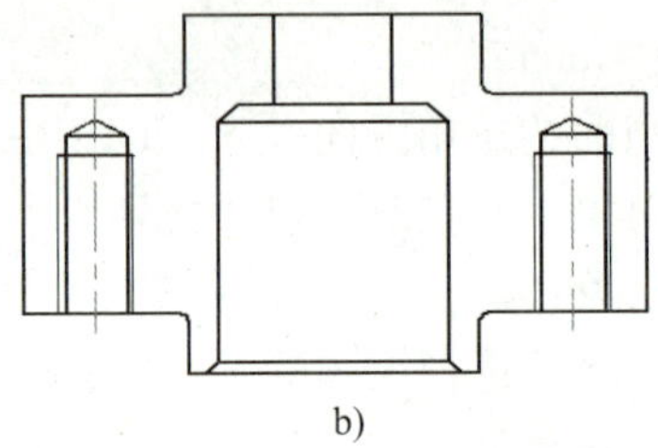
b)

图 3-56　拉伸对象

a）拉伸前　b）拉伸后

七、阵列对象

“阵列”命令可以对选择的对象进行矩形或环形阵列。

1. 矩形阵列

矩形阵列是将所选对象按照行和列的数目、间距以及旋转角度进行多重复制，从而得到源对象的多个副本对象。例如，使用“矩形阵列”命令绘制图 3-57b 所示的压板孔。

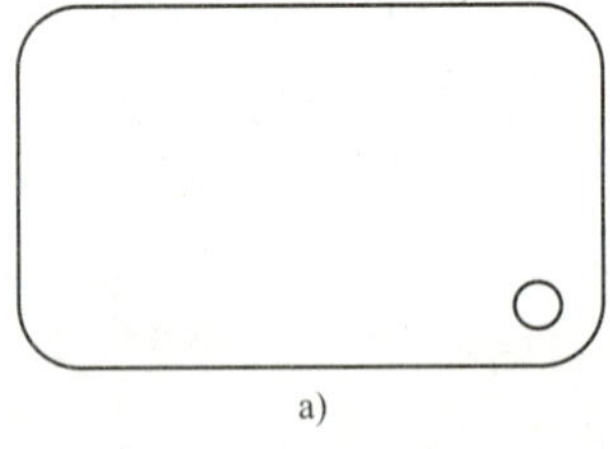
a)

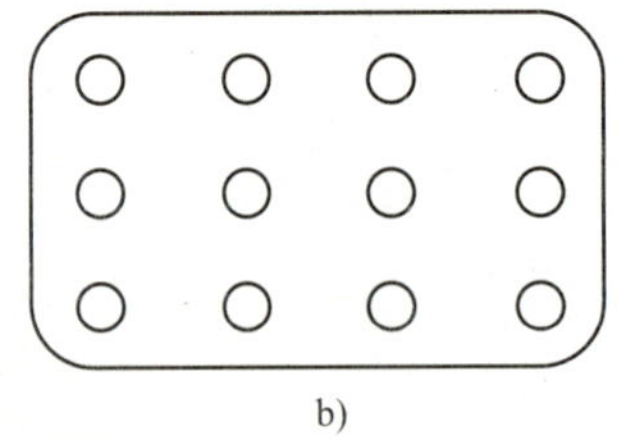
b)

图 3-57　矩形阵列对象

a）矩形阵列前　b）矩形阵列后

单击“修改”面板中的“矩形阵列”按钮 ，命令行提示与操作如下：

```
命令：_arrayrect
选择对象：找到 1 个
```

选择对象：↙
类型 = 矩形　关联 = 是
为项目数指定对角点或［基点（B）/ 角度（A）/ 计数（C）］< 计数 >：↙
输入行数或［表达式（E）］<4>：3↙
输入列数或［表达式（E）］<4>：4↙
指定对角点以间隔项目或［间距（S）］< 间距 >：单击绘图区域内任意一点
按 Enter 键接受或［关联（AS）/ 基点（B）/ 行（R）/ 列（C）/ 层（L）/ 退出（X）］< 退出 >：↙

2. 环形阵列

创建环形阵列时，需要指定环形的中心点、生成对象的数目以及填充角度等。例如，使用环形阵列方式绘制图 3-58b 所示的图形。

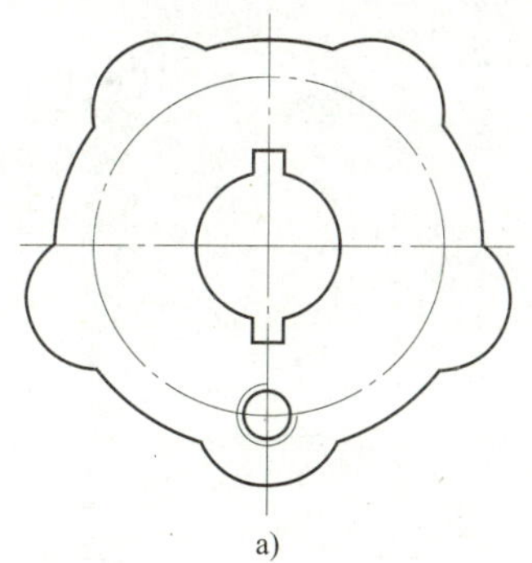
a)

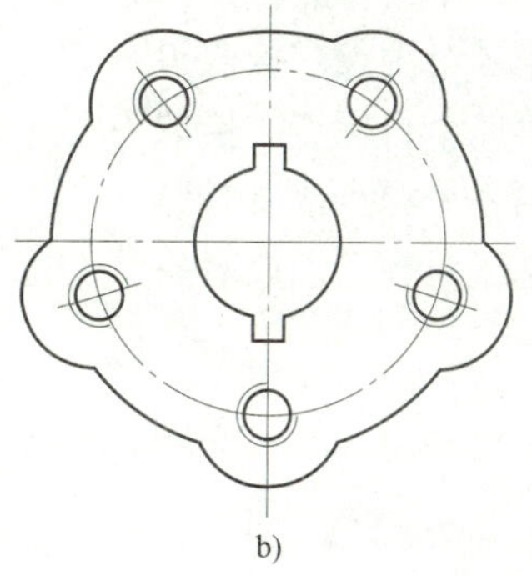
b)

图 3-58　环形阵列对象
a）环形阵列前　b）环形阵列后

单击“修改”面板中的“环形阵列”按钮 阵列，命令行提示与操作如下：

命令：_arraypolar
选择对象：找到 1 个
选择对象：↙
类型 = 极轴　关联 = 是
指定阵列的中心点或［基点（B）/ 旋转轴（A）］：选择大圆圆心
输入项目数或［项目间角度（A）/ 表达式（E）］<4>：5↙
指定填充角度（+= 逆时针、-= 顺时针）或［表达式（EX）］<360>：↙
按 Enter 键接受或［关联（AS）/ 基点（B）/ 项目（I）/ 项目间角度（A）/ 填充角度（F）/ 行（ROW）/ 层（L）/ 旋转项目（ROT）/ 退出（X）］：↙

八、对齐对象

“对齐”命令用于移动、旋转和缩放二维或三维对象，以便与其他对象对齐。

如要对齐图 3-59a 所示的图形，单击“修改”面板中的“对齐”按钮，命令行提示与操作如下：

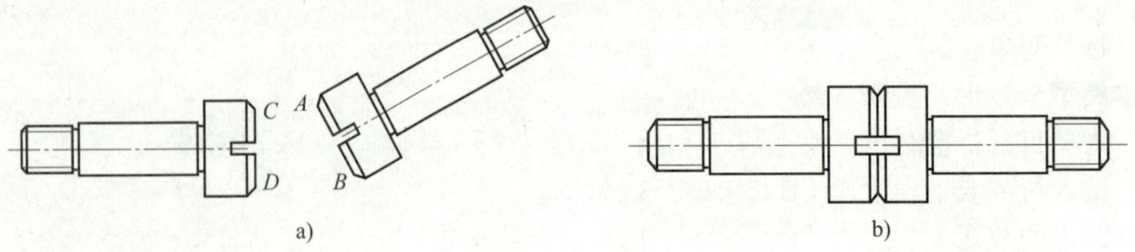

图 3–59　对齐对象

a）对齐前　b）对齐后

命令：_align
选择对象：找到 1 个
选择对象：
指定第一个源点：拾取 *A*
指定第一个目标点：拾取 *C*
指定第二个源点：拾取 *B*
指定第二个目标点：拾取 *D*
指定第三个源点或 <继续>：↙
是否基于对齐点缩放对象？［是（Y）/ 否（N）］<否>：↙

思考与练习

1. 利用所学知识把图 3–60a 编辑成图 3–60b。
2. 利用所学知识把图 3–61a 编辑成图 3–61b。
3. 利用所学知识把图 3–62a 编辑成 3–62b。

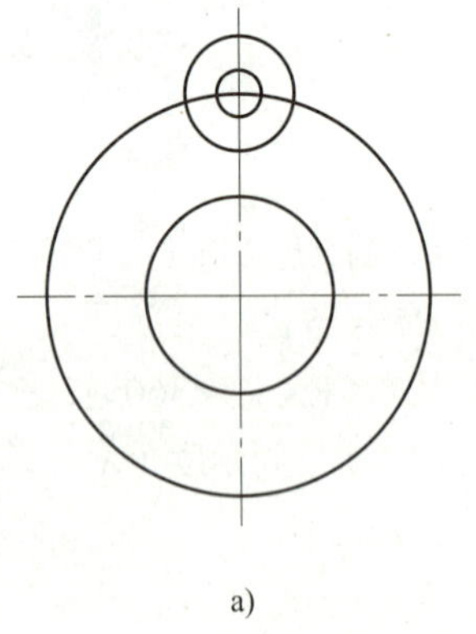

a)

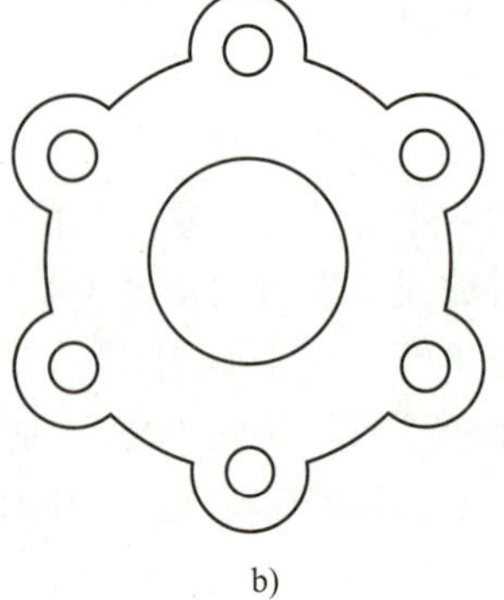

b)

图 3–60　练习 1

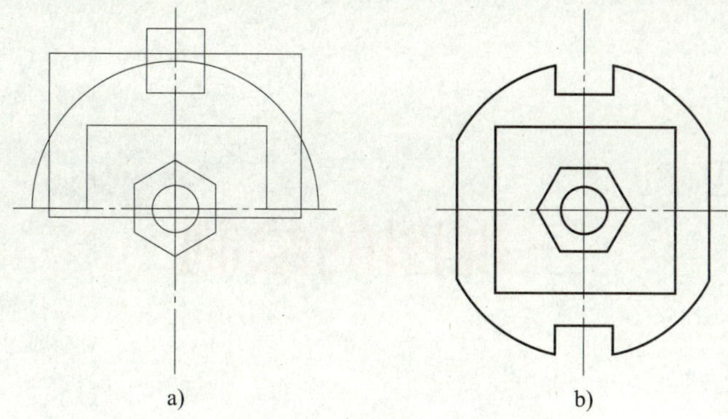

图 3-61　练习 2

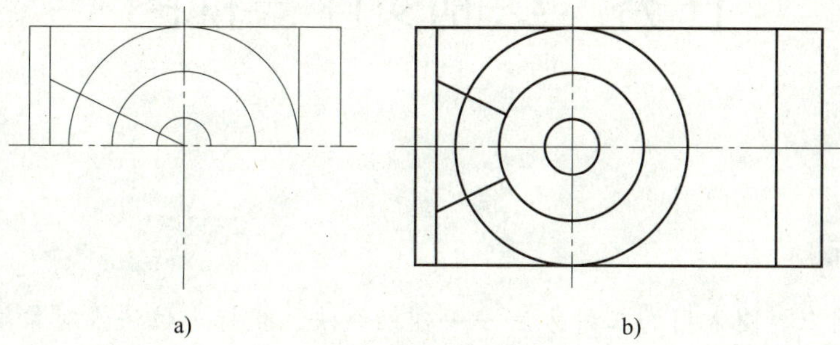

图 3-62　练习 3

模块四 三视图的绘制

任务 绘制支座三视图

任务目标

1. 了解绘制三视图常用的三种方法——辅助线法、坐标定位法、对象捕捉追踪法的定义。

2. 掌握辅助线法、坐标定位法、对象捕捉追踪法的绘图步骤，能熟练使用三种方法绘制三视图。

任务提出

零件的三视图可以完整准确地表达物体各表面的形状和大小，可以避免立体图给人带来的视觉错误。本模块在学习了二维视图编辑命令的基础上结合三视图常用绘制方法即辅助线法、坐标定位法、对象捕捉追踪法将如图 4-1a 所示的支座三维效果图，用 AutoCAD 2012 绘制成如图 4-1b 所示的支座三视图。

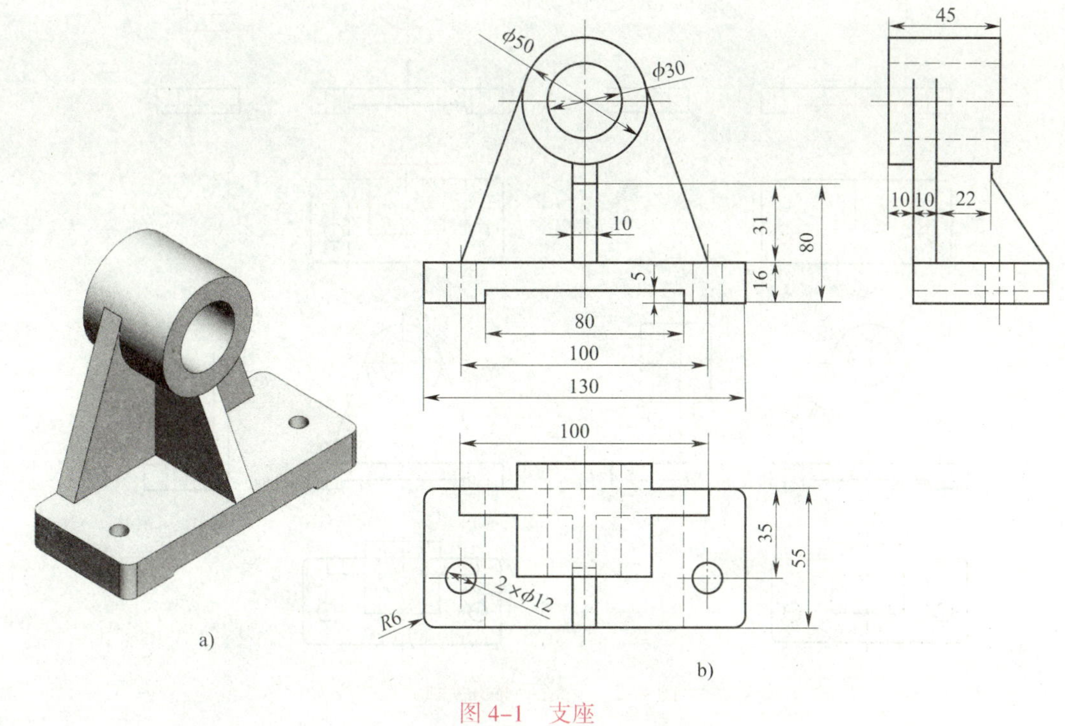

图 4–1　支座

a）三维效果图　b）三视图

任务分析

由零件图可知支座由底板、套筒、支撑板及肋板四部分组成。综合运用辅助线法、坐标定位法和对象捕捉追踪法，同时完成支座三视图的绘制。

支座三视图的绘图顺序为：首先绘制三视图的基准线和中心线，其次绘制底板和套筒，然后绘制支撑板和肋板。支座三视图绘制流程如图 4–2 所示。

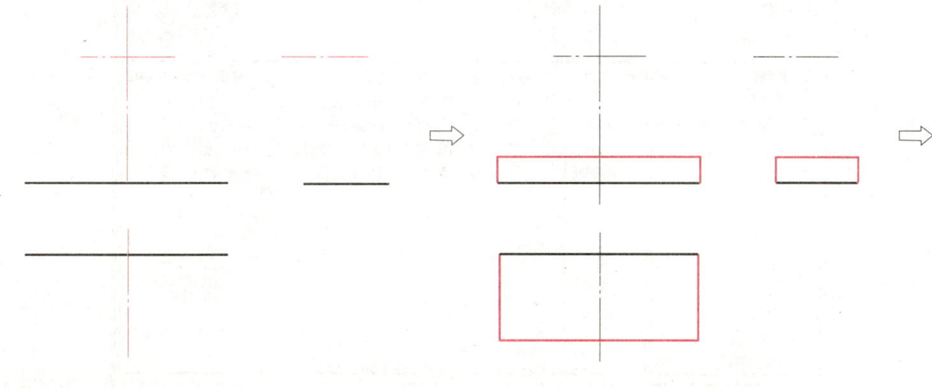

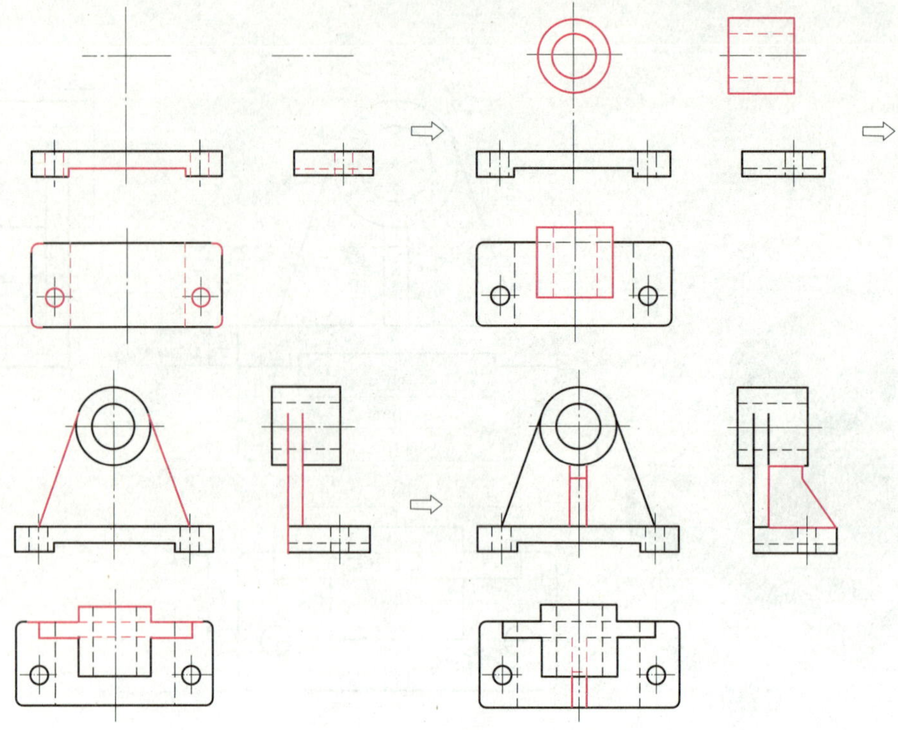

图 4-2　支座三视图绘制流程

任务实施

一、新建文件

单击快速访问工具栏中的“新建”按钮 ，新建一个名为“支座 .dwg”的文件。

二、设置图层

选择菜单栏中的“格式”→“图层”命令，弹出“图层特性管理器”对话框，新建 3 个图层，如图 4-3 所示。

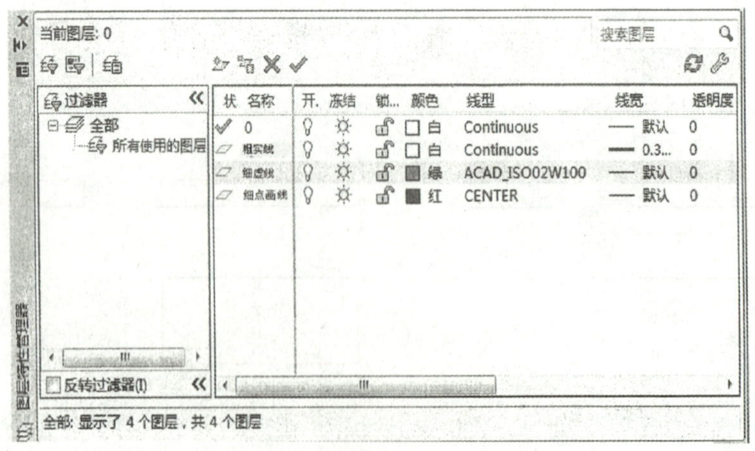

图 4-3　“图层特性管理器”对话框

1. 第一个图层名称为“粗实线”，线宽设置为 0.3 mm，其余属性保持系统默认设置。

2. 第二个图层名称为“细虚线”，颜色为绿色，加载线型为 ACAD–JSO02W100，其余属性保持系统默认设置。

3. 第三个图层名称为“细点画线”，颜色为红色，加载线型为 CENTER，其余属性保持系统默认设置。

三、绘制三视图的基准线

打开状态栏中的“极轴”“对象捕捉”“对象追踪”“线宽”选项。

1. 绘制底板下表面轮廓线

将“粗实线”图层设置为当前图层，绘制主视图中底板下表面轮廓线，长 130 mm。绘制左视图中底板下表面轮廓线，宽 55 mm。

2. 绘制中心线

将“细点画线”图层设置为当前图层。单击“绘图”面板中的“直线”按钮 ⁄，利用对象捕捉追踪功能拾取底板的中点绘制主视图中心线。根据三视图投影规律绘制俯视图、左视图的中心线。绘制结果如图 4–4 所示。

四、绘制底板

1. 绘制底板轮廓

（1）绘制底板轮廓主视图，即绘制长 130 mm，高 16 mm 的矩形。

（2）绘制底板轮廓俯视图，利用三视图投影规律中“长对正”的原则及对象捕捉追踪功能，绘制长 130 mm，宽 55 mm 的矩形。

（3）绘制底板轮廓左视图，利用三视图投影规律中“高平齐”的原则及对象捕捉追踪功能，绘制宽 55 mm，高 16 mm 的矩形。

绘制结果如图 4–5 所示。

图 4–4 绘制底板下表面轮廓线和中心线　　　图 4–5 绘制底板轮廓

2. 绘制底板通槽

（1）绘制底板通槽的主视图。将“粗实线”图层设置为当前图层。单击“修改”面板中的“偏移”按钮，将主视图中底座下表面轮廓线向上偏移 5 mm，重复“偏移”命令，将底座右端面轮廓线分别向左偏移 25 mm 和 105 mm。

（2）单击“修改”面板中的“修剪”按钮，修剪多余的直线。

绘制结果如图 4–6 所示。

（3）绘制底板通槽的俯视图和左视图。将“细虚线”图层设置为当前图层。单击“绘图”面板中的“直线”按钮 ⁄，利用三视图的投影规律，绘制通槽的俯视图和左视图。

绘制结果如图 4–7 所示。

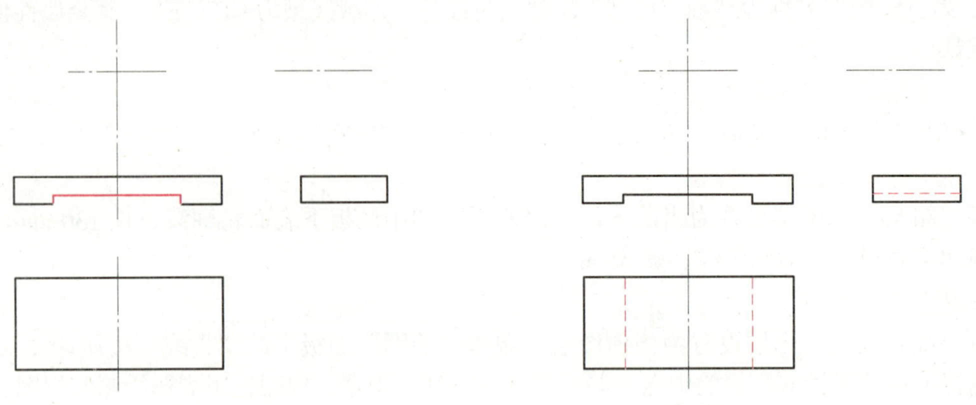

图 4–6　绘制底板通槽主视图　　图 4–7　绘制底板通槽的俯视图和左视图

3. 绘制底板通孔和圆角

（1）绘制俯视图中底板通孔的轮廓线。将“粗实线”图层设置为当前图层，单击“绘图”面板中的“圆”按钮 ⊙，命令行提示与操作如下：

```
命令：_circle
指定圆的圆心或［三点（3P）/ 两点（2P）/ 切点、切点、半径（T）］：from ↙
基点：（单击俯视图中底板的左下角点，作为基点）
〈偏移〉：@15，20 ↙
指定圆的半径或［直径（D）］：6 ↙
```

（2）将“细点画线”图层设置为当前图层。单击“绘图”面板中的“直线”按钮 ⁄，用对象捕捉追踪的功能绘制 ϕ12 mm 圆的中心线。

（3）利用“圆角”命令绘制底板上半径为 6 mm 的圆角。

（4）将绘制的通孔沿俯视图竖直中心线进行镜像。

绘制结果如图 4–8 所示。

（5）绘制主视图中底板上通孔的轴线和轮廓线。将“细虚线”图层设置为当前图层。利用对象捕捉追踪功能及三视图“长对正”投影规律绘制通孔中心线及轮廓线。

绘制结果如图 4–9 所示。

（6）绘制左视图中底板上通孔的轴线和轮廓线。单击“修改”面板中的“偏移”按钮 ⊆，将左视图中底板左边线向右偏移 35 mm。并将偏移后的对象改为“细点画线”图层，调整通孔轴线到适当长度。

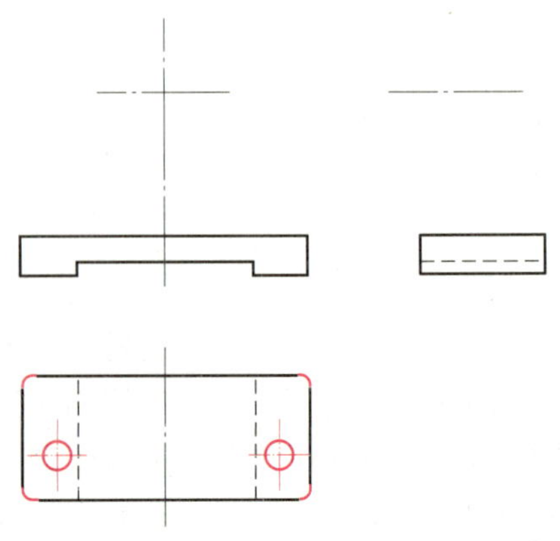

图 4–8　绘制底板上通孔和圆角的俯视图

（7）单击“修改”面板中的“复制”按钮 。将主视图中通孔的轮廓线用带基点复制的方法复制到左视图中。

绘制结果如图 4–10 所示。

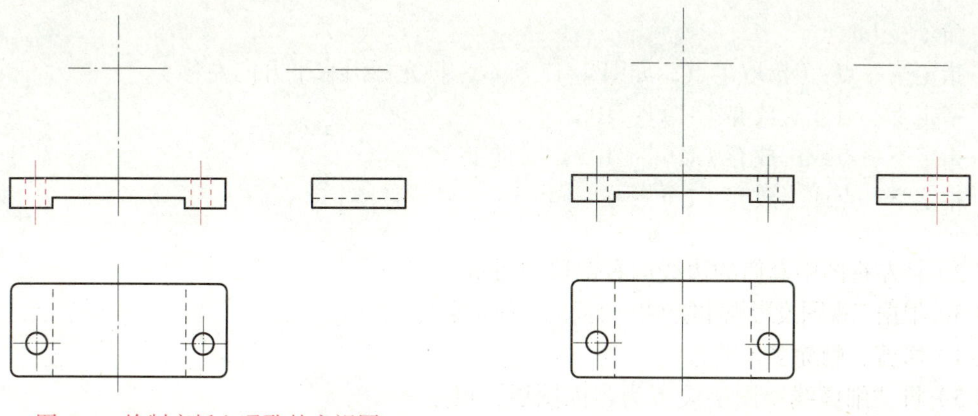

图 4–9　绘制底板上通孔的主视图　　图 4–10　绘制底板上通孔的左视图

五、绘制套筒

1. 绘制套筒主视图

将“粗实线”图层设置为当前图层，绘制 ϕ30 mm、ϕ50 mm 的圆，绘制结果如图 4–11 所示。

2. 绘制套筒俯视图

（1）将俯视图中底板外轮廓线分解。

（2）将底板后方轮廓线向上偏移 10 mm，向下偏移 35 mm。

（3）将“粗实线”图层设置为当前图层。利用三视图“长对正”投影规律及对象捕捉追踪功能，绘制俯视图中套筒左右两侧的轮廓线。

（4）将“细虚线”图层设置为当前图层，绘制俯视图中套筒上孔的左右两侧轮廓线及底板不可见部分的轮廓线。

（5）修剪、删除多余的直线。

绘制结果如图 4–12 所示。

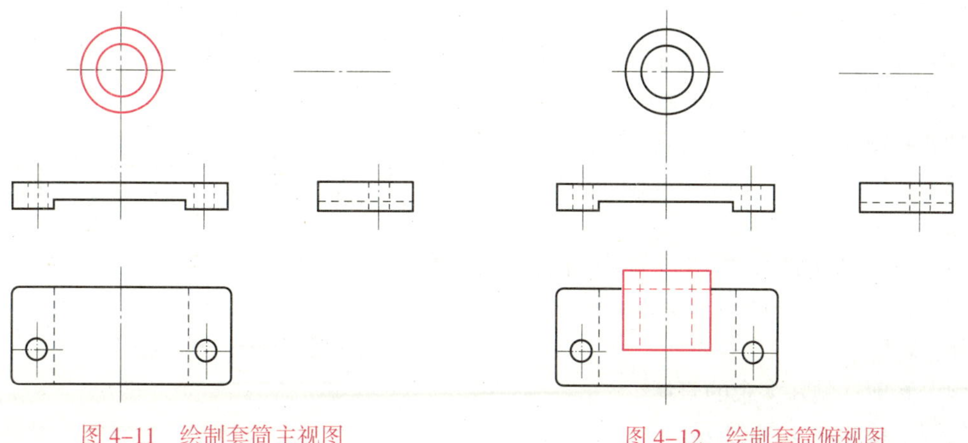

图 4–11　绘制套筒主视图　　图 4–12　绘制套筒俯视图

3. 绘制套筒左视图

（1）将“粗实线”图层设置为当前图层。单击“绘图”面板中的“直线”按钮 ⁄，命令行提示与操作如下：

```
命令：_line
指定第一点：（拾取 1 点，如图 4–13 所示，将光标沿水平方向左移）
指定下一点或［放弃（U）］：10↙
指定下一点或［放弃（U）］：105↙（向上）
指定下一点或［放弃（U）］：↙
```

（2）将左视图中套筒的边线向右偏移 45 mm。

（3）根据三视图投影规律绘制出套筒的其他轮廓线。

（4）修剪、删除多余的直线。

（5）将“细虚线”图层设置为当前图层，根据三视图投影规律绘制出套筒上孔的轮廓线。

绘制结果如图 4–13 所示。

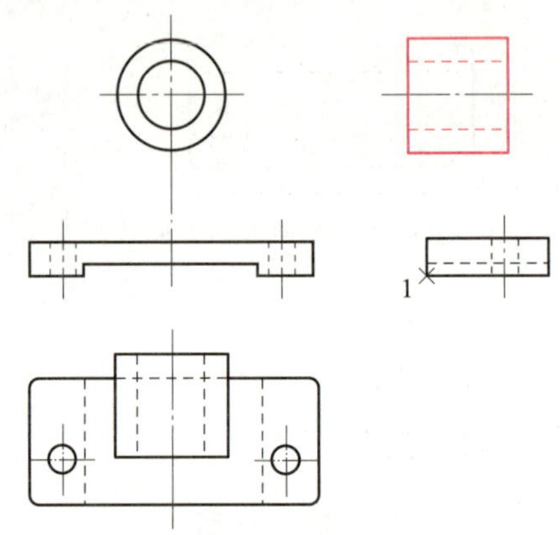

图 4–13　绘制套筒左视图

六、绘制支撑板

1. 绘制支撑板主视图

将“粗实线”图层设置为当前图层。单击“绘图”面板中的“直线”按钮 ⁄，命令行提示与操作如下：

```
命令：_line
指定第一点：（单击主视图中底板上方轮廓线与左边孔中心线的交点）
指定下一点或［放弃（U）］：（拾取与 φ50 mm 圆的切点）↙
指定下一点或［放弃（U）］：↙
```

重复“直线”命令，绘制支撑板另一边的轮廓线，完成支撑板主视图的绘制。

绘制结果如图 4–14 所示。

2. 绘制支撑板俯视图

（1）将“粗实线”图层设置为当前图层。根据三视图投影规律，利用“射线”命令分别过 2、4 点绘制辅助线，如图 4–15 所示，过 3 点绘制支撑板的俯视图。

（2）利用“镜像”命令绘制俯视图中支撑板的右半部分。

（3）将“细虚线”图层设置为当前图层。利用“直线”命令绘制俯视图中支撑板的轮廓线（被套筒遮挡的部分轮廓）。

（4）修剪、删除多余的直线。

绘制结果如图 4–16 所示。

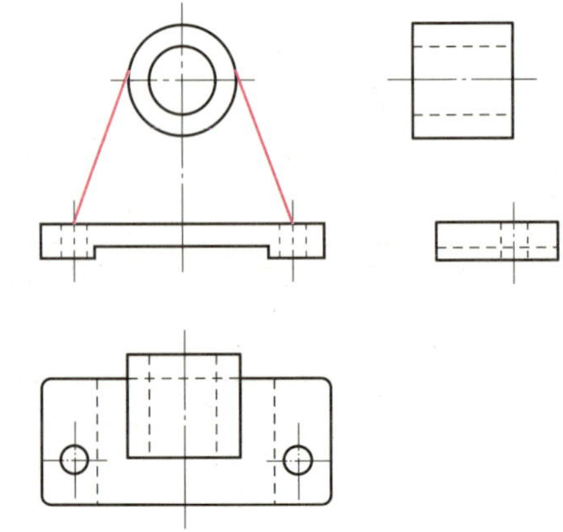

图 4–14　绘制支撑板主视图

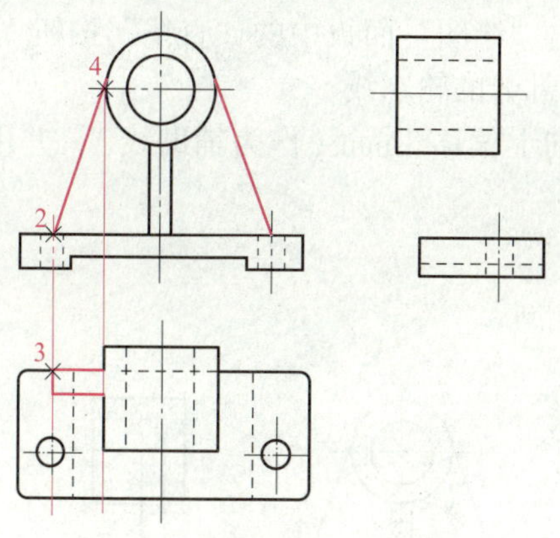

图 4–15　绘制支撑板俯视图辅助线

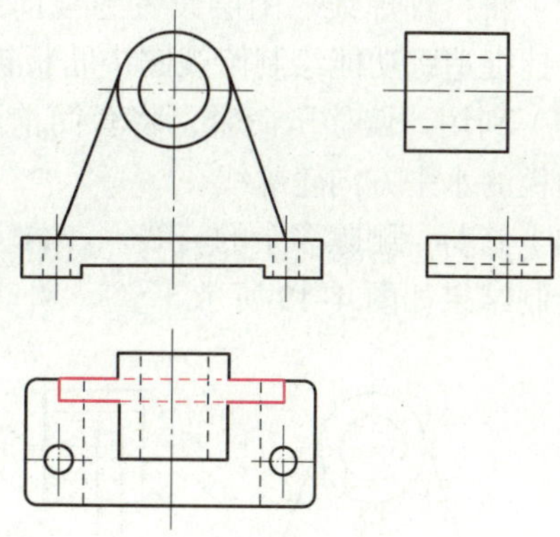
图 4–16　绘制支撑板俯视图

3. 绘制支撑板左视图

（1）将“粗实线”图层设置为当前图层。单击“绘图”面板中的“直线”按钮 ⁄，利用三视图投影规律绘制支撑板左视图上后立面轮廓线。

（2）单击“修改”面板中的“偏移”按钮，将支撑板后立面轮廓线向右偏移 10 mm。

（3）单击“修改”面板中的“修剪”按钮，修剪、删除多余的直线。

绘制结果如图 4–17 所示。

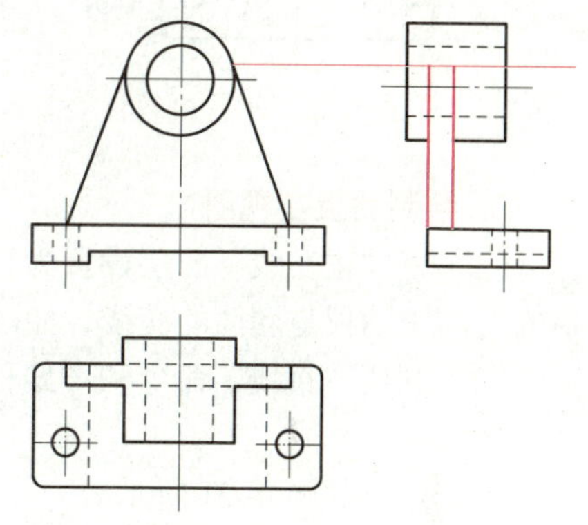
图 4–17　绘制支撑板左视图

七、绘制肋板

1. 绘制肋板主视图

（1）将“粗实线”图层设置为当前图层。单击“绘图”面板中的“直线”按钮 ⁄，利用对象捕捉追踪功能，绘制肋板的主视图。命令行提示与操作如下：

```
命令：_line
指定第一点：（捕捉点 5，如图 4–18 所示，向左水平移动光标）
指定下一点或［放弃（U）］：5↙
指定下一点或［放弃（U）］：（向上竖直移动光标，拾取与 φ50 mm 圆的交点）
指定下一点或［放弃（U）］：↙
```

（2）单击“修改”面板中的“偏移”按钮，将主视图上肋板左立面轮廓线向右偏移 10 mm。

（3）单击“修改”面板中的“偏移”按钮，将底板上平面轮廓线向上偏移 31 mm。

（4）修剪、删除多余的直线。

绘制结果如图 4–18 所示。

2. 绘制肋板俯视图

（1）将“粗实线”图层设置为当前图层。单击“绘图”面板中的“直线”按钮 ⁄，利用对象捕捉追踪功能及三视图投影规律，绘制俯视图中肋板可见部分的轮廓线。

（2）将“细虚线”图层设置为当前图层。单击“绘图”面板中的“直线”按钮 ⁄，利用对象捕捉追踪功能绘制俯视图中肋板被套筒遮挡部分的轮廓线。

（3）利用“偏移”命令，将套筒前面轮廓线向上偏移 3 mm（作为辅助线），并用虚线绘制肋板的水平方向轮廓线。

（4）修剪、删除多余的直线。

绘制结果如图 4–19 所示。

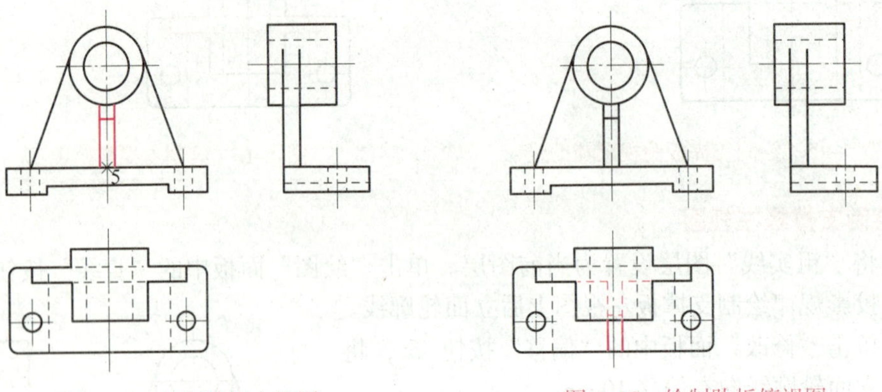

图 4–18　绘制肋板主视图　　图 4–19　绘制肋板俯视图

3. 绘制肋板左视图

（1）将“粗实线”图层设置为当前图层。利用对象捕捉追踪功能及三视图投影规律，绘制左视图中肋板与套筒的交线，如图 4–20 所示。

（2）利用“直线”命令和“偏移”命令绘制肋板的可见轮廓线，再修剪、删除多余的直线。

绘制结果如图 4–21 所示。

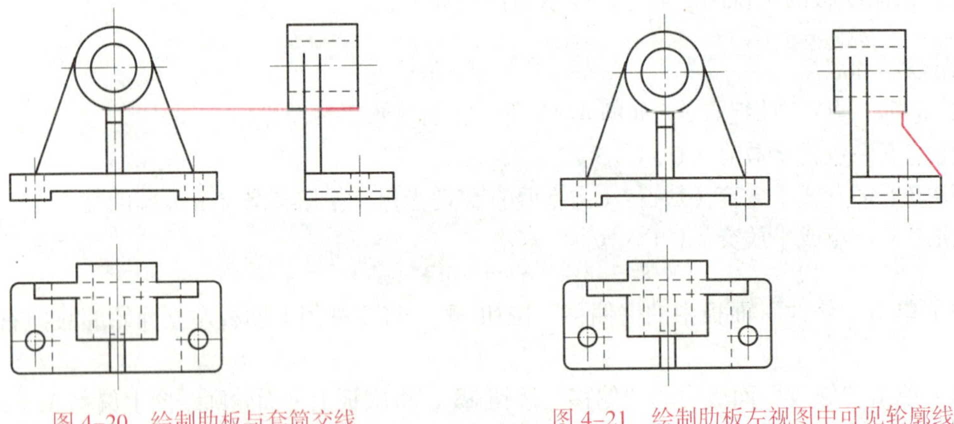

图 4–20　绘制肋板与套筒交线　　图 4–21　绘制肋板左视图中可见轮廓线

支座的三视图绘制完毕，三视图的位置可以通过“移动”命令来调节，但必须保证三视图“长对正、宽相等、高平齐”的投影规律，结果如图 4–1b 所示。

八、保存图形

单击快速访问工具栏中的“保存”按钮 ，保存到指定的路径下。

相关知识

一、辅助线法绘制三视图

利用构造线作为辅助线，确保三视图之间“长对正、宽相等、高平齐”的投影关系，并结合图形进行必要的编辑，完成三视图绘制的方法称为辅助线法。

【例】 利用辅助线法绘制图 4-22 所示的俯视图中孔的轮廓线和中心线。

绘图步骤：

（1）在状态栏上同时打开“对象捕捉追踪”和“对象捕捉”功能。

（2）单击“绘图”面板中的“直线”按钮，绘制如图 4-23 所示的辅助线。

（3）单击“修改”面板中的“修剪”按钮，修剪、删除多余的直线。

绘制结果如图 4-22 所示。

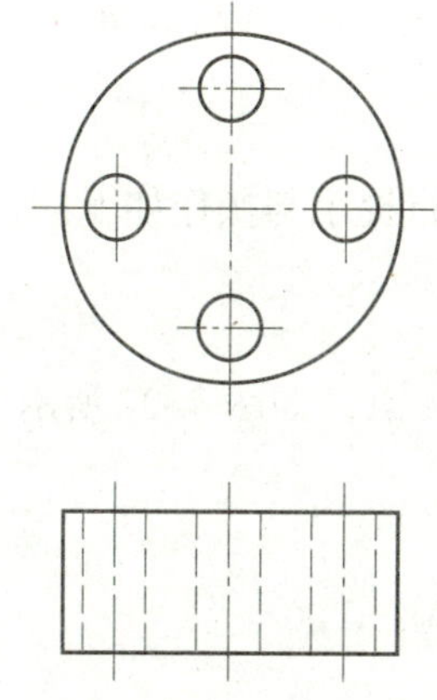

图 4-22　辅助线法绘制轮廓线和中心线

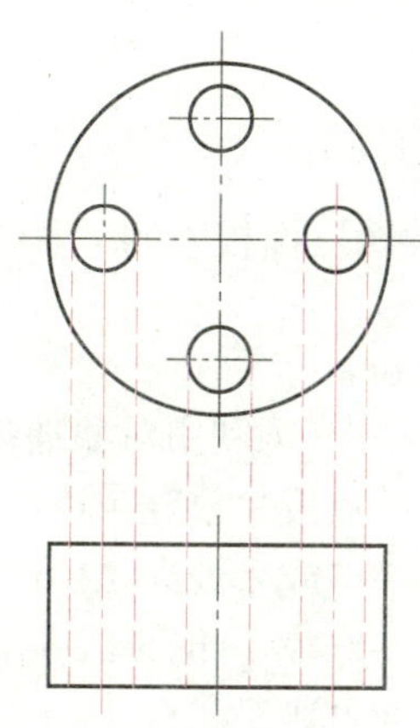

图 4-23　绘制辅助线

二、对象捕捉追踪法绘制三视图

利用对象捕捉追踪功能并结合极轴、正交等作图辅助工具，确保三视图之间“长对正、宽相等、高平齐”的投影关系，完成三视图绘制的方法称为对象捕捉追踪法。

【例】 利用对象捕捉追踪功能准确确定如图 4-24 所示的主视图中的 *A* 点的位置。

绘图步骤：

（1）在状态栏上同时打开“对象捕捉追踪”和“对象捕捉”功能。

（2）单击“绘图”面板中的“直线”按钮。

（3）将光标移动到 *B* 点，光标显示为十字状，*B* 点成为追踪点，向上沿垂直追踪参照线移动。

（4）将光标移动到 *C* 点，获得第二个追踪点。

（5）沿着从 *C* 点出发的水平参照线向左移动光标。

（6）当光标移动到和 *B* 点垂直的位置时，显示从 *B* 点出发的垂直追踪参照线，在两条线的交点处单击，即可确定 *A* 点的位置，如图 4-25 所示。

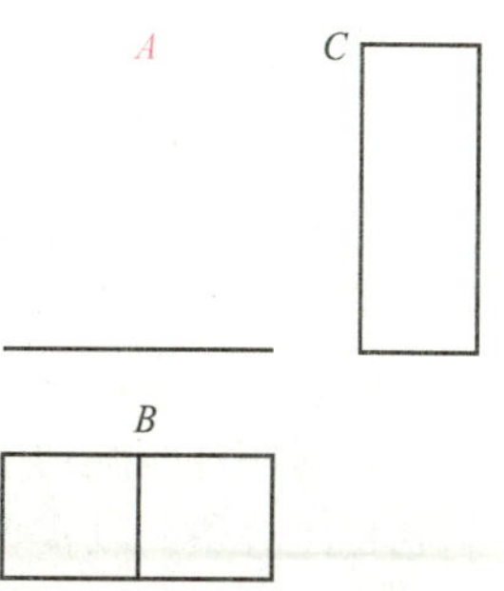

图 4-24　确定 *A* 点位置

三、坐标定位法绘制三视图

通过给定视图中各个点的准确坐标值来绘制三视图，并保证三视图间“长对正、宽相等、高平齐”的投影关系，完成三视图绘制的方法称为坐标定位法。

【例】 利用坐标定位法绘制如图 4–26 所示的主视图中 *A*、*B*、*C* 三点的位置。

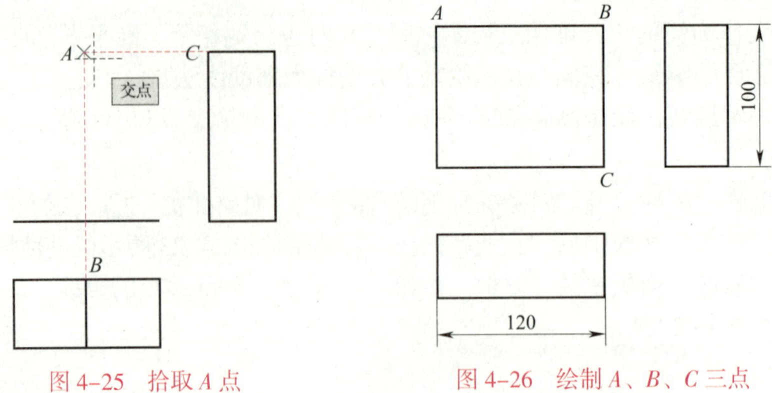

图 4–25　拾取 *A* 点　　图 4–26　绘制 *A*、*B*、*C* 三点

绘图步骤：

单击“绘图”面板中的“直线”按钮 ⁄，命令行提示与操作如下：

命令：_line

指定第一点：（利用对象捕捉追踪功能，确定 *A* 点，如图 4–27 所示）

指定下一点或［放弃（U）］：@120，0↙

指定下一点或［放弃（U）］：@0，-100↙

指定下一点或［闭合（c）/ 放弃（U）］：@–120，0↙

指定下一点或［闭合（c）/ 放弃（U）］：c↙

绘制结果如图 4–28 所示。

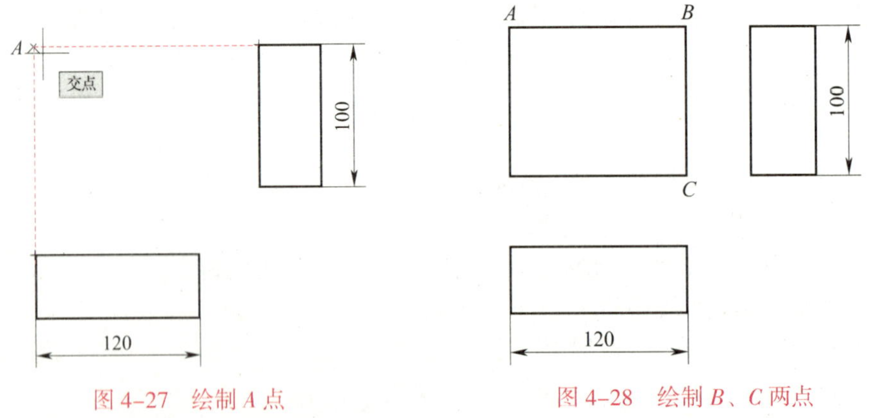

图 4–27　绘制 *A* 点　　图 4–28　绘制 *B*、*C* 两点

四、快速修改图线线型

利用特性匹配功能可以快速改修图中的线型。所谓“特性匹配”是将选定对象的特性复制到其他对象，以实现改变对象特性的目的。

每个对象都具有可应用的特性，包括其图层、颜色、线型、线型比例、线宽、透明度和打印样式等，特性匹配功能将同时复制（更改）对象的相关特性。

【例】将图 4-29a 中间的两条细虚线更改成粗实线，如图 4-29b 所示。

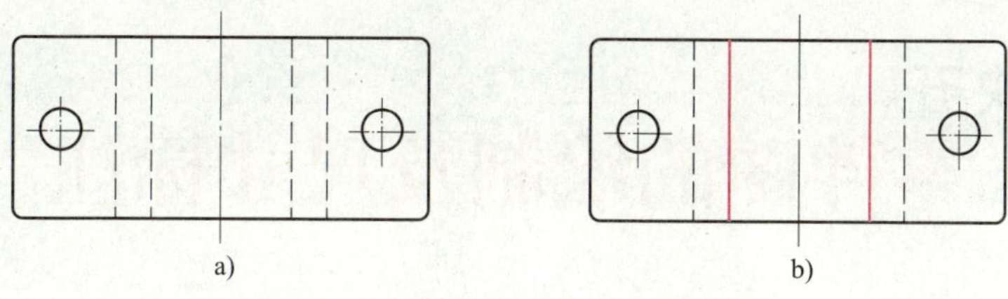

图 4-29 利用特性匹配功能修改线型

a）复制源对象 b）选择复制到对象

绘图步骤：

单击“特性”面板中的“特性匹配”按钮，命令行提示与操作如下：

命令：matchprop

选择源对象：单击图中的任一粗实线（图 4-29a）

选择目标对象或［设置（s）］：单击图中间左侧的细虚线

选择目标对象或［设置（s）］：单击图中间右侧的细虚线↙

绘制结果如图 4-29b 所示。

思考与练习

绘制图 4-30 所示支座三视图。

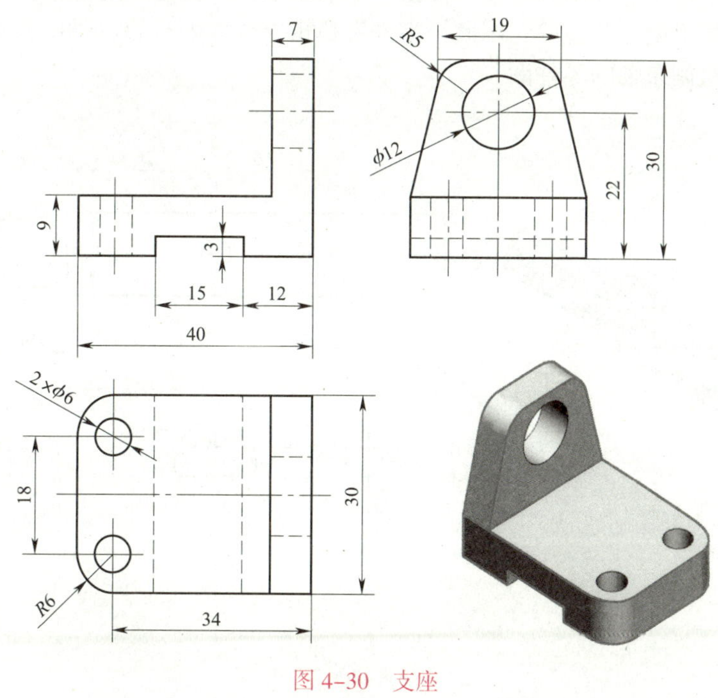

图 4-30 支座

模块五 零件图的绘制及尺寸标注

任务1 绘制泵轴

任务目标

1. 掌握绘制零件图的一般过程。
2. 掌握零件图的绘制方法。

任务提出

零件图是表达单个零件形状、大小和技术要求的图样。在生产过程中，需要根据零件图进行生产准备、加工制造及检验。因此，零件图是指导零件生产的重要技术文件。本任务是根据图5-1所示绘制泵轴的零件图。

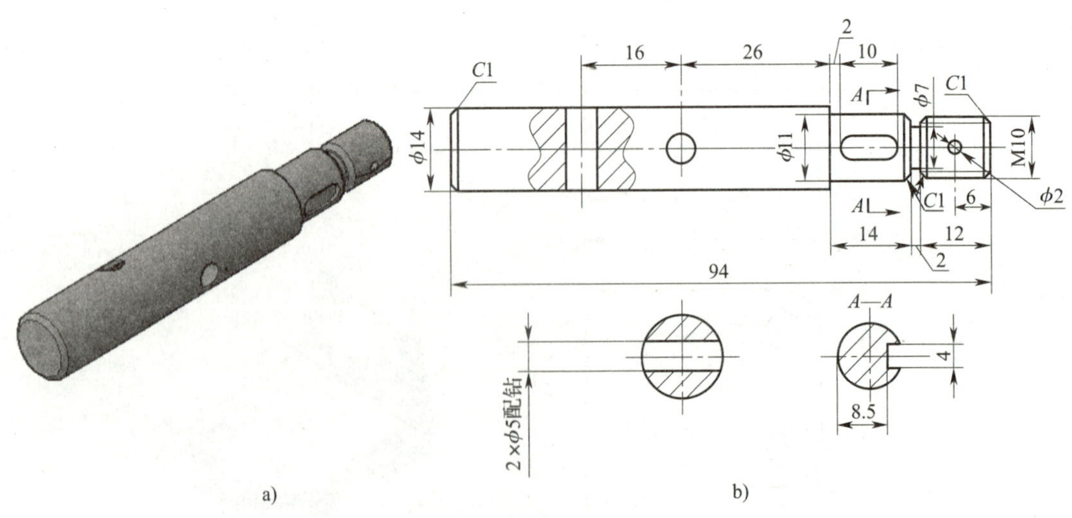

图5-1 泵轴

a）实物图 b）零件图

任务分析

绘制泵轴零件图的大致顺序为：先绘制各轴段，然后绘制圆孔及键槽，再绘制局部剖视图部分，最后绘制圆孔及键槽的移出断面图。绘制过程中要用到镜像命令、对象捕捉功能等。

任务实施

一、新建文件

单击快速访问工具栏中的“新建”按钮，新建一个名为“泵轴 .dwg”的图形文件。

二、新建图层

单击“图层”面板中的“图层特性管理器”按钮，新建 3 个图层，分别为：“粗实线”图层，线宽为 0.50 mm，其余属性保持系统默认设置；“细点画线”图层，颜色设为红色，线型加载为 CENTER，其余属性保持系统默认设置；“细实线”图层，颜色设为青色，其余属性保持系统默认设置，如图 5–2 所示。

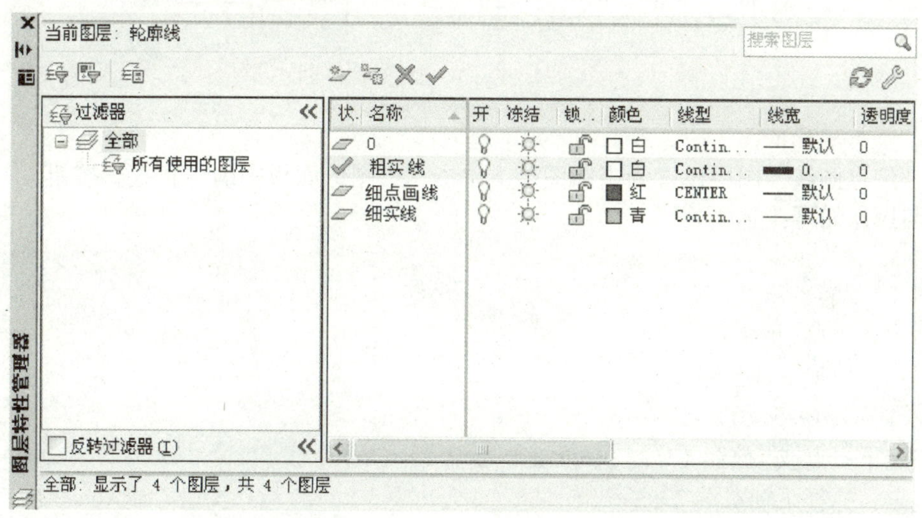

图 5–2　新建图层

三、设置图幅

在命令行输入“LIMITS”，设置图幅大小为 297 mm × 210 mm。选择菜单栏中的“视图”→“缩放”→“全部”命令，显示全部图形。

四、绘制各轴段

（1）绘制泵轴为 ϕ14 mm 的轴段。将“粗实线”图层设置为当前图层，单击状态栏中的“显示 / 隐藏线宽”按钮，显示线宽。单击“绘图”面板中的“直线”按钮，绘制 3 条直线，长度分别为 7 mm、66 mm 和 7 mm，如图 5–3 所示。

图 5–3　绘制 3 条直线

（2）绘制泵轴为 ϕ11 mm 的轴段，命令行提示与操作如下：

```
命令：_line
指定第一点：from↙
基点：拾取直线端点 1
<偏移>：@0，5.5↙
指定下一点或[放弃（U）]：@14，0↙
指定下一点或[放弃（U）]：@0，-5.5↙
指定下一点或[闭合（C）/放弃（U）]：↙
```

（3）绘制泵轴为 ϕ7 mm 的轴段。继续利用“对象捕捉”和“直线”命令绘制长度分别为 2 mm、3.5 mm 的直线。

（4）绘制泵轴为 ϕ10 mm 的轴段。继续利用“直线”命令绘制长度分别为 5 mm、12 mm、5 mm 的直线。如图 5-4 所示。

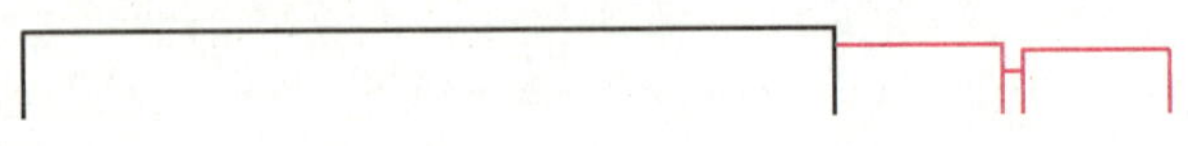

图 5-4　绘制 ϕ11 mm、ϕ7 mm、ϕ10 mm 的轴段

五、绘制泵轴轴线

将“细点画线”图层设置为当前图层。单击“绘图”面板中的“直线”按钮 ⁄，命令行提示与操作如下：

```
命令：_line
指定第一点：from↙
基点：捕捉泵轴左端点 1
<偏移>：@-5，0↙
指定下一点或[放弃（U）]：from↙
基点：捕捉泵轴右端 2
<偏移>：@5，0↙
指定下一点或[闭合（C）/放弃（U）]：↙
```

绘制结果如图 5-5 所示。

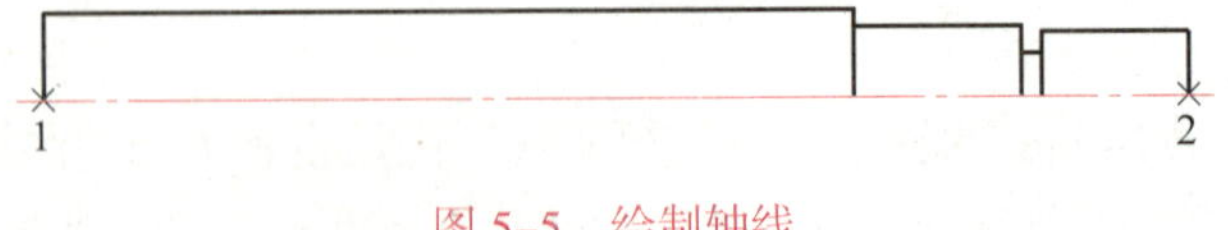

图 5-5　绘制轴线

六、绘制 M10 螺纹小径

在命令行输入“OFFSET”，或单击“修改”面板中的“偏移”按钮，选择 M10 轴段上方轮廓线，将其向下偏移 0.75 mm。选择偏移后的直线，将其所在图层修改为“细实线”层，结果如图 5-6 所示。

七、绘制倒角

将“粗实线”图层设置为当前图层，在命令行输入“CHAMFER”，或单击“修改”面板中的“倒角”按钮 ，对泵轴进行倒角操作，倒角距离为 1 mm，利用“修剪”命令，对 M10 螺纹小径的细实线进行修剪，结果如图 5–7 所示。

图 5–6　绘制 M10 螺纹小径　　　　图 5–7　绘制倒角

八、绘制螺纹、泵轴倒角轮廓线

利用“直线”命令，绘制螺纹及泵轴倒角处的轮廓线，结果如图 5–8 所示。

图 5–8　绘制螺纹、泵轴倒角轮廓线

九、镜像泵轴外轮廓线并绘制孔中心线

利用“镜像”命令，镜像复制泵轴外轮廓线。

将“细点画线”图层设置为当前图层，绘制孔中心线，命令行提示与操作如下：

```
命令：_line
指定第一点：from↙
基点：捕捉图 5–9 端点 1
<偏移>：@–26，0↙
指定下一点或[放弃（U）]：捕捉图 5–9 垂足点 2
指定下一点或[闭合（C）/放弃（U）]：↙
```

单击“修改”面板中的“偏移”按钮 ，选择绘制的孔中心线，将其向右偏移 48 mm、向左偏移 16 mm，结果如图 5–9 所示。

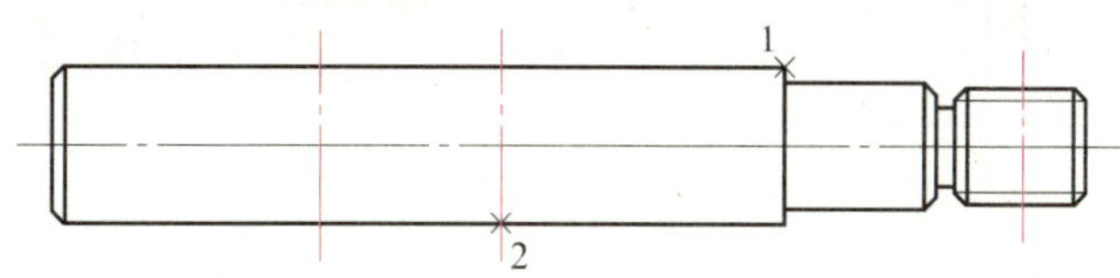

图 5–9　镜像泵轴外轮廓并绘制孔中心线

十、绘制圆，偏移、修剪直线

将“粗实线”图层设置为当前图层，单击“绘图”面板中的“圆”按钮 ，分别拾取图 5–10 中 1、2 两点，分别绘制 ϕ2 mm 和 ϕ5 mm 的圆。单击“修改”面板中的“偏移”按钮 ，选择图 5–10 的中心线 3，将其向左、右各偏移 2.5 mm，选择偏移后的直线，将其所在图层修改为“粗实线”图层。单击“修改”面板中的“修剪”按钮 ，对泵轴外轮廓线进行修剪，结果如图 5–10 所示。

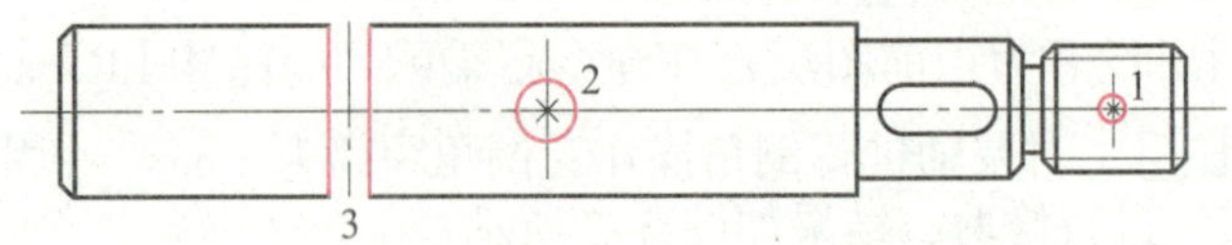

图 5-10　绘制圆，偏移、修剪直线

十一、绘制圆弧

单击“绘图”面板中的“圆弧”按钮，过 1 点和 2 点绘制圆弧，半径为 7 mm，绘制结果如图 5-11 所示。

十二、镜像圆弧

单击“修改”面板中的“镜像”按钮，将绘制的圆弧以泵轴水平轴线为镜像轴线，进行镜像操作。

十三、绘制键槽

先绘制一条直线，然后通过偏移、倒圆角命令完成绘制。启动直线命令后，命令行的提示与操作如下：

```
命令：_line
指定第一点：from ↙
基点：拾取点 1
< 偏移 >：@4，2 ↙
指定下一点或［放弃（U）］：@6，0 ↙
指定下一点或［闭合（C）/ 放弃（U）］：↙
```

单击“修改”面板中的“偏移”按钮，选择绘制的直线，将其向下偏移 4 mm。单击“绘图”面板中的“圆角”按钮，对偏移后的直线进行圆角操作，结果如图 5-12 所示。

图 5-11　绘制圆弧　　图 5-12　绘制键槽

十四、绘制样条曲线

将“细实线”图层设置为当前图层，在命令行输入“SPLINE”，或单击“绘图”面板中的“样条曲线拟合”按钮，绘制样条曲线，结果如图 5-13 所示。

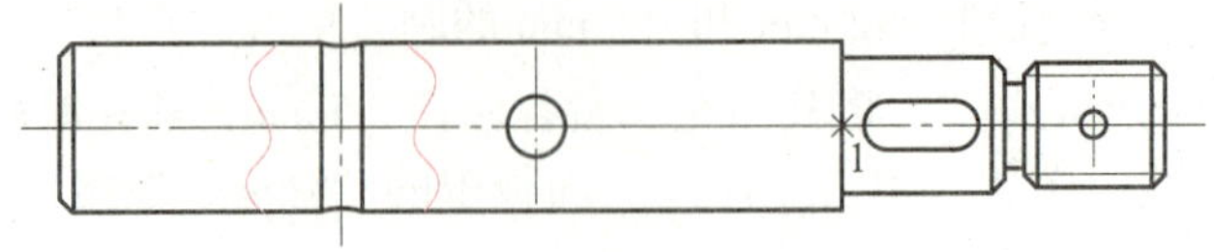

图 5-13　绘制样条曲线

十五、绘制剖面线

在命令行输入“BHATCH”，或单击“绘图”面板中的“图案填充”按钮 ，打开“图案填充创建”对话框，设置填充图案、角度及比例，拾取填充区域，单击“关闭图案填充创建”按钮，完成剖面线的绘制，结果如图 5-14 所示。

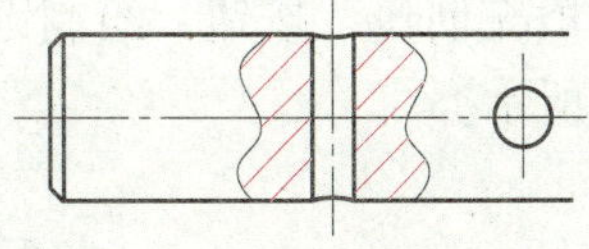
图 5-14　绘制剖面线

十六、绘制移出断面图

1. 绘制圆孔断面图

（1）将“细点画线”图层设置为当前图层，绘制中心线。启动“直线”命令，命令行提示与操作如下：

命令：_line
指定第一点：<对象捕捉追踪 开>：捕捉 ϕ5 mm 圆的圆心，向下移动光标，在适当位置处单击
指定下一点或［放弃（U）］：@0，18↙
指定下一点或［闭合（C）/ 放弃（U）］：↙
命令：↙
指定第一点：from↙
基点：捕捉刚绘制的中心线中点
<偏移>：@9，0↙
指定下一点或［放弃（U）］：@-18，0↙
指定下一点或［闭合（C）/ 放弃（U）］：↙

（2）将“粗实线”图层设置为当前图层，单击“绘图”面板中的“圆”按钮 ，捕捉中心线的交点为圆心，绘制 ϕ14 mm 的圆。

（3）偏移中心线。单击“修改”面板中的“偏移”按钮 ，选择水平中心线，将其分别向上、下各偏移 2.5 mm，选择偏移后的直线，将其所在图层修改为“粗实线”图层。单击“修改”面板中的“修剪”按钮 ，修剪偏移后的两直线。单击“绘图”面板中的“图案填充”按钮 ，绘制剖面线，结果如图 5-15 所示。

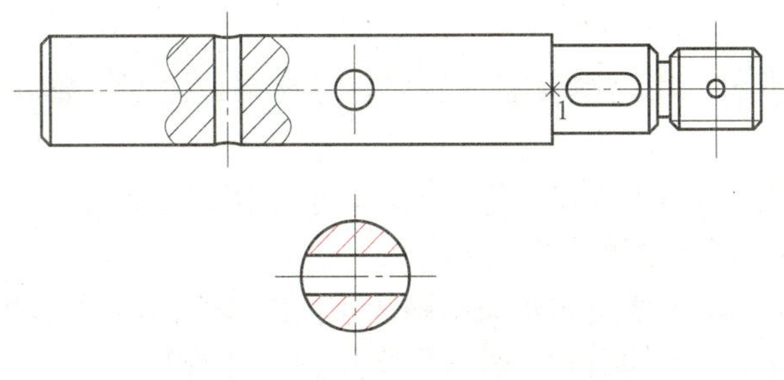
图 5-15　圆孔断面图

2. 绘制键槽断面图

利用圆命令“CIRCLE”、偏移命令“OFFSET”及修剪命令“TRIM”，绘制键槽剖面图轮廓线。在命令行输入“BHATCH”，或单击“绘图”面板中的“图案填充”按钮 ，

打开“图案填充创建”对话框，设置填充图例、角度及比例，拾取填充区域单击“关闭图案填充创建”按钮，绘制键槽断面图的剖面线，至此完成泵轴零件图的绘制，结果如图 5-16 所示。

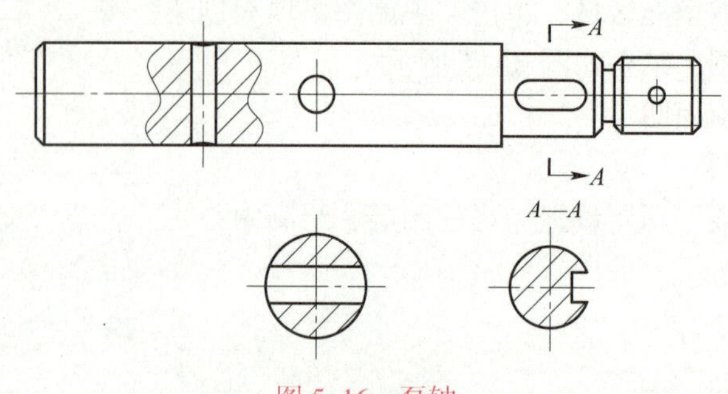

图 5-16　泵轴

相关知识

一、零件图的内容

零件图是反映设计者意图及生产部门组织生产的重要技术文件，它不仅应将零件的内、外结构形状及大小表达清楚，而且还要对零件的材料及加工、检验、测量等提出必要的技术要求。一张完整的零件图应包含下列内容。

（1）一组图形

采用视图、剖视图、断面图、局部放大图等表达方法，用以完整、清晰地表达出零件的内、外结构形状。

（2）完整的尺寸

零件图中应正确、完整、清晰、合理地标注出用以确定零件各部分的大小和相对位置的全部尺寸。

（3）技术要求

用以说明零件在制造和检验时应达到的技术要求，如表面结构要求、尺寸公差、几何公差以及表面处理和材料热处理等。

（4）标题栏

位于零件图的右下角，用以填写零件的名称、材料、比例、数量、图号以及设计、制图、校核人员签名等。

技术要求和标题栏这里不再赘述，将在模块六装配图的绘制任务 1 中详细阐述。

二、利用计算机绘制零件图的一般过程

使用计算机绘图时，除了要遵守机械制图国家标准外，还应尽可能地发挥计算机共享资源的优势。利用计算机绘制零件图的一般步骤及注意事项如下。

（1）在绘制零件图之前，应根据图纸幅面大小和版式的不同，分别建立符合机械制图国家标准的若干图形样板。样板中包括图纸幅面、图层、使用文字的一般样式、尺寸标注的一般样式等。这样在绘制零件图时，就可以直接调用建立好的图形样板进行绘图，这样有利于提高绘图效率。

（2）使用绘图命令和编辑命令完成图形的绘制。在绘制过程中，应根据零件结构的对称性、重复性等特征，灵活运用镜像、阵列、复制等编辑操作，避免不必要的重复工作，提高绘图效率。

（3）进行尺寸标注。将标注内容分类，可以首先标注线性尺寸、角度尺寸、直径尺寸及半径尺寸等操作比较简单、直观的尺寸，然后标注带有尺寸公差的尺寸，最后再标注几何公差和表面结构要求。

（4）标注表面粗糙度代号等技术要求。由于在 AutoCAD 中没有提供表面结构符号，而且关于几何公差的标注也存在着一些不足，因此，可以通过建立外部块、外部参照的方式积累成为用户自定义和使用的图形库，以达到标注这些技术要求的目的。这里不再赘述，技术要求的标注将在模块五零件图的绘制及尺寸标注任务 3 中详细阐述。

（5）填写好标题栏。

（6）保存图形文件。

三、轴类零件的视图表达方法

轴类零件主要由大小不同的同轴回转体（如圆柱、圆锥）构成。通常根据加工位置（轴线水平放置）绘制主视图，必要时再用局部剖视或其他辅助视图表达局部结构形状。如图 5-17 所示的轴主视图，采取轴线水平放置的加工位置绘制出来，它反映了轴的各轴颈的结构特点，及各部分的相对位置和倒角、退刀槽、键槽等形状；采用局部剖视图表达了上下的通孔；绘制了两个移出断面图和两个局部放大图，来表达前后通孔、键槽的深度和退刀槽等局部结构。

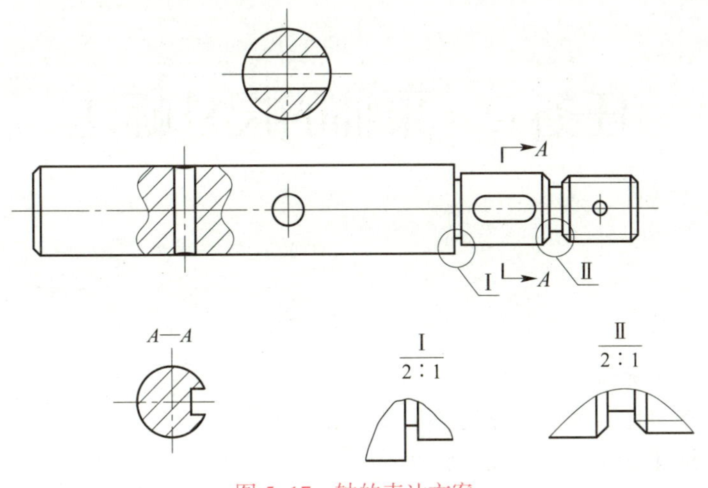

图 5-17　轴的表达方案

思考与练习

绘制如图 5-18 所示泵体的剖视图。

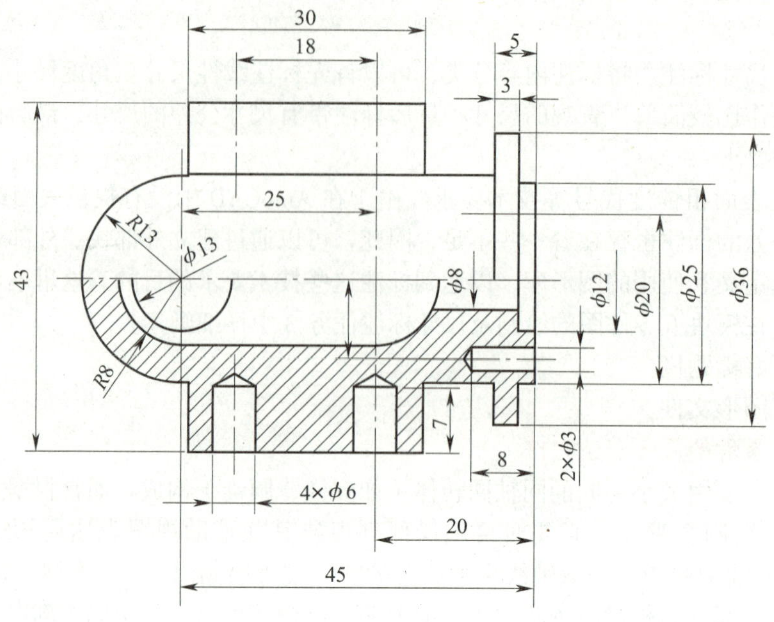

图 5-18　泵体剖视图

任务 2　泵轴的尺寸标注

任务目标

1. 掌握创建尺寸标注样式的方法。
2. 掌握主要尺寸标注命令及快速标注尺寸的方法。
3. 了解尺寸标注要点和调整尺寸标注的方法。

任务提出

在加工制造零件时，除了要知道零件的形状结构外，还要详细了解它的尺寸。因此，绘制好图形后的第一项工作就是为图形标注尺寸。要标注尺寸，必须先创建标注样式，然后标注尺寸。本任务通过标注图 5-19 所示泵轴零件图的尺寸，来学习尺寸标注的方法。

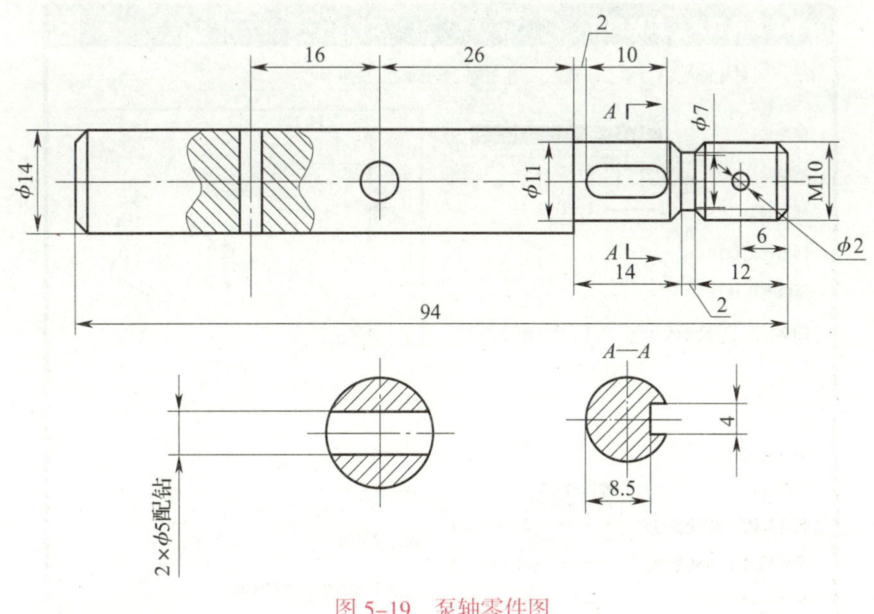

图 5-19　泵轴零件图

任务分析

泵轴有三个轴段和一个退刀槽，三个轴段上有三个孔结构和一个键槽结构。标注此泵轴尺寸的大致顺序为：按照从右向左的顺序，先标注轴段各部分的定形尺寸，然后标注轴上各孔、键槽等结构的定位尺寸，最后标注移出断面图上孔、槽的尺寸。

任务实施

一、新建图层

打开名为“泵轴 .dwg”的图形文件，单击“图层”面板中的“图层特性管理器”按钮 ，打开“图层特性管理器”对话框。新建图层“BZ”，用于标注尺寸，颜色为蓝色，其余属性保持系统默认设置，并将其设置为当前图层。

二、设置样式

1. 选择菜单栏中的“格式”→“文字样式”命令，打开“文字样式”对话框，新建文字样式“SZ”。

2. 单击“注释”选项卡“标注”面板中的“标注样式”按钮，在打开的“标注样式管理器”对话框中单击“新建”按钮，创建新的标注样式“机械图样”，用于标注图样中的尺寸。

3. 单击“继续”按钮，打开“新建标注样式：机械图样”对话框，其中的“线”选项卡设置如图 5-20 所示，设置完毕单击“确定”按钮。

4. 在“标注样式管理器”对话框中，选取“机械图样”标注样式，单击“置为当前”按钮，将其设置为当前标注样式。

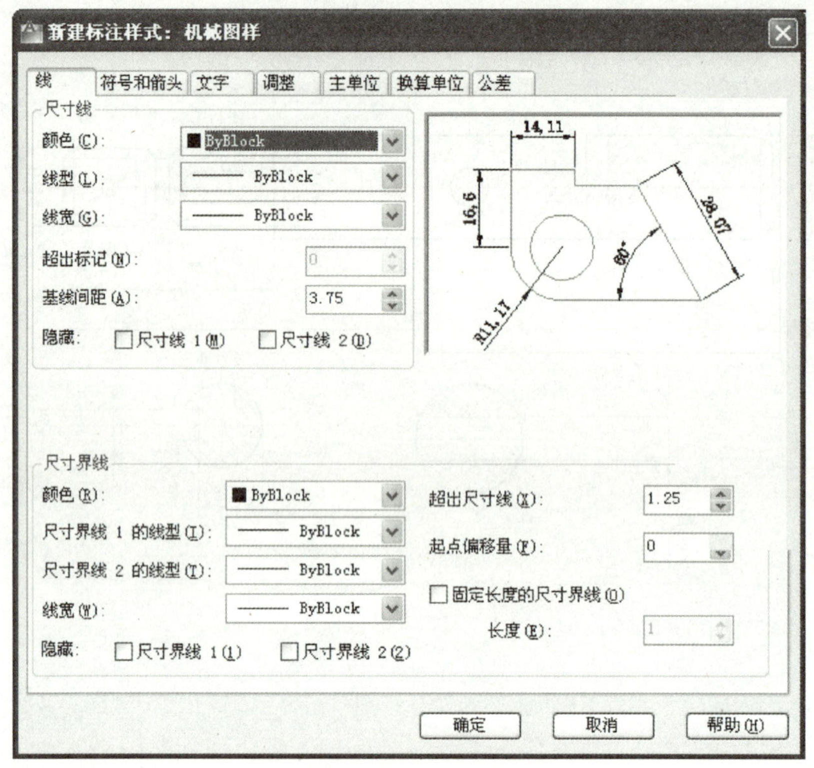

图 5-20 “线”选项卡设置

三、标注尺寸

1. 标注泵轴视图中的基本尺寸。开启对象捕捉，单击“注释”选项卡“标注”面板中的“线性”按钮 ⊢⊣，标注泵轴主视图中的线性尺寸“M10”“ϕ7”和“6”，结果如图 5-21 所示。命令行提示与操作如下：

```
命令：_dimlinear
指定第一个尺寸界线原点或 < 选择对象 >：捕捉端点 1
指定第二个尺寸界线原点：捕捉端点 2
指定尺寸线位置或
[ 多行文字（M）/ 文字（T）/ 角度（A）/ 水平（H）/ 垂直（V）/ 旋转（R）]：t↙
输入标注文字 <10>：M10↙
指定尺寸线位置或
[ 多行文字（M）/ 文字（T）/ 角度（A）/ 水平（H）/ 垂直（V）/ 旋转（R）]：在适当位置单击
标注文字 =10
命令：_dimlinear
指定第一个尺寸界线原点或 < 选择对象 >：捕捉端点 3
指定第二个尺寸界线原点：捕捉端点 4
```

指定尺寸线位置或

[多行文字(M)/文字(T)/角度(A)/水平(H)/垂直(V)/旋转(R)]: t↙

输入标注文字 <7>: %%c7↙

指定尺寸线位置或

[多行文字(M)/文字(T)/角度(A)/水平(H)/垂直(V)/旋转(R)]: 在适当位置单击

标注文字 =7

命令: _dimlinear

指定第一个尺寸界线原点或 < 选择对象 >: 捕捉孔中心线端点

指定第二个尺寸界线原点: 捕捉右端面端点

指定尺寸线位置或

[多行文字(M)/文字(T)/角度(A)/水平(H)/垂直(V)/旋转(R)]: 在适当位置单击

标注文字 =6

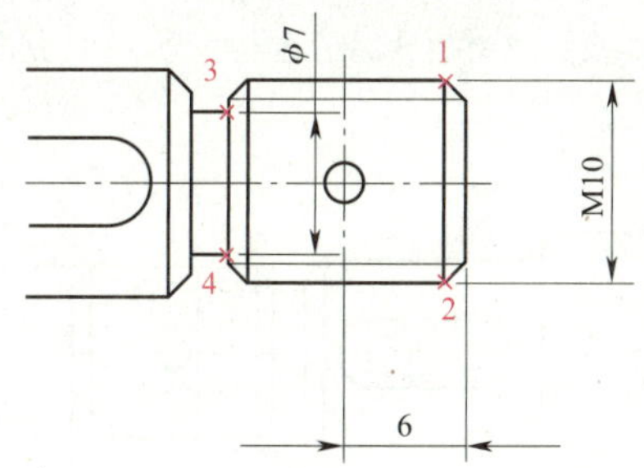

图 5-21 线性尺寸“M10”、“φ7”和“6”的标注

2. 单击“注释”选项卡“标注”面板中的“基线”按钮，以尺寸“6”的右端尺寸延伸线为基线，进行基线标注，标注尺寸“12”和“94”，结果如图 5-22 所示。命令行提示与操作如下。

命令: _dimbaseline

指定第二个尺寸界线原点或[选择(S)/放弃(U)] < 选择 >: s↙

选择基准标注: 选择尺寸“6”的右端尺寸延伸线

指定第二个尺寸界线原点或[选择(S)/放弃(U)] < 选择 >: 捕捉端点 1

标注文字 =12

指定第二个尺寸界线原点或[选择(S)/放弃(U)] < 选择 >: 捕捉端点 2

标注文字 =94

指定第二个尺寸界线原点或[选择(S)/放弃(U)] < 选择 >: ↙

3. 单击“标注”面板中的“连续”按钮，选择尺寸“12”的左端尺寸延伸线，标注连续尺寸“2”和“14”，结果如图 5-23 所示。命令行提示与操作如下:

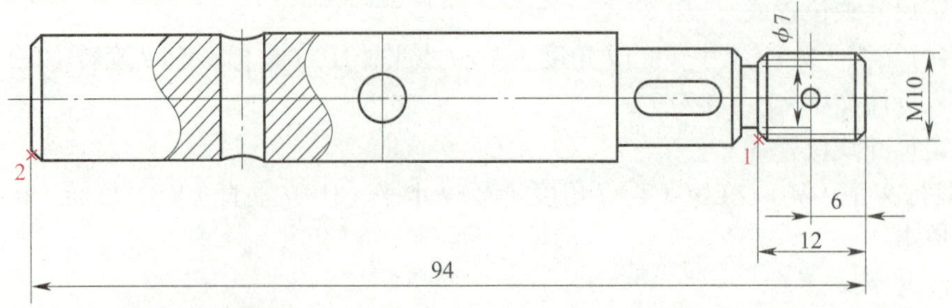

图 5-22　基线标注尺寸“12”和“94”

```
命令：_dimcontinue
选择连续标注：选择尺寸“12”的左端尺寸延伸线
指定第二个尺寸界线原点或［放弃（U）/ 选择（S）］< 选择 >：捕捉端点 1
标注文字 =2
指定第二个尺寸界线原点或［放弃（U）/ 选择（S）］< 选择 >：捕捉端点 2
标注文字 =14
指定第二个尺寸界线原点或［放弃（U）/ 选择（S）］< 选择 >：↙
```

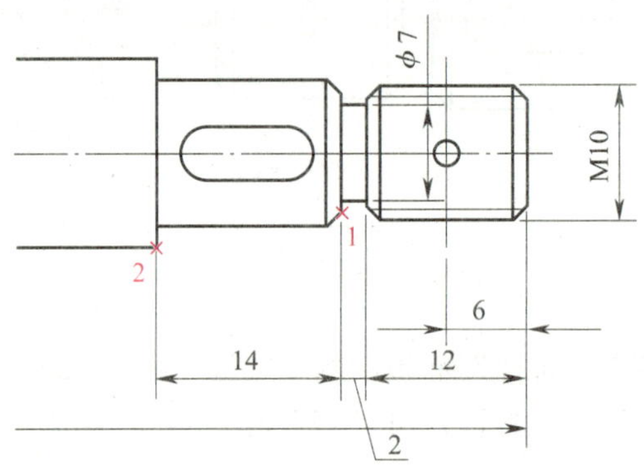

图 5-23　标注连续尺寸“2”和“14”

4. 单击“标注”面板中的“线性”按钮，标注泵轴主视图中的线性尺寸“16”。

5. 单击“标注”面板中的“连续”按钮，标注泵轴主视图中的连续尺寸“26”“2”和“10”。

6. 单击“标注”面板中的“直径”按钮，标注泵轴主视图中的直径尺寸“ϕ2”。

7. 单击“标注”面板中的“线性”按钮，标注泵轴左侧断面图中的线性尺寸“2×ϕ5 配钻”。

8. 单击“标注”面板中的“线性”按钮，标注泵轴 *A–A* 断面图中的线性尺寸“8.5”和“4”，结果如图 5-24 所示。

9. 其余基本尺寸“ϕ14”“ϕ11”，请读者自行练习完成。

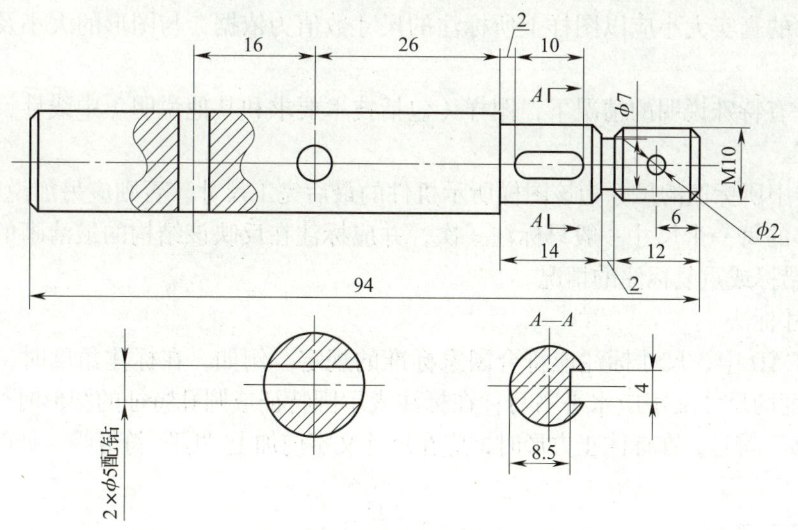

图 5-24　泵轴基本尺寸的标注

相关知识

尺寸是零件图的重要图形信息之一，它可以描述零件的真实大小以及零件间的相对位置关系，是实际生产中的重要依据。AutoCAD 提供了非常完整的标注体系，其中包括标注样式的设置与管理，标注各种尺寸，使用户可以轻松完成图样的标注任务。

一、尺寸标注的要点

1. 尺寸标注的组成

在机械制图中，一个完整的尺寸标注由尺寸线、尺寸文字、尺寸界线和尺寸箭头四部分组成。

尺寸标注各组成元素的主要特点如下。

（1）尺寸线：用于表明尺寸标注的范围。通常情况下，将尺寸线放置在测量区域内，如果空间不足，则将尺寸线或尺寸文字移到测量区域的外部，这取决于标注样式的设置。对于角度尺寸，尺寸线是一段圆弧。

（2）尺寸文字：位于尺寸线上方或中断处，用于表达零件的大小。尺寸文字应按标准字体书写，在同一张图纸上的字高要一致。尺寸文字不可被任何图线通过，当无法避免时，必须将图线断开。

（3）尺寸界线：应从图形的轮廓线、轴线或对称中心线引出。必要时，轮廓线、轴线、对称中心线也可以作为尺寸界线。一般情况下，尺寸界线应与尺寸线相互垂直。

（4）尺寸箭头：尺寸箭头位于尺寸线两端，用于表明尺寸线的起止位置。AutoCAD 默认使用闭合的实心箭头符号。此外，系统还提供了多种箭头符号，如建筑标记、小斜线箭头、点和斜杠等。

2. 尺寸标注的规则

为保证尺寸标注的准确性和合理性，国家制图标准对尺寸标注做了详细规定。

（1）基本原则

1）机件的真实大小应以图样上所标注的尺寸数值为依据，与图形的大小及绘图的准确度无关。

2）在没有特殊说明的情况下，图样（包括技术要求和其他说明）中线性尺寸的单位默认为“毫米”。

3）图样中所标注的尺寸为该图样所示机件的最后完工尺寸，否则应另加说明。

4）机件的每一个尺寸一般只标注一次，并应标注在反映该结构的最清晰的图形上，不得有漏标、错标或重复标注的情况。

（2）尺寸标法

在 AutoCAD 中，尺寸标注应符合国家标准的规定。例如，在标注角度时，尺寸线应为圆弧，且角度的尺寸文字应水平书写；在标注表示圆特征或圆孔特征的图形时，尺寸文字前必须加上“ϕ”符号；在标注正方形时，应在尺寸文字前加上“□”符号等，如图 5-25 所示。

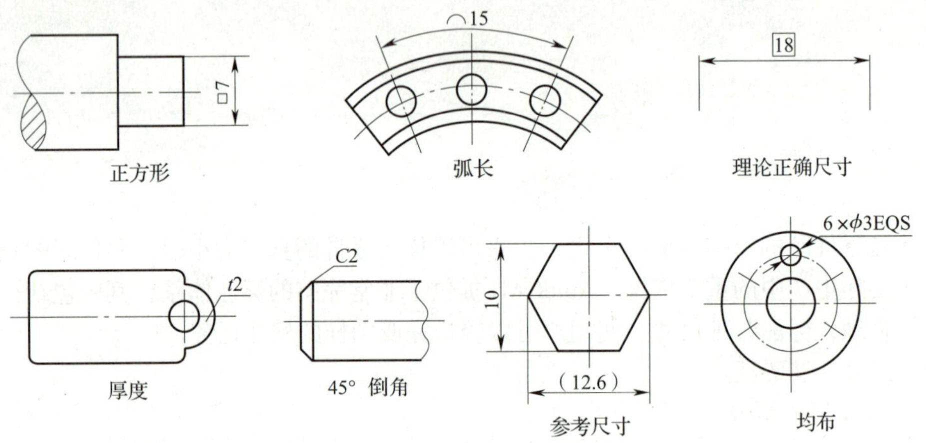

名称	符号或缩写词	名称	符号或缩写词	名称	符号或缩写词
直径	ϕ	厚度	t	正方形	□
半径	R	45°倒角	C	深度	↧
圆球直径	$S\phi$	均布	EQS	埋头孔	∨
圆球半径	SR	沉头或锪平	⌴		

图 5-25　特殊尺寸标法及名称含义

（3）尺寸线

尺寸线应使用细实线绘制，且不得与其他图线重合，或绘制在其他图线的延长线上。同一张图样上各尺寸文字的高度和箭头的大小应一致，且相互平行的尺寸线的间距应大致相等。此外，尺寸线的排列应整齐、清楚，做到小尺寸在里，大尺寸在外，并尽可能避免尺寸线与尺寸线相交。

3. 添加尺寸标注的一般流程

在 AutoCAD 中，添加尺寸标注的一般流程如下。

（1）创建用于专门放置尺寸标注的图层，以方便管理尺寸标注。

（2）专门为尺寸文字创建文字样式。

（3）设置合适的尺寸标注样式。如果需要，还可以为尺寸标注样式创建子标注样式或替代标注样式，以标注一些特殊尺寸。

（4）设置并打开对象捕捉模式，利用各种尺寸标注命令标注尺寸。

二、创建标注样式的方法

1. 新建标注样式

默认情况下，AutoCAD 自动创建了“ISO-25”和“Standard”两种标注样式，用户可以根据需要对其进行修改，也可自己创建符合国家标准规定的标注样式。要修改或新建标注样式，可展开“常用”选项卡的“注释”面板，然后单击“标注样式”按钮，或在命令行中输入“D”（DIMSTYLE 的缩写），并按回车键打开“标注样式管理器”对话框。具体步骤如图 5-26 所示。利用“线”“符号和箭头”“文字”“调整”等 7 个选项卡可以设置新建的标注样式的尺寸线、箭头、文字等特性。

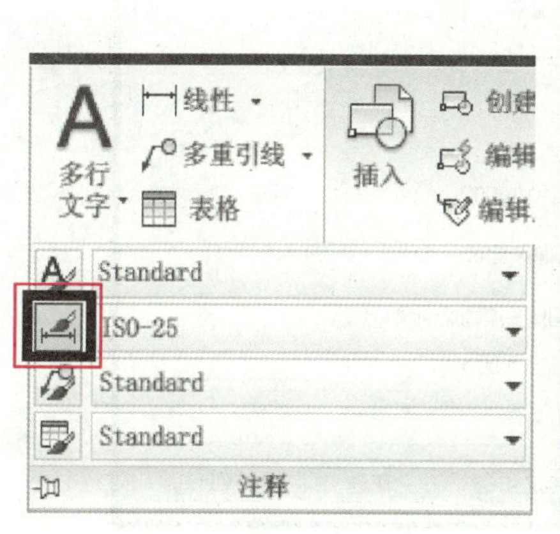

a)

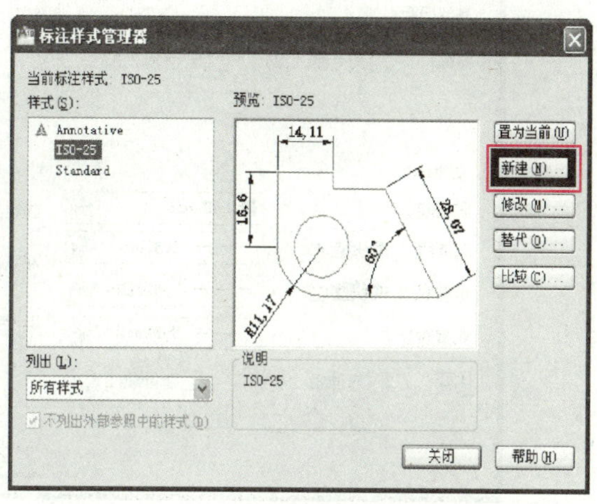

b)

c)

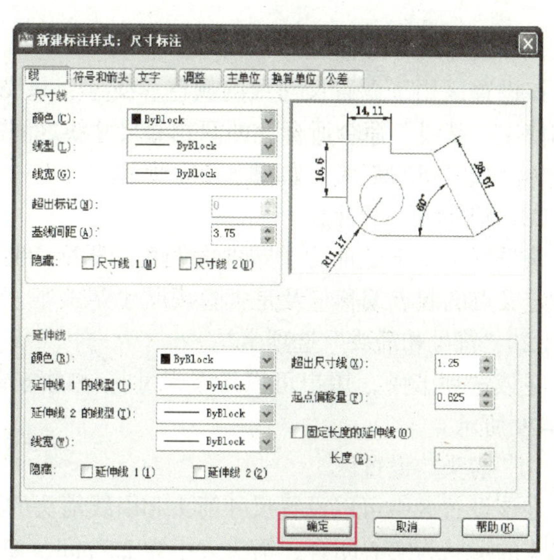

d)

图 5-26　新建标注样式的步骤

2. 设置标注样式

（1）“线”选项卡

在该选项卡中，用户可以控制尺寸标注的尺寸线与尺寸界线的外观形式，如图 5–27 所示。

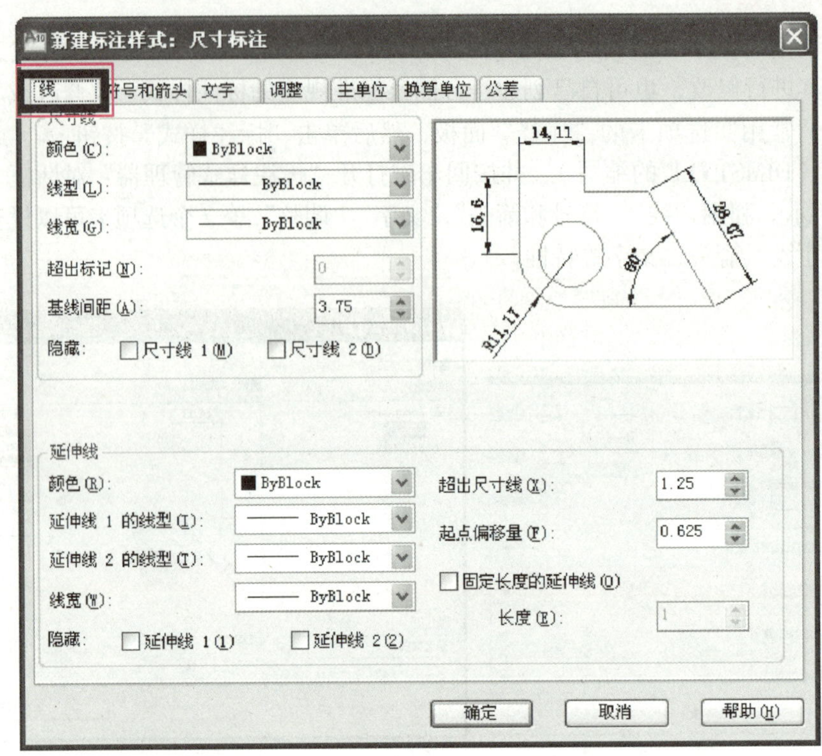

图 5–27 “线”选项卡

1）“尺寸线”设置区

该设置区用于设置尺寸线的颜色、线型、基线间距等。其中，“基线间距”文本框用于控制使用“基线”命令所标注的两相邻尺寸线之间的距离，即起点相同，而端点不同的一组平行标注线之间的距离，如图 5–28a 所示。

2）“延伸线”设置区

该设置区用于设置尺寸界线的颜色、线型、线宽、尺寸界线超出尺寸线的长度、尺寸界线到定义点的起点偏移量及是否隐藏尺寸界线等。设置效果如图 5–28 所示。

（2）“符号和箭头”选项卡

在该选项卡中，用户可以设置尺寸标注的终端符号、圆心标记、弧长符号等内容。如图 5–29 所示。

1）“箭头”设置区

在该设置区中可以设置尺寸箭头和引线箭头的形状及大小。默认情况下，尺寸箭头和引线箭头的形状为实心闭合，箭头大小为 2.5 mm，如图 5–29 所示。

2）“圆心标记”设置区

该设置区可以设置圆心标记的类型和大小。

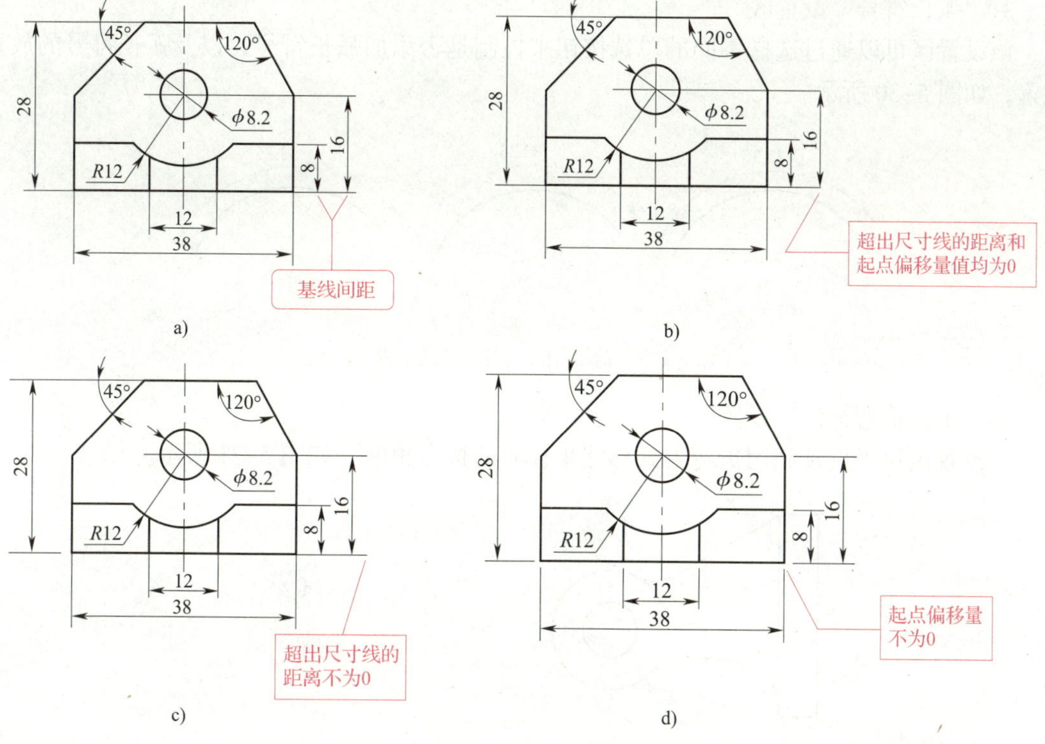

图 5-28 “线”选项卡设置效果示意图

a）基线间距 b）超出尺寸线的距离和起点偏移量值均为 0

c）超出尺寸线的距离不为 0 d）起点偏移量不为 0

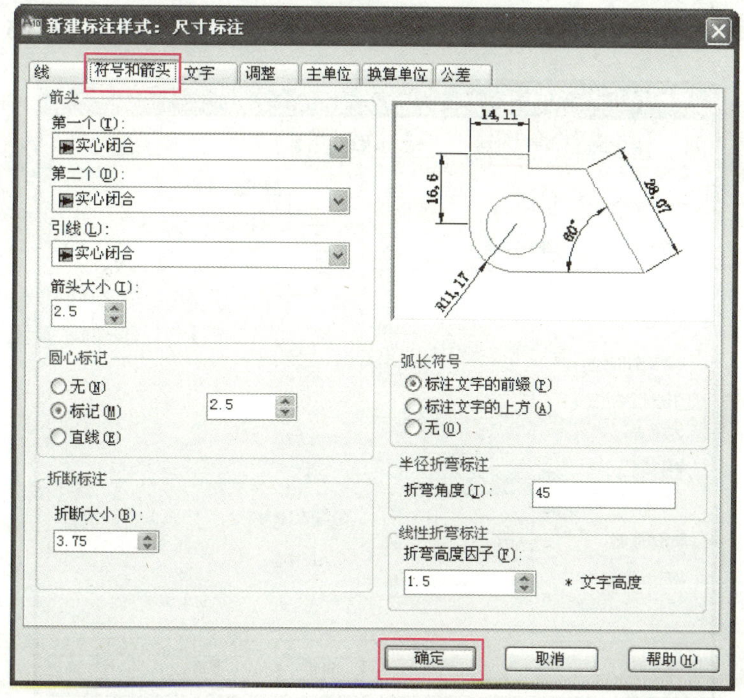

图 5-29 “符号和箭头”选项卡

3）“弧长符号”设置区

该设置区可以通过选择不同的单选按钮来控制是否添加弧长符号，以及弧长符号的放置位置，如图 5-30 所示。

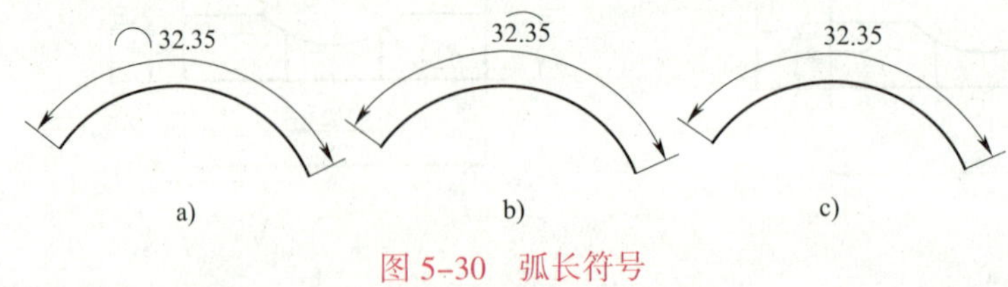

图 5-30 弧长符号

a）标注文字的前缀 b）标注文字的上方 c）无

4）“半径折弯标注”设置区

该设置区用来设置利用折弯方式标注半径时的折弯角度，如图 5-31 所示。

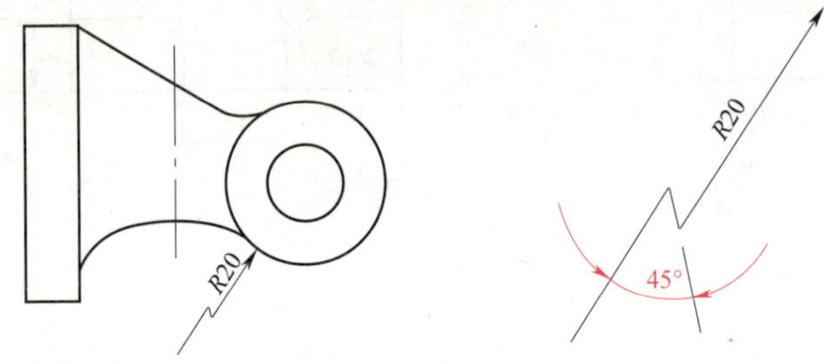

图 5-31 半径折弯标注

（3）“文字”选项卡

在该选项卡中，用户可以设置尺寸文字的外观、位置和对齐方式，如图 5-32 所示。

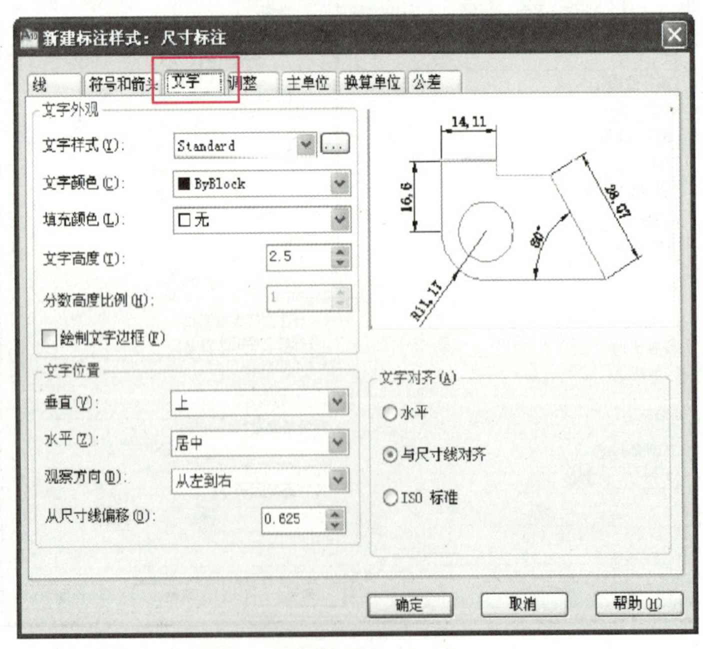

图 5-32 “文字”选项卡

1）“文字外观”设置区

该设置区主要用于设置尺寸文字的文字样式、文字颜色、填充颜色、文字高度及分数高度比例等。其中“分数高度比例”选项用来控制分数或公差高度相对于标注文字的比例，如图 5-33 所示，只有在“主单位”选项卡中将“线性标注”设置区中的“单位格式”设置为“分数”或选择了某一公差形式时，该选项才可使用。

图 5-33 “分数高度比例”设置效果

a）分数高度比例为 2　b）分数高度比例为 0.5

2）“文字位置”设置区

该设置区用来控制尺寸文字相对于尺寸线和尺寸界线的位置。

垂直：用于控制尺寸文字相对于尺寸线的垂直位置，各选项含义如图 5-34 所示。

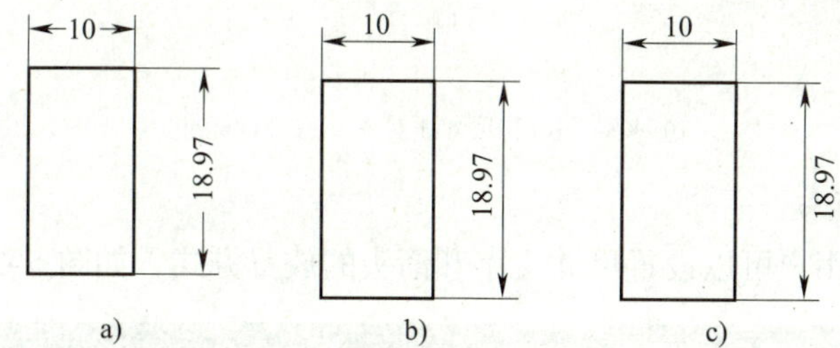

图 5-34 尺寸文字相对于尺寸线的垂直位置

a）居中　b）上　c）外部

水平：用于控制尺寸文字相对于尺寸界线的水平位置，各选项含义如图 5-35 所示。

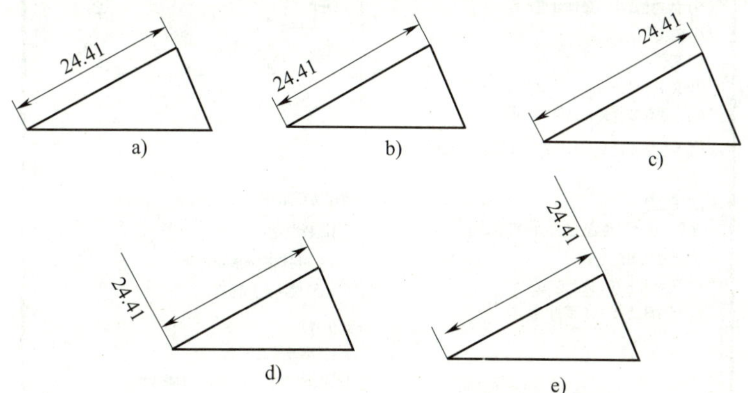

图 5-35 尺寸文字相对于尺寸界线的水平位置

a）居中　b）第一条尺寸界线　c）第二条尺寸界线

d）第一条尺寸界线上方　e）第二条尺寸界线上方

从尺寸线偏移：用于控制尺寸文字与尺寸线之间的偏移距离，如图 5-36 所示。

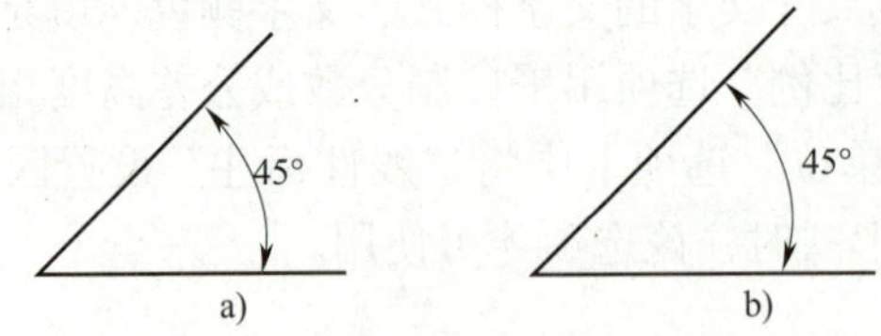

图 5-36 “从尺寸线偏移”设置效果

a）偏移距离为 0　b）偏移距离为 1

3）“文字对齐”设置区

该设置区用来控制尺寸文字是沿水平方向还是平行于尺寸线的方向放置，各选项的含义如图 5-37 所示。

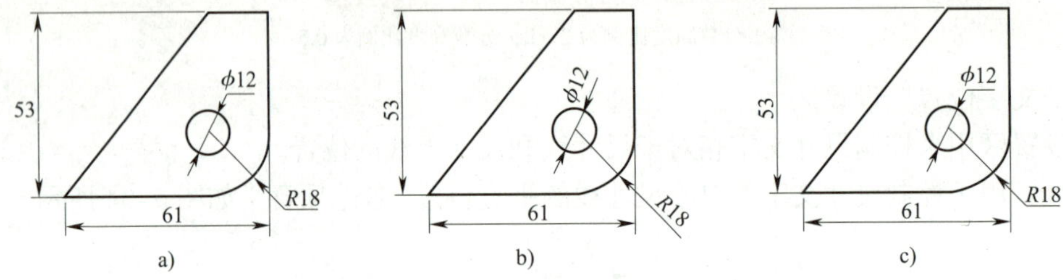

图 5-37 文字的三种对齐方式

a）水平　b）与尺寸线对齐　c）ISO 标准

（4）“调整”选项卡

在该选项卡中，用户可以设置尺寸文字和箭头的放置方式，如图 5-38 所示。

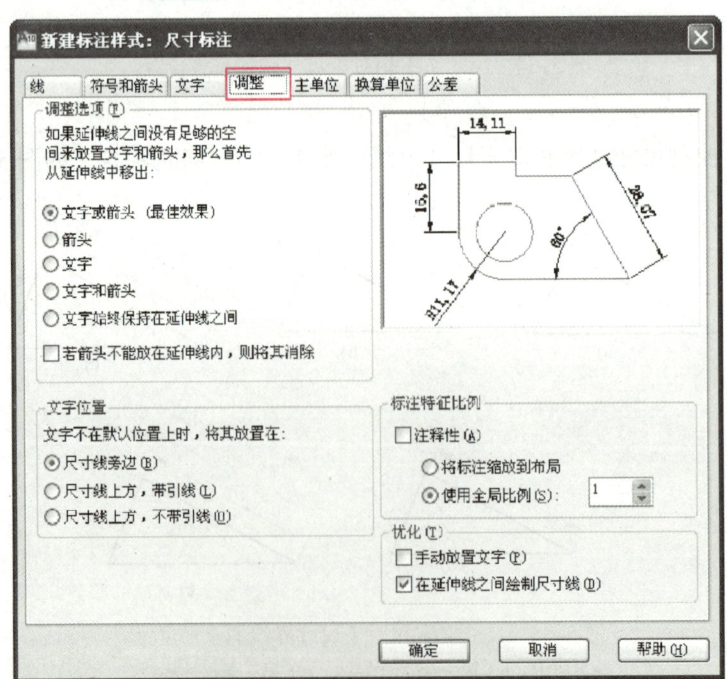

图 5-38 “调整”选项卡

1）“调整选项”设置区

在 AutoCAD 中添加标注时，若尺寸界线间的距离足够大，系统默认将尺寸文字和箭头置于尺寸界线内；若尺寸界线间的空间不足，则可利用“调整选项”设置区设置尺寸文字和箭头的放置方式，如图 5–39 所示。

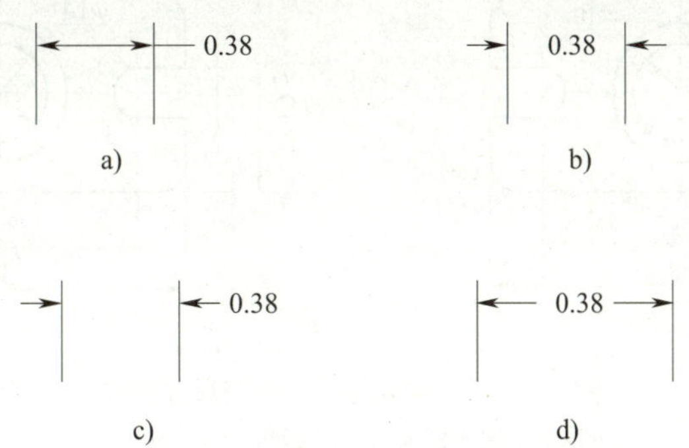

图 5–39　尺寸文字和箭头的放置方式

a）文字在外，箭头在内　b）文字在内，箭头在外　c）文字和箭头都在外
d）文字和箭头在尺寸界线之间

文字或箭头（最佳效果）：系统自动按照最佳效果放置文字和箭头。

箭头：若尺寸界线间的空间不足，将箭头放在尺寸界线外；若尺寸界线间的空间非常小，则将文字和箭头都放在尺寸界线外。

文字：若尺寸界线间的空间不足，将文字放在尺寸界线外；若尺寸界线间的空间非常小，则将文字和箭头都放在尺寸界线外。

文字始终保持在延伸线之间：始终将文字放在尺寸界线之间。

若箭头不能放在延伸线内，则将其消除：选择该复选框后，当不能同时将文字和箭头放在尺寸界线之间时，则隐藏箭头。

2）“文字位置”设置区

尺寸文字默认位于两尺寸界线之间，当文字无法放置在默认位置时，可利用“文字位置”设置区设置尺寸文字的放置位置，如图 5–40 所示。

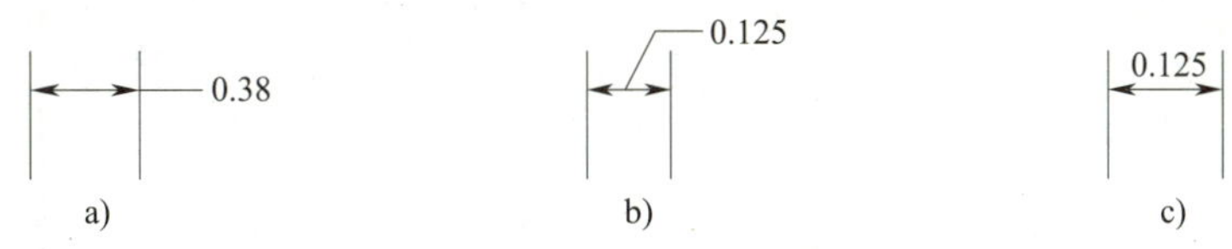

图 5–40　尺寸文字的位置

a）尺寸线旁边　b）尺寸线上方，带引线　c）尺寸线上方，不带引线

尺寸线旁边：将文字放在尺寸线旁边。

尺寸线上方，带引线：将文字放在尺寸线的上方，同时创建一条连接文字和尺寸线的引线。

尺寸线上方，不带引线：将文字放在尺寸线的上方，不加引线。

3）“标注特征比例”设置区

在该设置区中，可以设置全局标注比例或图纸空间比例，从而统一缩放尺寸标注的各组成元素。

使用全局比例：用于设置尺寸标注的比例因子，该比例因子将影响尺寸标注的所有组成元素的大小，如图 5–41 所示。

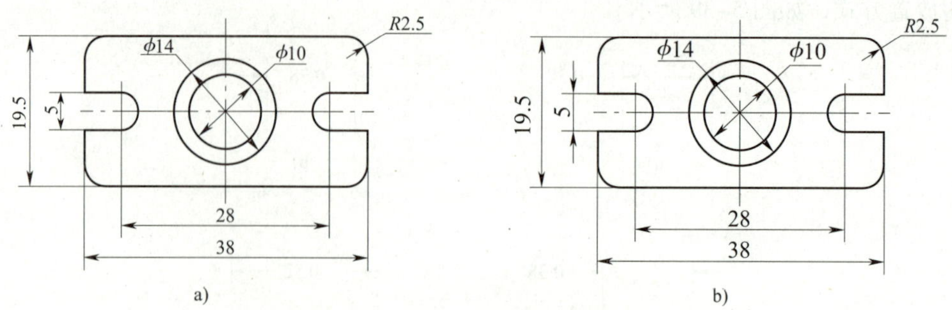

图 5–41　使用全局比例控制尺寸标注

a）设置全局比例为 1　b）设置全局比例为 1.5

将标注缩放到布局：选择该单选按钮，系统将自动根据当前模型空间视图和图纸空间视图之间的比例设置比例因子。在图纸空间绘图时，该比例因子为 1。

4）“优化”设置区

手动放置文字：用于手动放置尺寸文字。

在延伸线之间绘制尺寸线：选择该复选框，AutoCAD 将总在尺寸界线间绘制尺寸线。否则，当尺寸箭头移至尺寸界线外侧时，不画出尺寸线。

（5）“主单位”选项卡

利用该选项卡可以设置标注的单位格式、精度、舍入、前缀、后缀等参数，如图 5–42 所示。

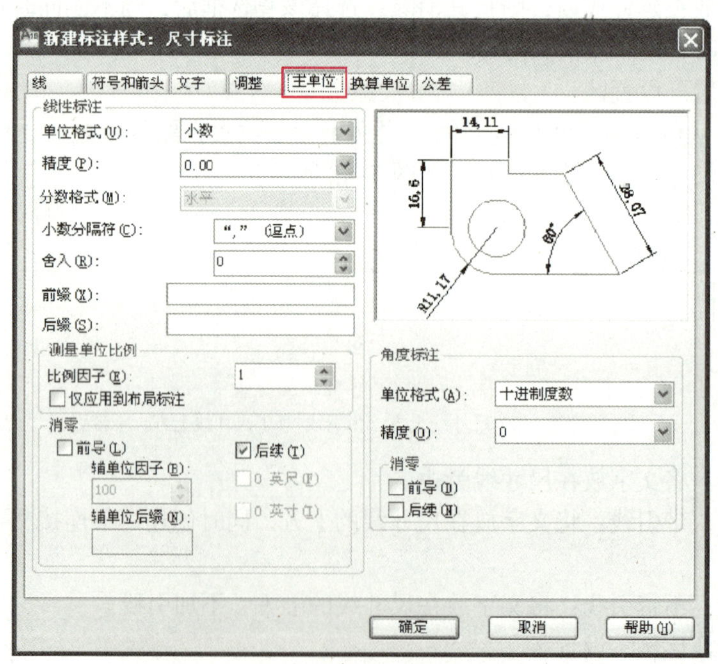

图 5–42　“主单位”选项卡

1）“线性标注”设置区

该设置区用来设置线性标注的单位格式和精度等。

单位格式：除角度之外，该下拉框可设置所有标注类型的单位格式。可供选择的选项包括科学、小数、工程、建筑和分数等。

精度：设置尺寸文字中保留的小数位数。

分数格式：设置分数的格式，该选项只有当“单位格式”选择了“分数”时才有效。可选择的分数格式有水平$\left(\text{如“}\frac{1}{2}\text{”}\right)$、对角$\left(\text{如“}{}^{1}\!/\!_{2}\text{”}\right)$和非堆叠（如“1/2”）。

小数分隔符：设置十进制数的整数部分和小数部分间的分隔符。可供选择的选项包括句点（.）、逗点（,）和空格（ ）。

舍入：为除角度之外的所有标注类型设置标注测量值的舍入规则。例如，如果输入 0.05 作为舍入值，则所有标注测量值都以 0.05 为单位进行舍入，并且只能保留两位以内的小数。

前缀：控制是否为标注文字加上前缀。例如，在“前缀”选项里输入“%%C”，就可以在标注文字前加上直径符号“ϕ”。

后缀：控制是否为标注文字加上后缀。例如，在“后缀”选项里输入“%%D”，就可以在标注文字后加上度符号“°”。

2）“测量单位比例”设置区

比例因子：设置除角度之外的所有标注测量值的比例因子。例如，如果标注时的实际测量值为 20，将比例因子设置为 2，那么尺寸文字将变为 40。

仅应用到布局标注：选择该复选框，则比例因子仅对在布局里创建的标注起作用。

3）“角度标注”设置区

在该设置区可以设置角度标注的单位格式、精度和消零方法。

4）“消零”设置区

设置是否消除线性标注数字前面的 0 或后面的 0。

前导：选择该复选框，将不输出十进制尺寸的前导零。例如，0.500 0 变成 .500 0。

后续：选择该复选框，将不输出十进制尺寸的后续零。例如，12.500 0 变成 12.5。

（6）“换算单位”选项卡

该选项卡用于控制是否在标注中显示换算单位，并可设置换算单位的格式、精度、换算单位倍数、位置、舍入精度、前缀、后缀和消零方法等，如图 5-43 所示。

换算单位倍数：用于辅助转换换算单位，即换算单位值为主单位与换算单位倍数的乘积。其默认值为 0.039 370，表示 1 毫米为 0.039 370 英寸。

位置：用于设置换算单位的位置。选择“主值后”单选按钮，表示将换算单位的尺寸放置在主单位尺寸后面；选择“主值下”单选按钮，表示将换算单位的尺寸放置在主单位尺寸线的下方。

（7）“公差”选项卡

利用该选项卡可以设置公差的标注形式、精度、上偏差和下偏差值及公差的放置位置等，如图 5-44 所示。

方式：在该下拉列表中可以选择公差标注的形式，如对称、极限偏差和极限尺寸等，各选项的意义如图 5-45 所示。机械工程图上大多采用对称和极限偏差两种方式。

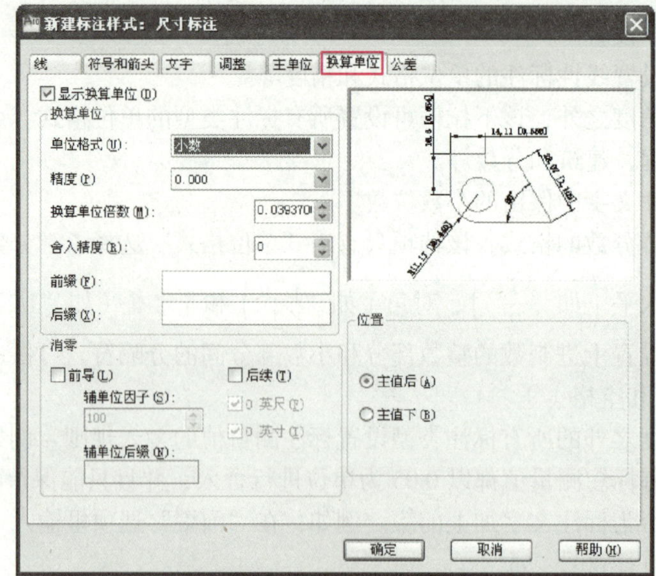

图 5-43 “换算单位”选项卡

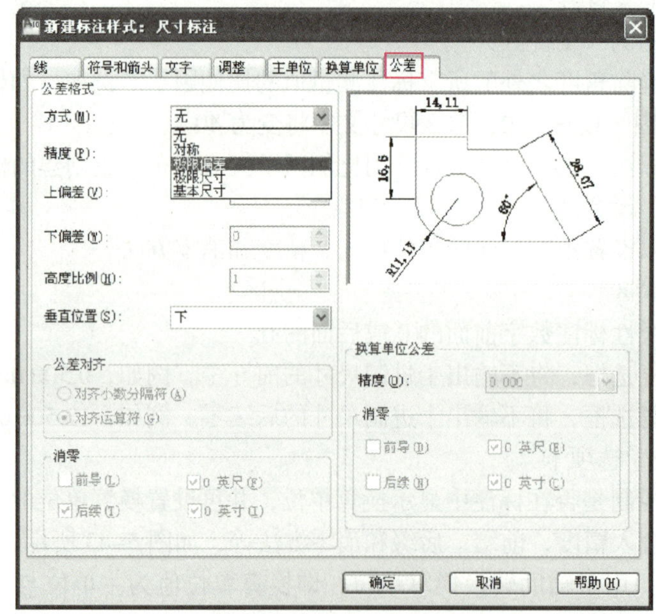

图 5-44 “公差”选项卡

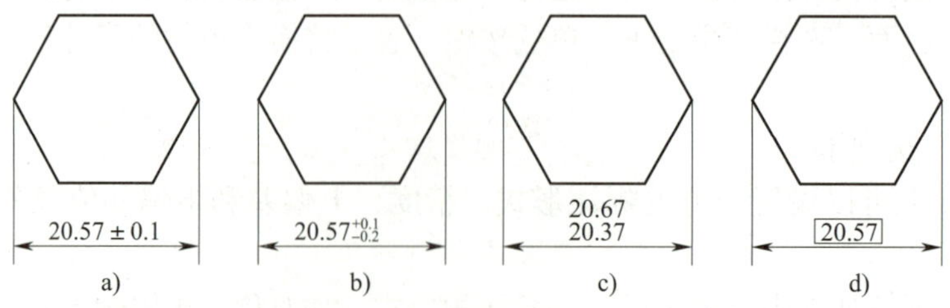

图 5-45 公差的各种标注形式

a）对称 b）极限偏差 c）极限尺寸 d）理论正确尺寸

上偏差和下偏差：设置偏差的上界和下界，在对称公差中使用“上偏差”值。

高度比例：设置公差文字相对于公称尺寸的高度比例，默认值为 1。

垂直位置：设置公差与公称尺寸的位置关系，有“上”“中”和“下”三种方式，为符合国家标准，建议设置为“中”。

三、主要尺寸标注命令

1. 线性标注

“线性”标注命令（“DIMLINEAR”）用于标注两点之间的水平、垂直或旋转某一角度的距离，用户可以通过指定尺寸线的起点和终点来创建线性尺寸标注，也可直接选取对象进行标注，如图 5-46 所示。单击“常用”选项卡的“注释”面板中的“线性”按钮 ⊢⊣，命令行提示中各选项的含义如下。

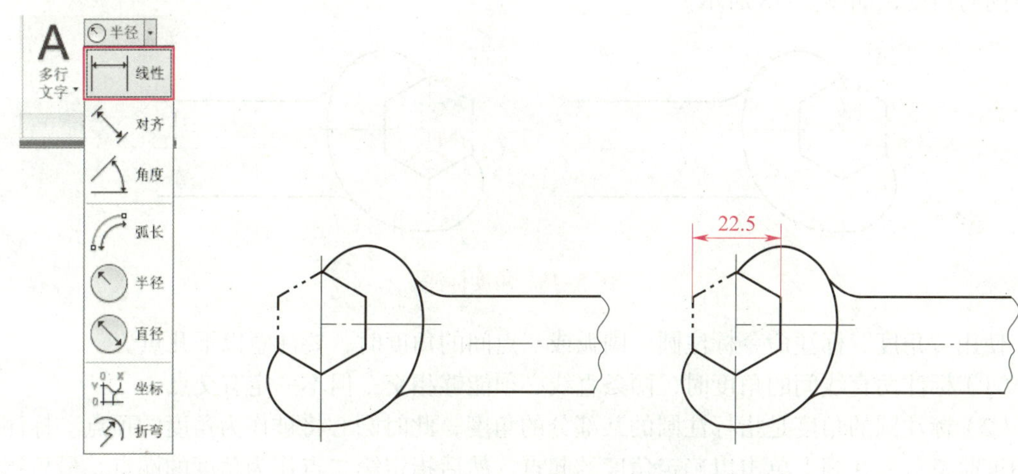

图 5-46　线性标注

多行文字（M）：选择该选项时，系统将切换至 MTEXT 多行文字方式编写尺寸文字内容。

文字（T）：选择该选项时，系统将切换至 DTEXT 单行文字方式编写尺寸文字内容。如果要为尺寸文字添加前缀、后缀等内容，可用控制代码表示特殊字符，如标注 ϕ20，可输入“%%C20”。

角度（A）：选择该选项时，可以设置尺寸文字的旋转角度。

水平（H）/ 垂直（V）：选择该选项时，可以标注两点间或所标注对象在水平或垂直方向上的尺寸。

旋转（R）：选择该选项时，可以通过输入数值或捕捉两点来定义旋转角度，以标注两点之间在指定方向上的距离。

2. 对齐标注

“对齐”标注命令（“DIMALIGNED”）用于标注两点之间的直线距离，此时尺寸线与标注点之间的连线平行，如图 5-47 所示。

要执行“对齐”标注命令，可在命令行中输入“DIMALIGNED”并按回车键，或在“常用”选项卡的“注释”面板中单击“线性”按钮 ⊢⊣线性 后的三角符号，在下拉列表中选择“对齐”命令，“对齐”标注的使用方法与“线性”标注相似，在此不再赘述。

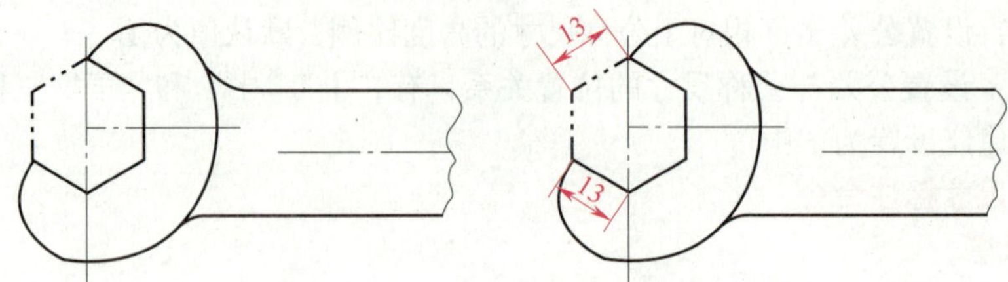

图 5–47　对齐标注

3. 角度标注

“角度”标注命令（“DIMANGULAR”）可以标注圆和圆弧的角度、两条直线间的角度和三点间的角度，如图 5–48 所示。

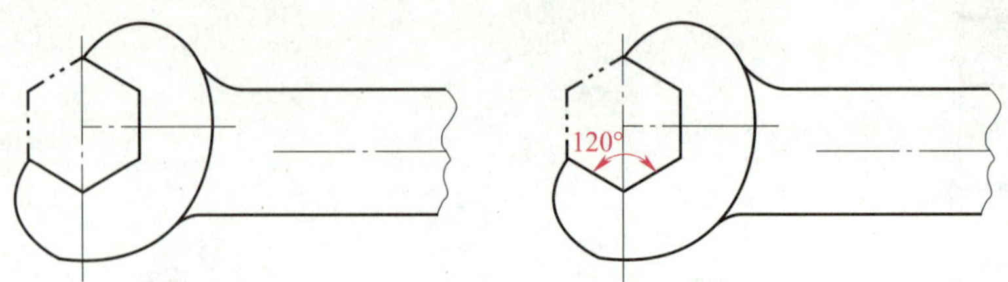

图 5–48　角度标注

使用“角度”标注命令标注圆、圆弧或三点间的角度时，要注意以下几点。

（1）标注两直线间的角度时，两条直线必须能够相交，但不一定有交点。

（2）标注圆的角度是指标注圆的某部分的角度，此时圆心将被作为角度的顶点。标注圆的角度时，首先在圆上单击以确定角度的起点，然后指定第二点作为角度的端点，最后指定放置标注文字的位置，如图 5–49a 所示。

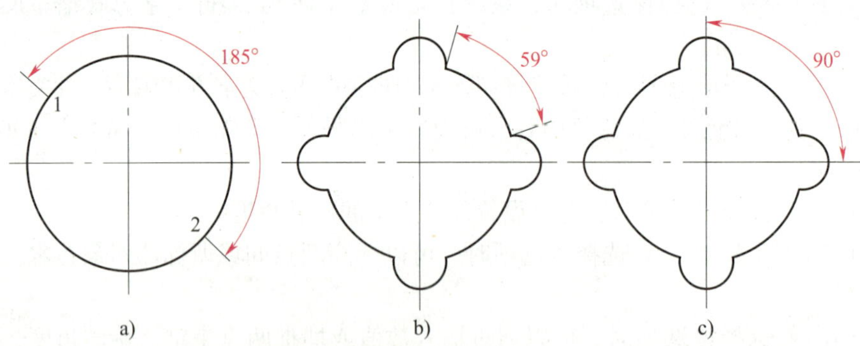

图 5–49　圆、圆弧和三点间的角度标注

a）圆的角度标注　b）圆弧的角度标注　c）三点间的角度标注

（3）标注圆弧时，可以直接选择圆弧进行标注，如图 5–49b 所示。

（4）标注三点间的角度时，先按回车键，然后依次指定角的顶点和两个端点，如图 5–49c 所示。

（5）机械制图国家标准中规定标注角度的数字一律写成水平方向，位于尺寸线上方或外边，也可以引出，如图 5–50 所示。

4. 半径与直径标注

（1）半径尺寸标注

要标注圆或圆弧的半径，可在“常用”选项卡的“注释”面板中选择“半径”命令，或在命令行中输入“DIMRADIUS”并按回车键，然后选择要标注的对象，此时 AutoCAD 会自动在标注文字前添加半径符号 R，在合适位置单击即可标注半径，如图 5–51 所示。当所标注的圆弧半径过小导致没有足够空间放置尺寸文字和箭头时，可按如图 5–52 所示的将尺寸文字和箭头移出的方式标注。

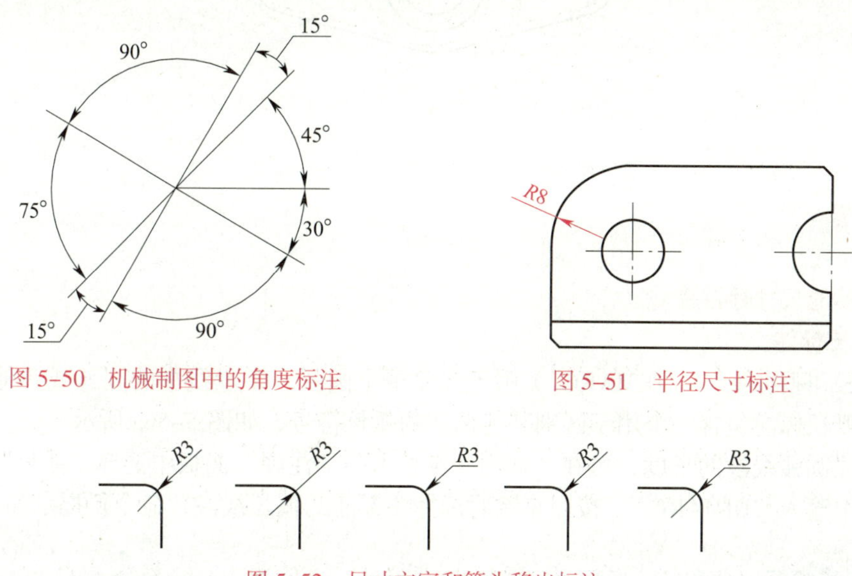

图 5–50　机械制图中的角度标注

图 5–51　半径尺寸标注

图 5–52　尺寸文字和箭头移出标注

（2）直径尺寸标注

要标注圆或圆弧的直径，可在“常用”选项卡的“注释”面板中选择“直径”命令，然后选择要标注的对象，此时 AutoCAD 会自动在标注文字前添加直径符号 ϕ，如图 5–53 所示。

在机械制图中，使用半径标注与直径标注命令标注圆或圆弧的尺寸时，需注意以下几点。

在机械图样上，如果零件本身是回转体，但其投影图却是直线表示的图形，标注尺寸时仍需要将其标注成直径尺寸。使用“线性”命令标注，并在命令行输入“T”，在尺寸数字前加前缀 %%C，如图 5–54 所示。

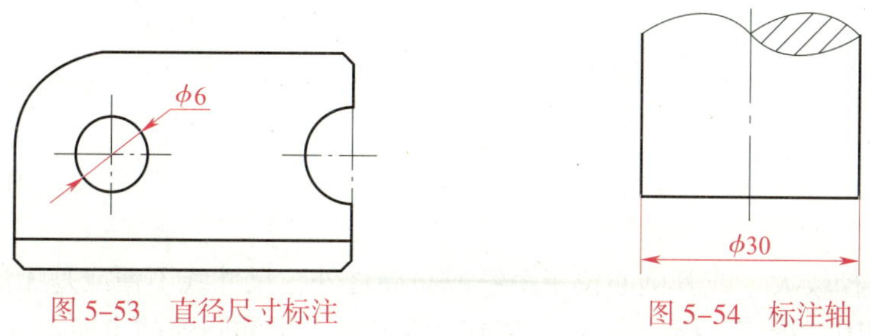

图 5–53　直径尺寸标注

图 5–54　标注轴

当圆弧大于 180°时，应标注直径尺寸，当其小于或等于 180°时，应标注半径尺寸。

在标注直径或半径尺寸时，若图形中出现多个尺寸相同的圆，应标注出该圆的数量而无须逐个标注其尺寸。使用“直径”命令标注，并在命令行输入“M”，在尺寸数字前加前缀“2 × ϕ”，而半径无须标注数量，如图 5–55 所示。

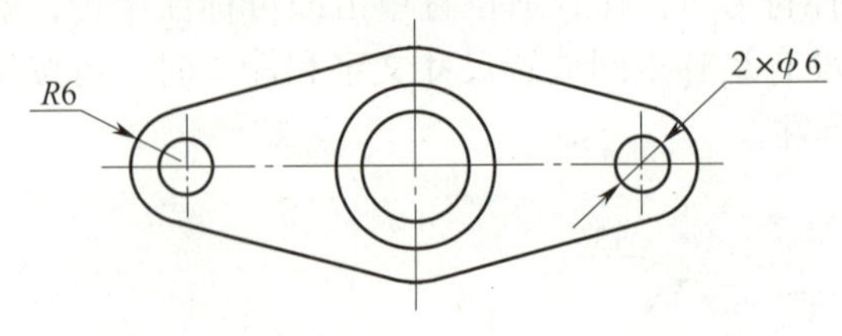

图 5–55　标注多个尺寸相同的圆

知识拓展

一、其他尺寸标注命令

1. 弧长标注

“弧长”标注命令（“DIMARC”）用于标注单个圆弧、多段线中的圆弧或其他圆弧线段的长度。弧长标注包含一个用于区别其他标注的弧长符号，如图 5–56a 所示。

要标注圆弧线段的长度，可在“常用”选项卡的“注释”面板中选择“弧长”命令，或在命令行中输入“DIMARC”，按回车键后选择要标注的弧长线段，命令行提示如下：

指定弧长标注位置或［多行文字（M）/ 文字（T）/ 角度（A）/ 部分（P）/ 引线（L）］:

此时可以直接单击确定放置弧长标注文字的位置，或输入 M、T、A、P 和 L 来编辑标注内容、旋转标注文字、标注圆弧的部分长度或者为标注添加引线等。

部分（P）：用来标注所选圆弧的一部分长度，如图 5–56b 所示。选择该选项时，系统会提示用户指定弧长标注的第一个端点与第二个端点。

引线（L）：为弧长标注添加指向圆心的引线，如图 5–56c 所示。但是，只有所选圆弧夹角大于 90°时才会显示此选项。

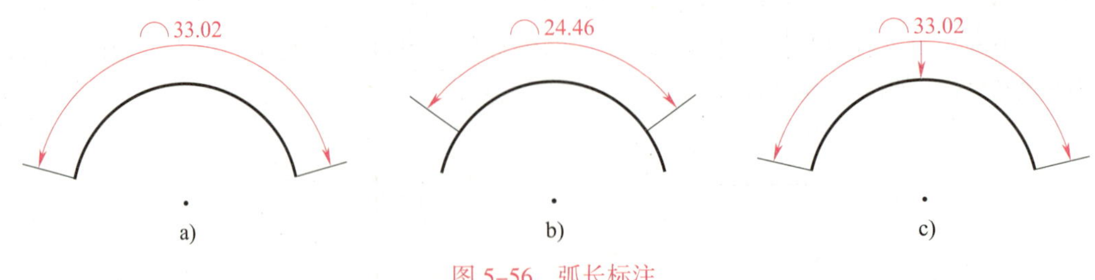

图 5–56　弧长标注

2. 折弯标注

当圆弧的半径较大，或其圆心位于图纸或布局之外，尺寸线不便或是无法通过其实际位置显示时，可利用“折弯”标注命令（“DIMJOGGED”）标注圆弧的半径。

使用“折弯”命令标注圆或圆弧半径时，可在“常用”选项卡的“注释”面板中选择“折弯”命令，然后选择希望标注的圆弧，并依次指定圆心的替代位置，以及两个折弯的位置，如图 5-57 所示。

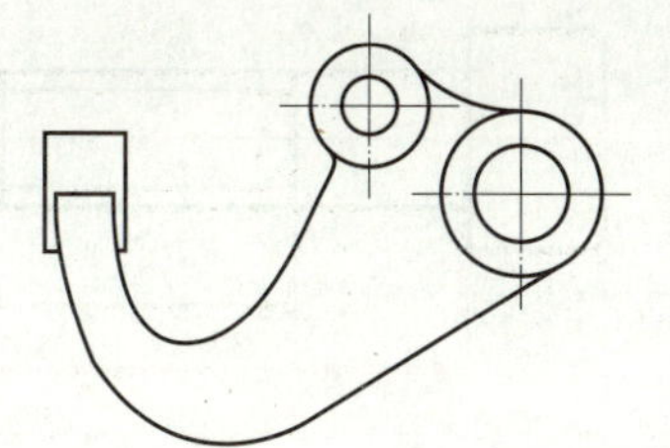

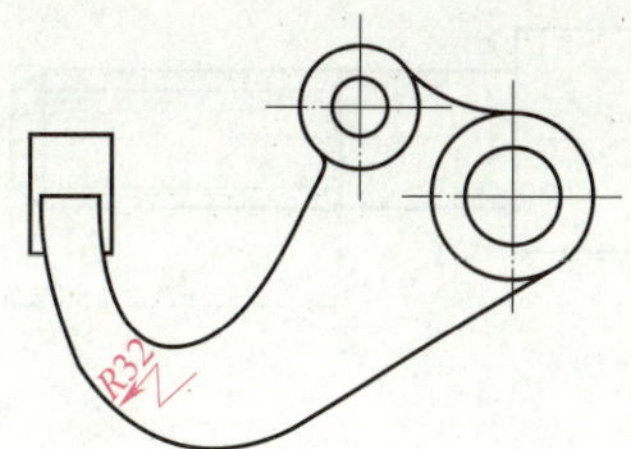

图 5-57　折弯标注

3. 坐标标注

使用“坐标”标注命令（“DIMORDINATE”）可以标注基于当前 UCS 坐标系的任意点的 X、Y 坐标，如图 5-58 所示。

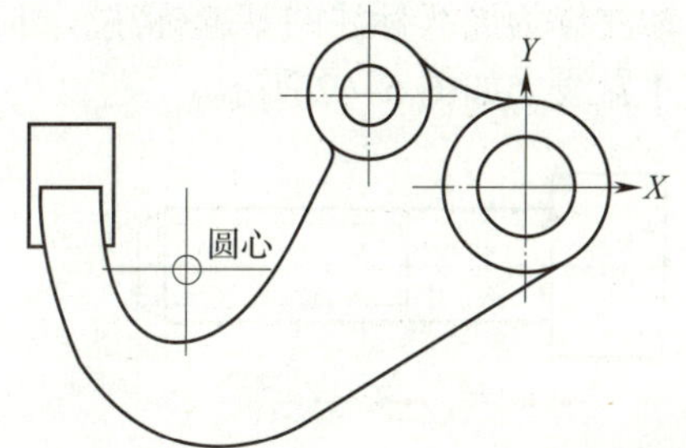

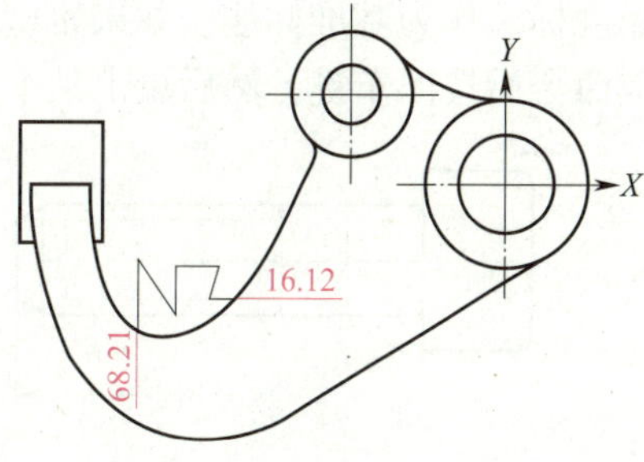

图 5-58　坐标标注

4. 圆心标记

“圆心标记”标注命令（“DIMCENTER”）用于标注圆或圆弧的圆心。例如，标注图 5-59 所示的圆的圆心，可在命令行输入“DIMCENTER”，或展开“注释”选项卡的“标注”面板，然后单击“圆心标记”按钮。要修改圆心，可在“标注样式管理器”对话框的“符号和箭头”选项卡中修改圆心标记的类型及大小，结果如图 5-60 所示。

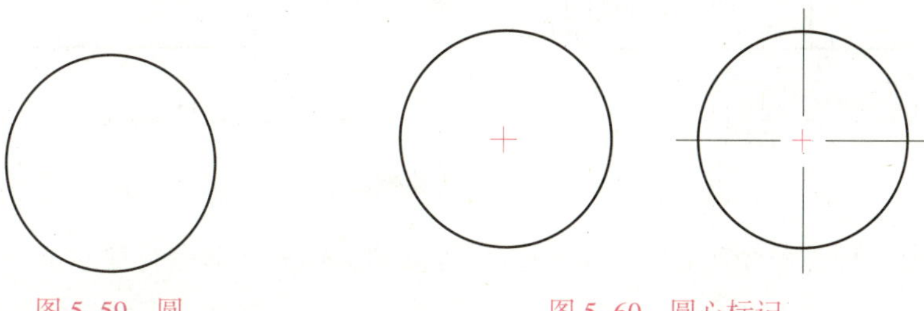

图 5-59　圆　　　　图 5-60　圆心标记

二、快速标注尺寸

1. 基线标注

“基线”标注命令（“DIMBASELINE”）用于创建一系列由同一基线处引出的多个平行且间距相等的线性尺寸标注。要使用“基线”命令标注尺寸，必须先创建或选择一个线性、坐标或角度标注作为基准标注，AutoCAD 将以此标注的第一个尺寸界线为起始点，进行基线标注，如图 5-61 所示。在“注释”选项卡的“标注”面板中单击“连续”按钮后的三角符号，从下拉列表中选择“基线”标注命令。

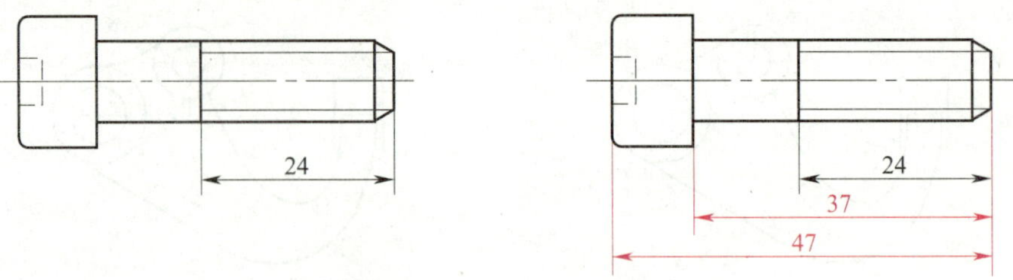

图 5-61　基线标注

2. 连续标注

“连续”标注命令（“DIMCONTINUE”）用于创建一系列与前一个或选定标注首尾相连的多个线性尺寸标注。与基线标注相同，在进行连续标注前，必须先创建或选择一个线性、坐标或角度标注作为基准标注。如果希望选择其他尺寸标注作为连续标注的基准标注，可在执行相应命令后按回车键，然后单击某个尺寸标注的尺寸界线，如图 5-62 所示。

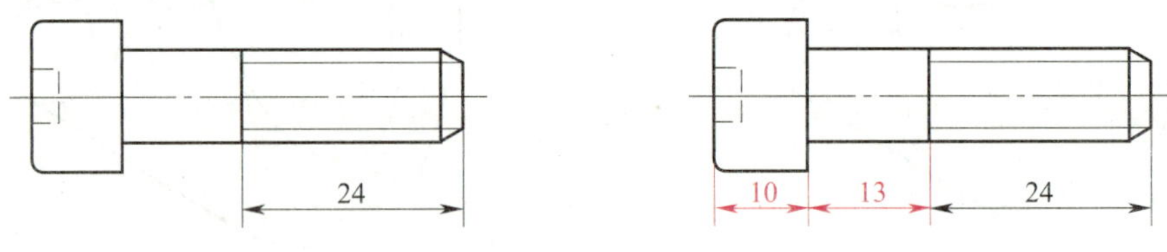

图 5-62　连续标注

3. 快速标注

“快速”标注命令（“QDIM”）用于快速创建一系列基线、连续、阶梯和坐标标注，“快速”标注命令可以标注多个圆、圆弧以及编辑现有标注的布局，如图 5-63 所示。

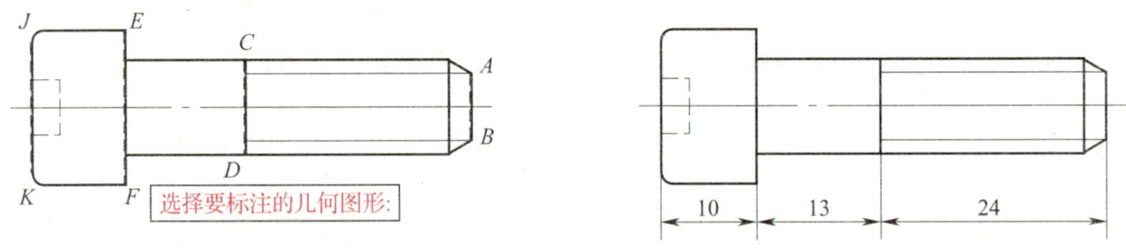

图 5-63　快速标注

执行“快速”标注命令时，在结束对标注对象的选择后，命令行提示如下：

指定尺寸线位置或

［连续（C）/ 并列（S）/ 基线（B）/ 坐标（O）/ 半径（R）/ 直径（D）/ 基准点（P）/ 编辑（E）/ 设置（T）］< 连续 >:

各选项的功能如下。

连续、并列、基线、坐标、半径和直径：用于一次性创建多个对象的半径、直径或具有连续、并列和基线等性质的尺寸标注。

基准点：为基线标注和坐标标注设置新的基准点或原点。

编辑：可以显示所有的标注节点，并提示用户在现有标注中添加或删除标注节点。

设置：为指定尺寸界线原点设置默认对象捕捉。

三、调整尺寸标注

1. 调整尺寸间距

利用“标注间距”命令（“DIMSPACE”）不仅可以自动调整相互平行的线性标注和角度标注之间的间距，还可以通过指定间距值对线性标注进行调整，使所调整的对象处于平行等距或对齐状态，如图 5-64 所示。

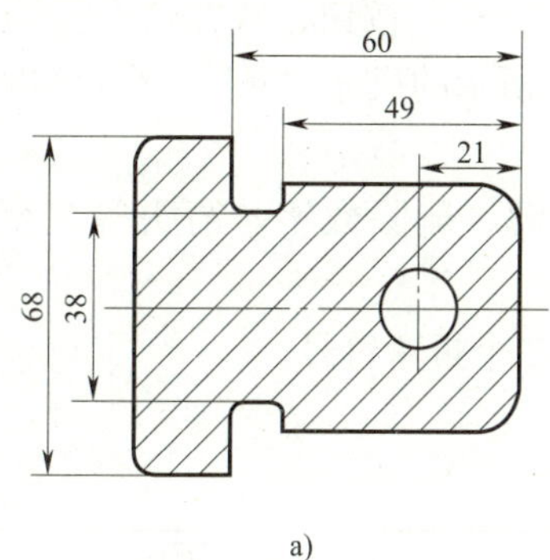

a)

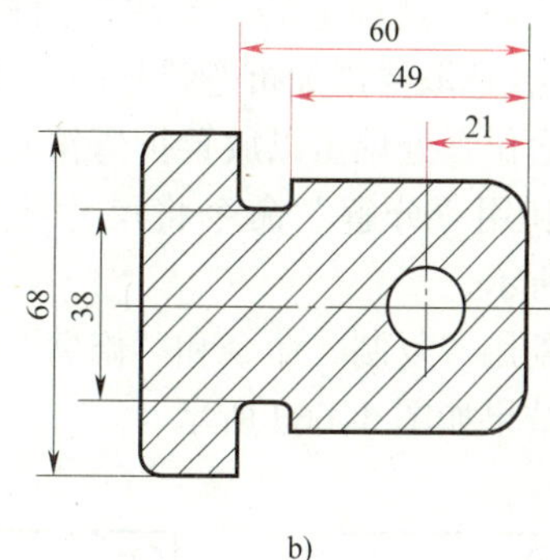

b)

图 5-64　调整尺寸间距

a）调整前　b）调整后

2. 打断尺寸标注

根据机械制图标准的具体规定，在对图形进行尺寸标注时，尺寸数字不允许被任何图形对象穿过，若无法避免时，可将图形对象断开。对于比较复杂的图形对象，为了能够使图形不引起误解，可将个别尺寸标注线断开，如图 5-65 所示。

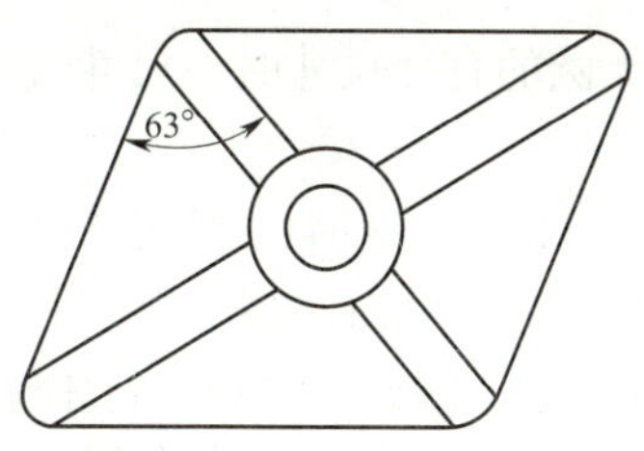

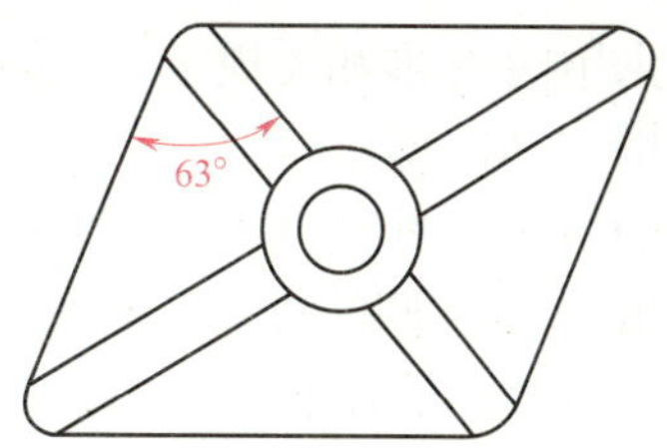

图 5-65　打断尺寸标注

执行“标注打断”命令（“DIMBREAK”）时，在结束对打断标注对象的选择后，命令行提示如下：

```
选择要打断标注的对象或［自动（A）/ 手动（M）/ 删除（R）］< 自动 >:
```

各选项的功能如下。

自动：选择此选项后，系统自动将打断位置放置在与选定标注相交的对象的所有交点处。

手动：选择此选项可通过在尺寸标注线上指定两点来确定标注打断位置。如果修改标注或相交对象，系统则不会更新使用此选项创建的任何打断标注，并且使用此选项，一次只可以放置一个打断标注。

删除：从选定的标注中删除所有打断标注。

3. 使用折弯符号

在实际绘图过程中，当较大或较长零件的主要部分表达清楚后，可假设将零件其余部分折断，断开处用双折线表示，如图 5-66d 所示。

为简化绘图规范，方法步骤如下。

（1）在预定位置标注线性尺寸，如图 5-66a 所示。

（2）利用“折弯”命令（“DIMJOGLINE”）对该尺寸线添加折弯符号，如图 5-66b 所示。在“注释”选项卡的“标注”面板中单击“折弯标注”按钮，或在命令行输入“DIMJOGLINE”，选取要添加折弯符号的尺寸，如图 5-66b 所示的尺寸“36”，然后在所指定的尺寸线的合适位置处单击以放置折弯符号。

（3）利用“分解”命令将尺寸线和尺寸文字分解，删除数字、箭头等多余部分，如图 5-66c 所示。

（4）利用“复制”命令和“修剪”命令，绘制第二个折弯符号。

绘制结果如图 5-66d 所示。

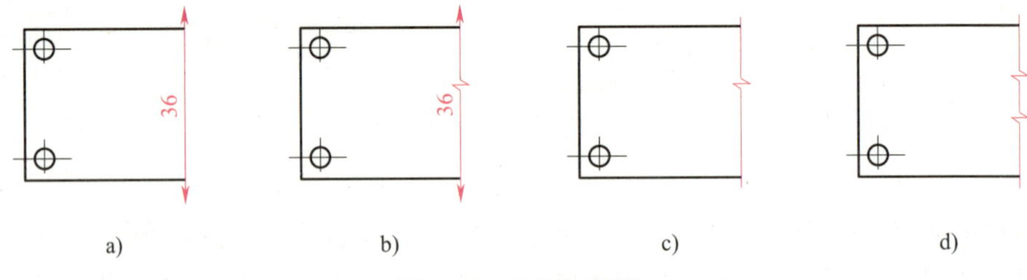

图 5-66　绘制双折线

4. 调整直径尺寸的标注样式

根据机械制图国家标准相关规定，在标注较大圆的直径尺寸时，尺寸线两端的箭头应放在圆弧之内，如图 5-67c 所示。

在利用 AutoCAD 绘图时，当尺寸变量 DTMFIT 值为 3 时，利用“直径”标注命令（“DIMDIAMETER”）标注圆的直径，标注结果可能如图 5-67a（选择圆弧后在圆内单击一点）或图 5-67b（选择圆弧后在圆外单击一点）所示的样式。因此，在命令行中输入“DIMFIT”，将尺寸变量 DIMFIT 值设为 0，按回车键，重新利用“直径”标注命令标注圆的直径，标注结果如图 5-67c 所示。

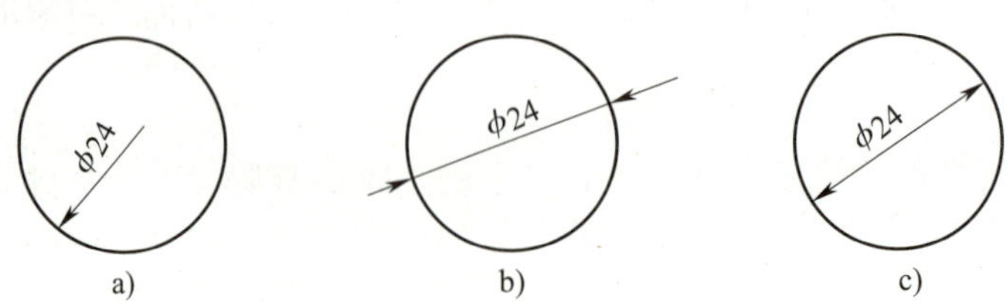

图 5-67　调整直径尺寸的标注样式

思考与练习

标注如图 5-68 所示泵体剖视图上的全部尺寸。

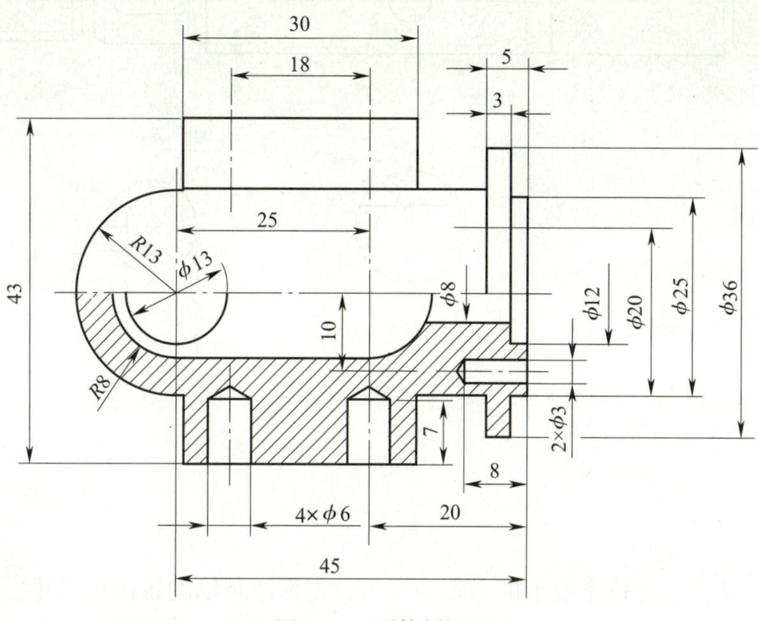

图 5-68 泵体剖视图

任务 3 泵轴技术要求的标注

任务目标

1. 掌握使用多重引线注释图形的方法。
2. 掌握尺寸公差、几何公差及表面结构要求的标注方法。
3. 能熟练使用有关命令编辑标注尺寸。

任务提出

在绘图时，除了要为其标注基本尺寸外，通常还需要为其标注尺寸公差、几何公差和表面结构要求等技术要求，有时还要求对已标注的尺寸进行编辑。本任务将对图 5-69 所示泵轴零件图尺寸公差、几何公差、表面结构要求等技术要求进行标注和编辑。

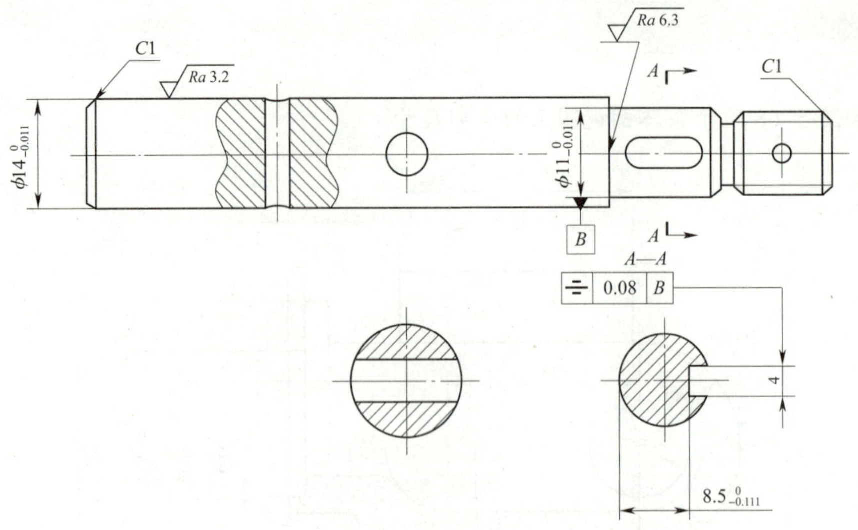

图 5-69　标注泵轴尺寸公差等技术要求

任务分析

标注泵轴尺寸公差等技术要求的大致顺序为：先标注泵轴的各倒角尺寸，然后标注几何公差，再标注尺寸公差，最后标注表面结构要求。标注过程中要用到多重引线标注、公差标注及尺寸编辑等命令。

任务实施

一、创建多重引线样式

1. 打开名为“泵轴 .dwg”的图形文件。将图层“BZ”设置为当前图层，用于标注尺寸。

2. 单击“注释”选项卡的“引线”面板中的“多重引线样式”按钮 ，打开如图 5-70 所示的“多重引线样式管理器”对话框，单击“新建”按钮，创建新的多重引线

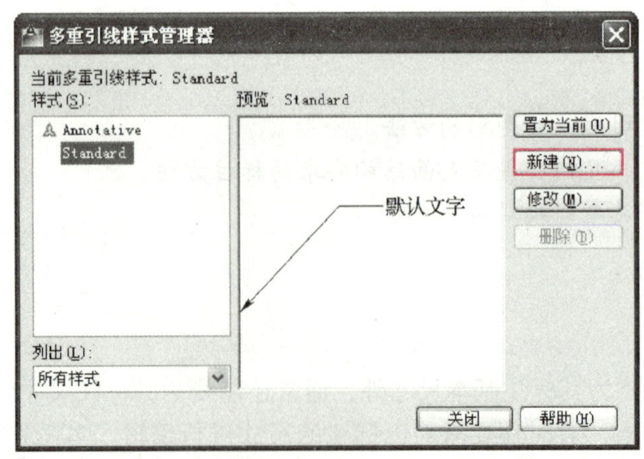

图 5-70　“多重引线样式管理器”对话框

样式“引线标注”，如图 5–71 所示。各选项设置如图 5–72 所示，用于标注图样中的各倒角尺寸、几何公差。

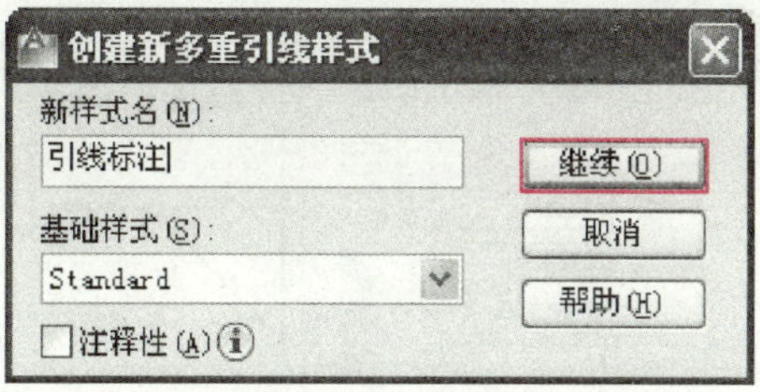

图 5–71　新建“引线标注”样式

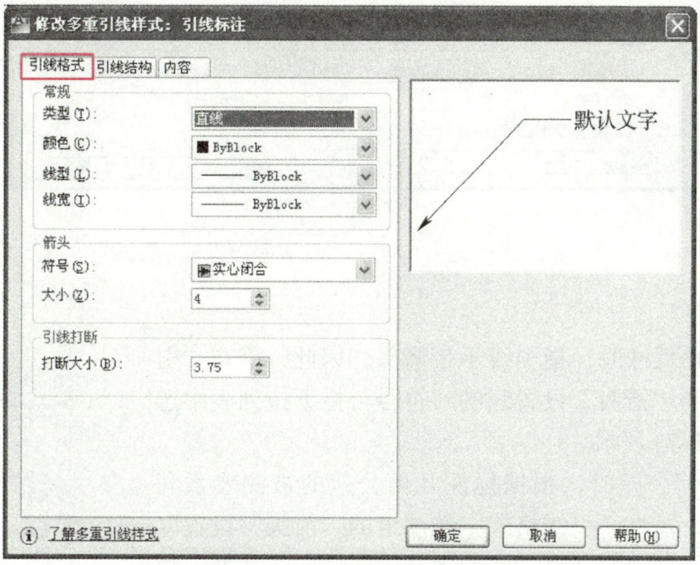

a)

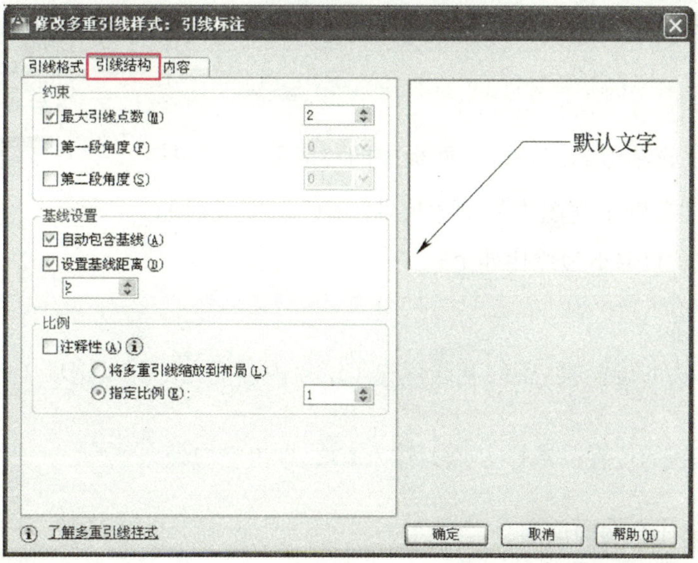

b)

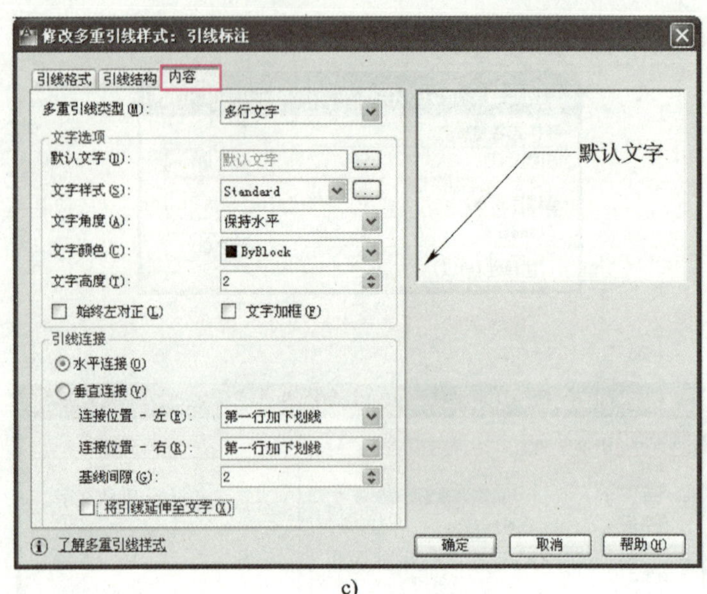

c)

图 5-72 “引线标注”各选项设置

值得注意的是：

（1）标注倒角尺寸时，指引线不带箭头。因此，需在“引线格式”选项卡的“箭头”设置区的“符号”栏下拉列表中选择“无”，如图 5-73 所示。

（2）标注几何公差时，根据标注几何公差的被测要素和基准要素的不同，需在“引线格式”选项卡的“箭头”设置区的“符号”栏下拉列表中选择“实心闭合”或“实心基准三角形”，如图 5-73 所示。

（3）根据标注的引线形式和内容不同，设置和修改不同的多重引线样式。

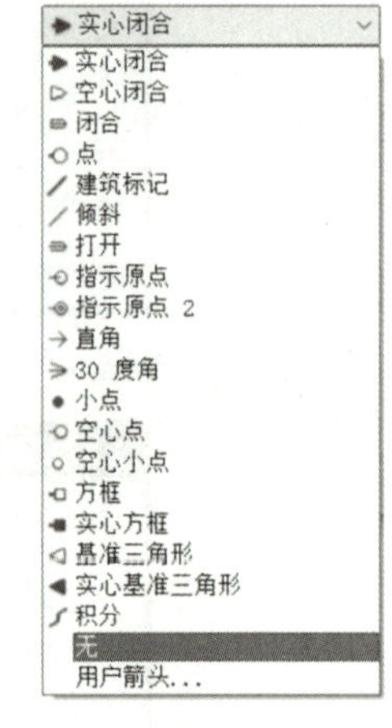

图 5-73 “符号”栏下拉列表

二、标注倒角尺寸

单击“注释”选项卡的“引线”面板中的“多重引线”按钮 引线，标注泵轴主视图中的倒角尺寸“*C*1”，完成后如图 5-74 所示。命令行提示与操作如下：

命令：_mleader

指定引线箭头的位置或［引线基线优先（L）/ 内容优先（C）/ 选项（O）］<选项>：选择 *A* 点

指定引线基线的位置：选择 *B* 点，输入 *C*1，单击空白处

同样的方法标注右端面倒角。

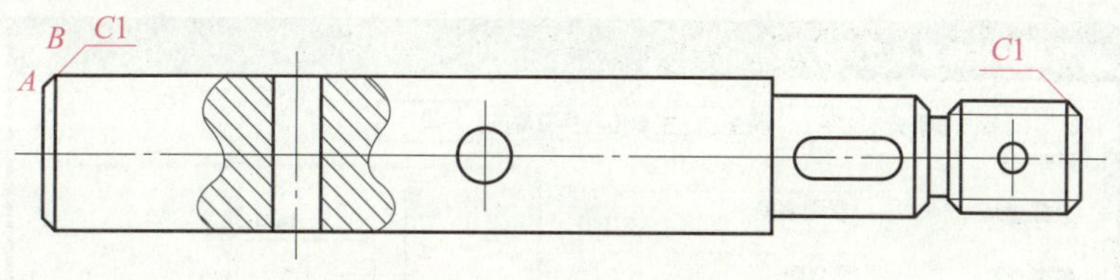

图 5-74　标注倒角尺寸

三、标注几何公差

在“注释”选项卡，选择“标注”菜单栏中的“公差”命令 ，打开“几何公差”对话框，各选项设置如图 5-75 所示，单击“确定”完成泵轴移出断面图中的几何公差 ⌯ 0.08 B 的标注。打开“多重引线样式管理器”，单击“新建”按钮，创建新的多重引线样式“公差标注”，“ 内容”选项卡中“多重引线类型”栏设置为“无”，其余各选项设置不变，为几何公差添加多重引线，结果如图 5-76 所示。

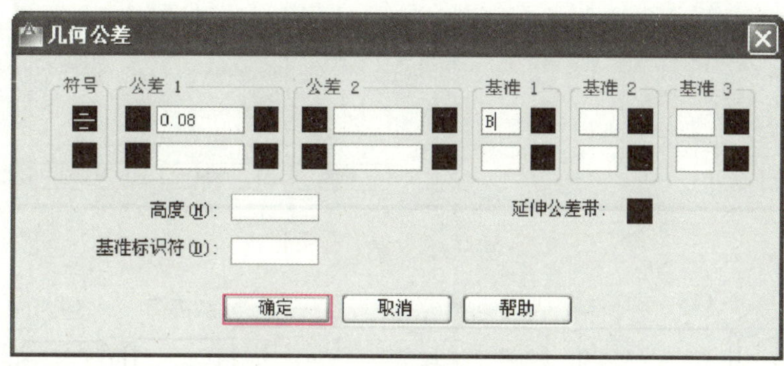

图 5-75　“几何公差”对话框

四、标注尺寸公差

设置尺寸标注样式，选择“标注”菜单栏中的“标注样式”命令，在打开的“标注样式管理器”对话框中单击“新建”按钮，创建新的标注样式“公差标注”，用于标注图样中的尺寸公差。单击“继续”按钮，打开“新建标注样式：公差标注”对话框，其中的“公差”选项卡设置如图 5-77 所示，设置完毕单击“确定”按钮。

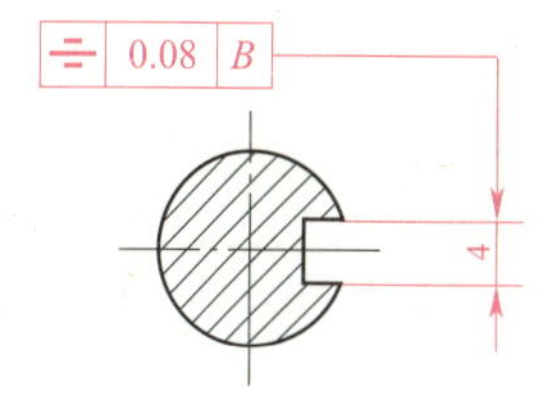

图 5-76　标注几何公差

1. 标注尺寸“$\phi 14_{-0.011}^{0}$”，结果如图 5-78 所示。命令行提示与操作如下：

```
命令：_dimlinear
指定第一个尺寸界线原点或 < 选择对象 >：单击 A 点
指定第二个尺寸界线原点：单击 B 点
指定尺寸界线位置或第二条线的角度
[多行文字（M）/ 文字（T）/ 角度（A）/ 水平（H）/ 垂直（V）/ 旋转（R）]：
标注文字 =14
```

双击标注文字，打开文字编辑器，在尺寸数字前面输入“%%c”，单击空白处。

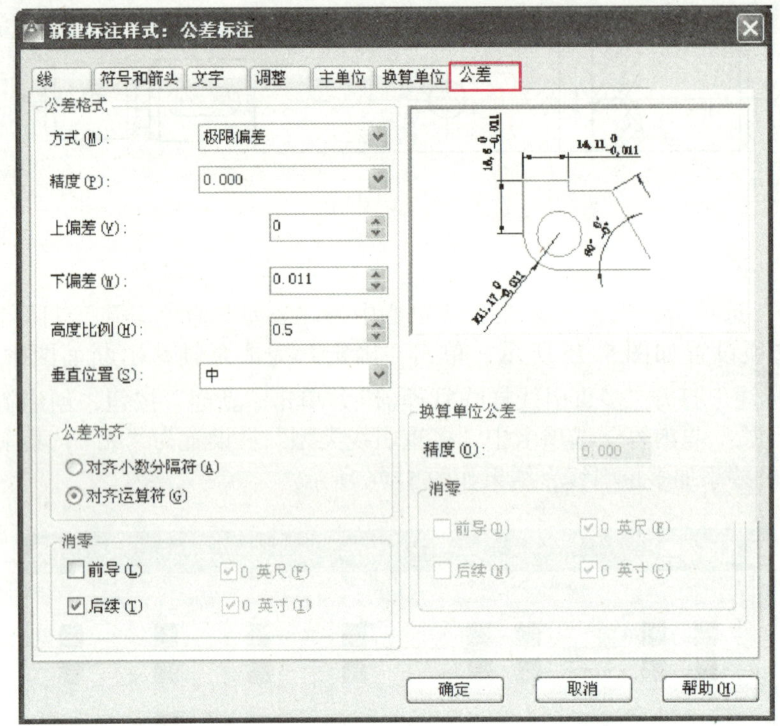

图 5-77 “公差”选项卡

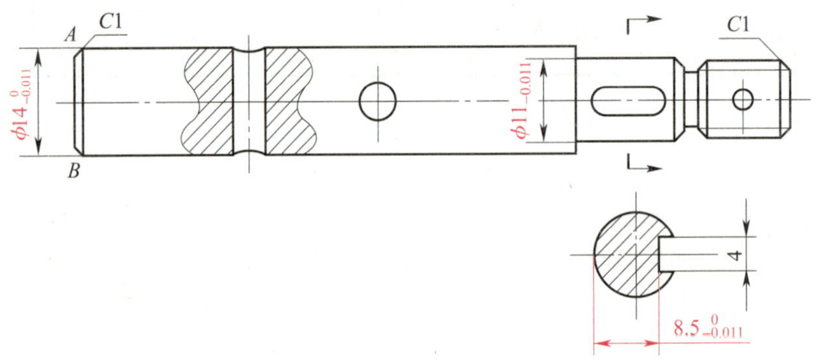

图 5-78 标注尺寸公差

2. 用类似的方法标注尺寸“$\phi 11^{\ 0}_{-0.011}$”和“$8.5^{\ 0}_{-0.111}$”

选择“标注”菜单栏中的“直径”命令，标注尺寸“$\phi 11^{\ 0}_{-0.011}$”；选择“标注”菜单栏中的“线性”命令，标注尺寸“$8.5^{\ 0}_{-0.011}$”，结果如图 5-78 所示。

3. 公差编辑：单击图 5-79a 的尺寸“$8.5^{\ 0}_{-0.011}$”，单击右键，打开“特性”面板，如图 5-80 所示，将下偏差改为“-0.111”，按回车键或单击空白处完成公差数值的更改。结果如图 5-79b 所示。

五、标注表面结构符号、基准符号

绘制表面结构符号，定义属性，创建带有属性的块，通过改变属性值完成表面结构符号值分别为 3.2、6.3 的标注；绘制基准代号，定义属性，创建带有属性的块，插入块时输入属性值 *B*，完成后如图 5-69 所示。读者可自行尝试。

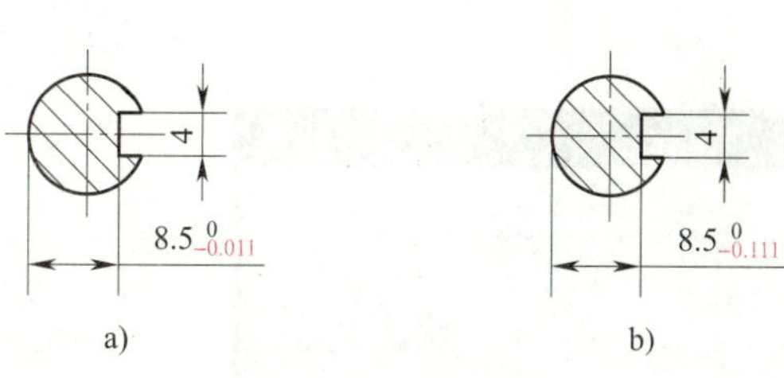

图 5-79　移出断面图中的公差尺寸

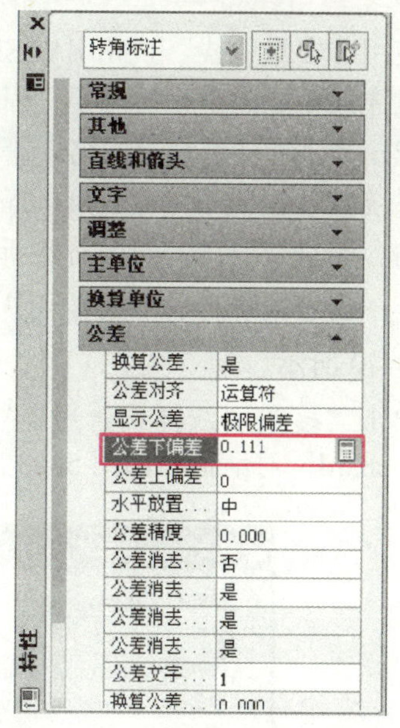

图 5-80　“特性”面板更改公差数值

相关知识

一、使用多重引线注释图形

在机械制图中，引线标注通常用于为图形标注倒角、几何公差以及装配图中的零件的序号等，如图 5-81 所示。多重引线标注是由带箭头或不带箭头的直线或样条曲线（又称引线）、一条短水平线（又称基线）以及处于引线末端的文字或块组成，如图 5-82 所示。

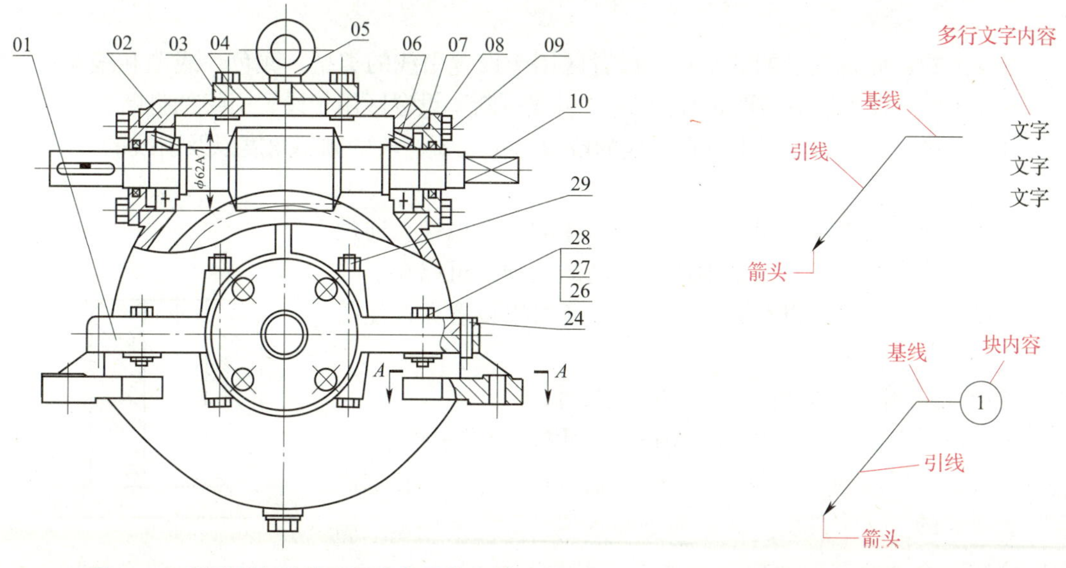

图 5-81　用引线标注装配图中各零件序号

图 5-82　引线标注的组成

1. 多重引线标注

使用“多重引线”（“MLEADER”）命令可以方便地添加和管理多重引线。由于单一的引线样式往往不能满足设计需要，因此需要预先定义用于控制多重引线外观的引线样式，即指定引线、箭头和注释内容的格式等。

系统默认提供了一个“Standard”多重引线样式，该样式使用带有实心闭合箭头和多行文字内容的直线引线。如果需要新建或修改引线样式，可在“注释”选项卡的“引线”面板中单击“多重引线样式”按钮，在打开的“多重引线样式管理器”对话框中进行操作，如图 5-70 所示。

单击“多重引线样式管理器”对话框中的 修改(M)... 按钮，打开“修改多重引线样式：Standard”对话框，如图 5-83 所示。

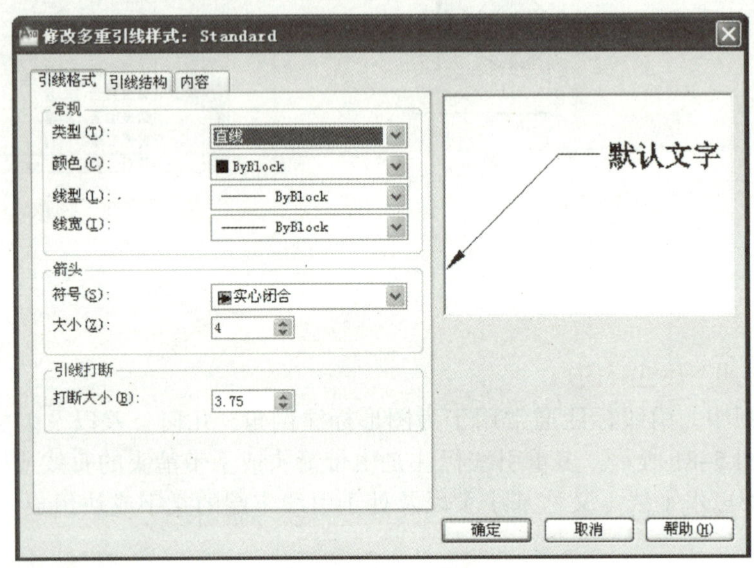

图 5-83 “修改多重引线样式：Standard”对话框

引线格式：此选项卡的“常规”设置区用于设置引线的类型、颜色、线型和线宽；“箭头”设置区用于设置箭头的形状及大小；“引线打断”设置区用于设置引线的打断大小。

引线结构：此选项卡用于设置引线的段数、引线每一段的倾斜角度以及引线的显示属性等。

内容：此选项卡主要用于设置引线标注的文字属性。通过在“多重引线类型”下拉列表中选择不同的选项，可以在引线中添加多行文字，也可以在其中插入块，还可以设置无标注的引线。

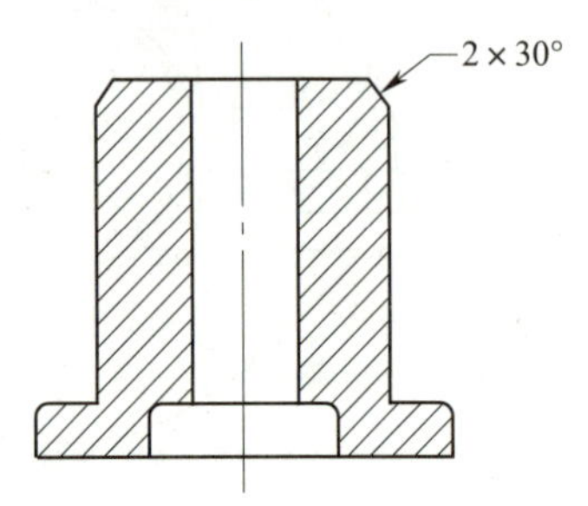

图 5-84 多重引线标注

【例】 标注图 5-84 所示的多重引线尺寸。

在“修改多重引线样式：Standard”对话框中，“引线格式”选项卡箭头设置区的“大小”文本框中输入值“3.5”，在“内容”选项卡的“文字高度”文本框中输入值“3.5”，单击“确定”按钮。在“注释”选项卡中单击“引线”按钮 引线，根据命令行提示，选择一点作为引线箭头的位置，移动光标，在合适位置处单击以放置多重引线，在文本框中输入“2 × 30%%d”，然后在绘图区其他任意位置单击以完成多重引线标注。

2. 编辑多重引线

（1）添加与删除多重引线

多重引线对象可包含多条引线，因此，指向图形中具有相同特征的多个对象时，可以用同时带有多条引线与箭头的形式进行标注。标注时，可先利用“多重引线”命令添加一个多重引线标注，然后在“注释”选项卡的“引线”面板中单击“添加引线”按钮，接着根据命令行提示先选择一个已添加的多重引线，最后依次移动光标并单击，来指定其他引线箭头的位置，如图 5-85 所示。

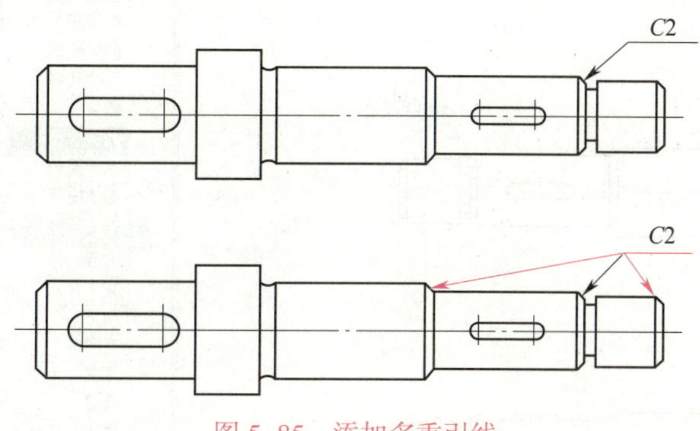

图 5-85　添加多重引线

如果添加的多重引线不符合设计要求，可以在“注释”选项卡的“引线”面板中单击“删除引线”按钮，然后根据命令行提示选择要修改的多重引线，并单击要删除的引线，最后按回车键即可。

（2）对齐与合并多重引线

使用“对齐”命令（“MLEADERALIGN”）可将选定的多个多重引线对象按一定角度进行对齐。使用“合并”命令（“MLEADERCOLLECT”）可将选定的多个多重引线合并至单引线组中，并且合并后的多重引线对象可以按水平、垂直或任意方向放置。但要注意的是，能够被合并的多重引线的内容必须为块。在“常用”选项卡的“注释”面板中单击“对齐”按钮，选择要对齐的多重引线②和③，按回车键后选择要对齐到的多重引线①，结果如图 5-86b 所示。

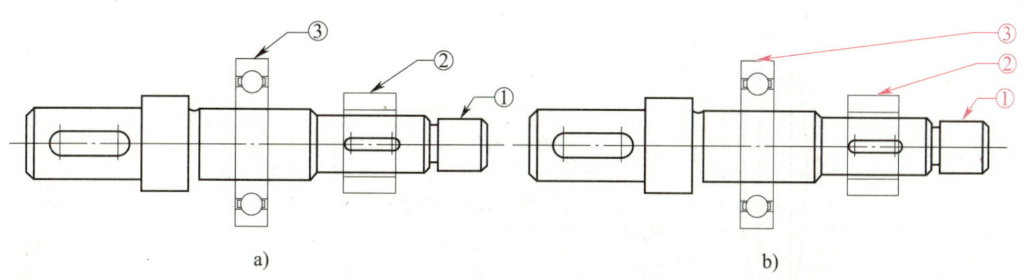

图 5-86　对齐多重引线

a）对齐前　b）对齐后

另外，通过单击“常用”选项卡的“注释”面板中的“合并”按钮 ，可以对多个多重引线进行合并，其操作步骤与“对齐”命令类似。在对多个多重引线进行合并时，系统会按照所选引线的先后顺序依次排列其序号，并且合并后的引线将会以最后选择的引线的基点为基准按照一定方向放置，引线的选择顺序不同，其结果也有所不同。

（3）修改多重引线

利用多重引线的各夹点可以拉长或缩短基线和引线，还可移动整个多重引线对象，如图5-87所示。此外，利用“特性”面板还可以快速更改多重引线的引线类型、箭头形状及大小和注释文字的内容、样式以及对正方式等，如图5-88所示。

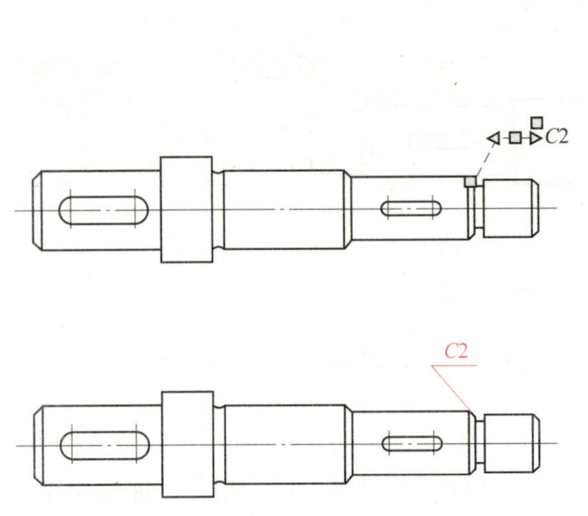

图5-87　利用夹点修改多重引线

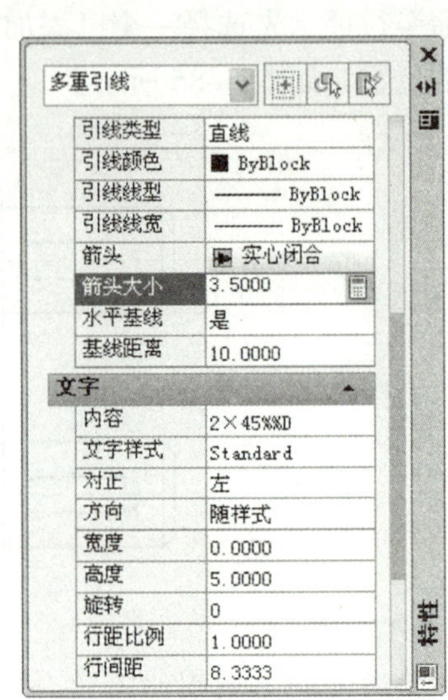

图5-88　利用“特性”面板修改多重引线

二、标注几何公差

1. 创建几何公差框格

几何公差框格通常由公差项目符号、公差值以及基准代号组成。一般情况下，几何公差需要与多重引线结合使用，因此，在创建几何公差框格的引线前，通常需要先创建类型为“无”的多重引线。创建圆或圆柱体的几何公差时，需要在公差值前面加直径符号“ϕ”。

【例】 创建如图5-89所示的几何公差。

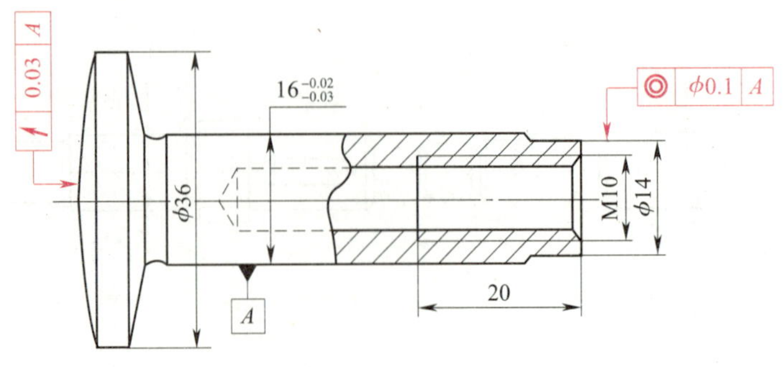

图5-89　创建几何公差

展开“注释”选项卡的“标注”面板，单击“公差”按钮 ，在打开的“形位公差”对话框中可设置公差的符号、值、基准等参数，如图 5-90 所示。设置完成后单击“确定”按钮，然后在绘图区适合位置单击以放置该几何公差。

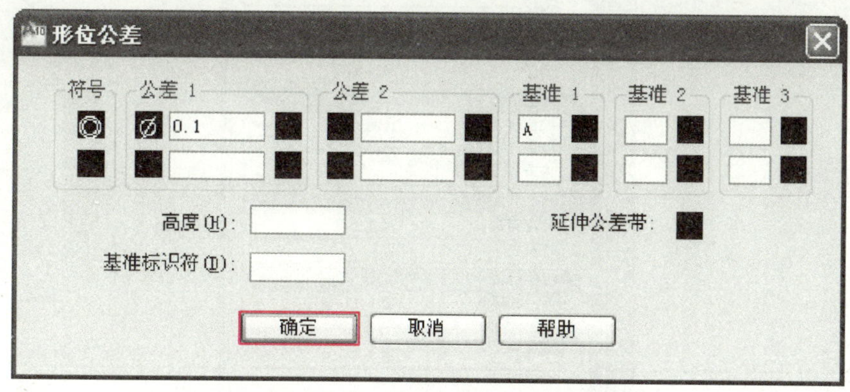

图 5-90 “形位公差”对话框

单击符号下方的黑方框，打开“特征符号”对话框，如图 5-91a 所示，选择相应的特征符号；单击公差 1 正下方的黑方框，可在公差值前添加或取消直径符号“ϕ”；单击公差 1 右下方的黑方框，打开“附加符号”对话框，如图 5-91b 所示。

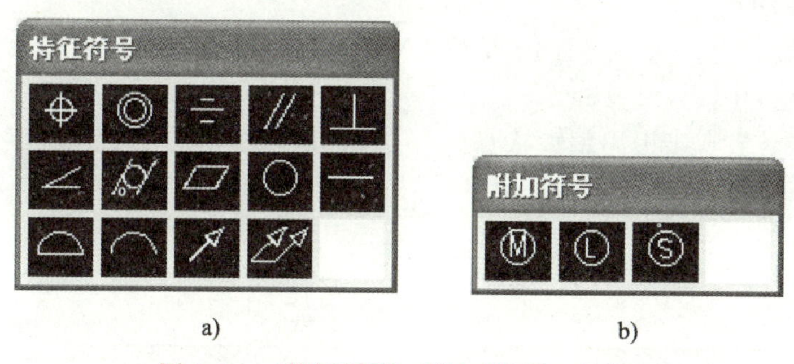

图 5-91 “特征符号”“附加符号”对话框

a）“特征符号”对话框 b）“附加符号”对话框

2. 编辑几何公差

单击要编辑的几何公差，然后按【Ctrl+1】组合键，打开“特性”面板，如图 5-92 所示，单击“特性”面板中“文字”设置区的“文字替代”文本框，然后单击其右侧出现的 {\Fgdt;r} 按钮，即可打开“形位公差”对话框，或直接双击要编辑的几何公差，也可直接打开“形位公差”对话框，完成几何公差的编辑。

三、编辑尺寸标注

1. 编辑尺寸标注文字

利用编辑尺寸标注命令“DIMEDIT”，可以倾斜尺寸界线，旋转尺寸文本，或者修改尺寸文本内容等。该命令的特点是可以同时对多个尺寸标注对象进行编辑。

【例】 如图 5-93 所示，利用编辑尺寸标注命令，在多个线性尺寸前加直径符号“ϕ”，命令行提示与操作如下：

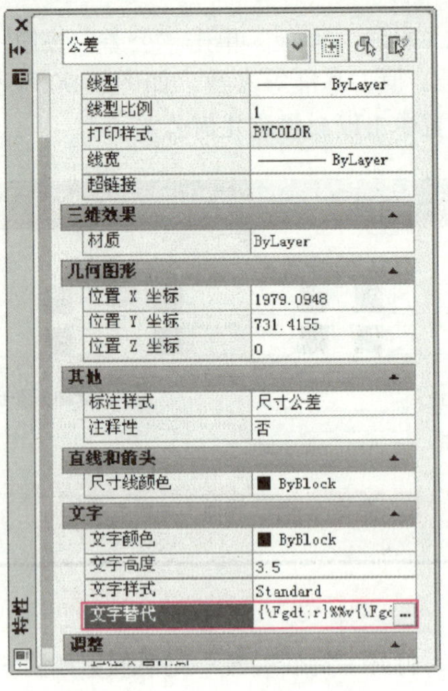

图 5-92　公差"特性"面板

命令：DIMEDIT

输入标注编辑类型[默认（H）/新建（N）/旋转（R）/倾斜（O）]<默认>：n↙

在文字编辑框中输入"%%C"

绘图区任意位置单击退出编辑状态

依次选择要编辑的尺寸↙

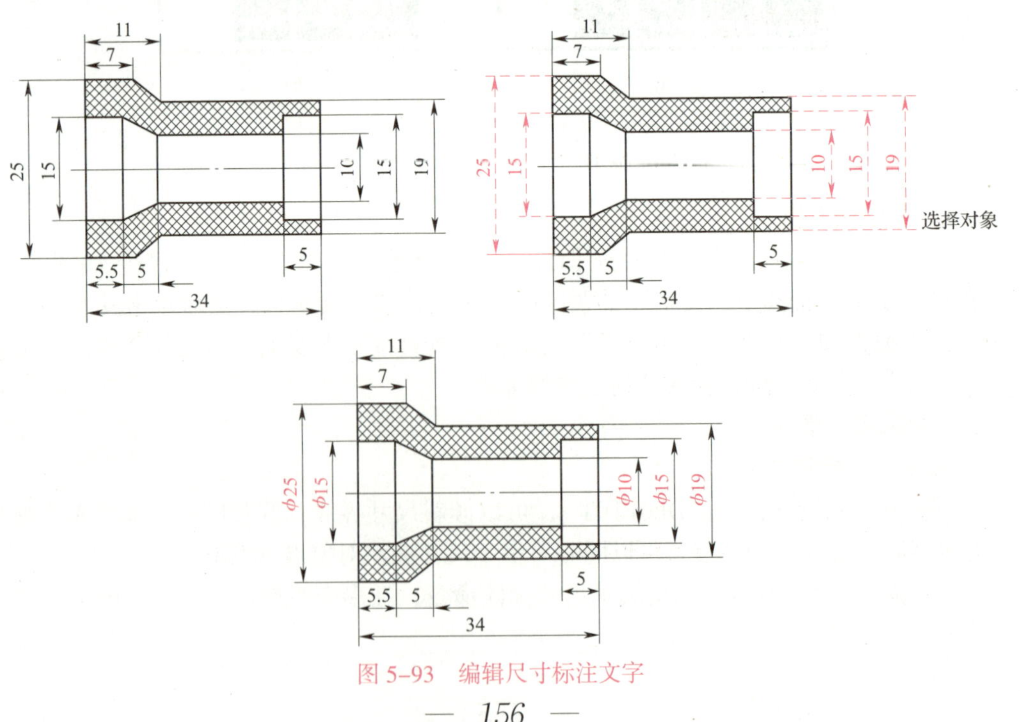

图 5-93　编辑尺寸标注文字

2. 对齐标注文字

利用对齐标注文字命令“DIMTEDIT”可对齐和旋转标注文字，如图 5-94 所示。命令行提示与操作如下：

命令：_dimtedit
选择标注：单击线性尺寸标注“47”
为标注文字指定新位置或［左对齐（L）/ 右对齐（R）/ 居中（C）/ 默认（H）/ 角度（A）］：_c

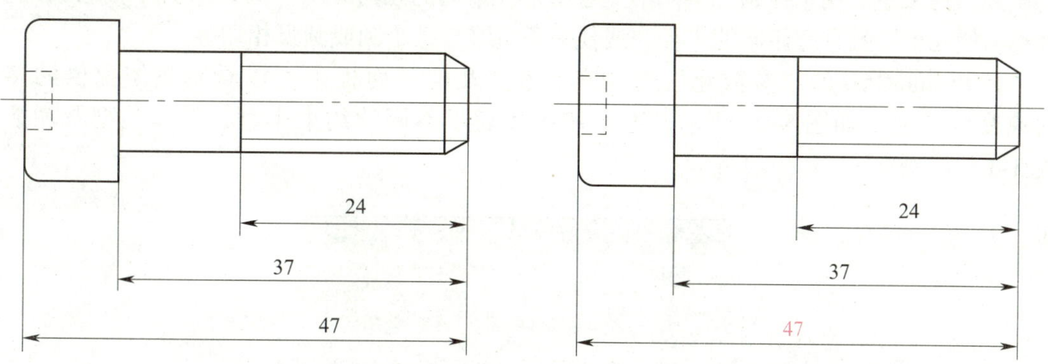

图 5-94　对齐标注文字

3. 使用夹点调整尺寸标注

在 AutoCAD 中，使用夹点可以非常方便地移动尺寸线、尺寸界线和标注文字的位置，但不能对尺寸文本进行旋转或倾斜操作，如图 5-95 所示。

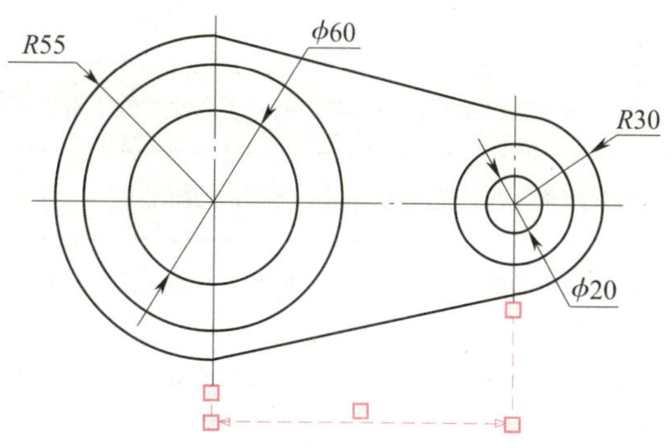

图 5-95　使用夹点调整尺寸标注

尺寸标注中各夹点的作用如下。

- 移动尺寸文字夹点可以改变尺寸文字的位置。
- 移动尺寸线两端夹点可改变尺寸线的位置。
- 移动尺寸界线夹点可改变尺寸界线原点的位置。

4. 更新尺寸标注

通常，尺寸标注和样式是相关联的，因此，当标注样式修改后，标注被自动更新。如果希望使用当前标注样式更新某些尺寸标注，可单击“注释”选项卡“标注”面板中的“更新”按钮 ，然后选择希望更新的尺寸标注，最后单击鼠标右键，结束对象选择，则所选尺寸标注均被更新。

知识拓展

参数化绘图

1. 几何约束

几何约束主要用于控制二维图形中各图形元素间的几何关系。例如，使两条直线平行或垂直，使几个圆弧具有相同的半径，或使一条直线与某个圆或圆弧相切等。

打开 AutoCAD 的“参数化”选项卡，在“几何”面板中可以看到系统提供的多个约束命令按钮，如图 5-96 所示。这些按钮代表了不同的约束类型，具体类型及功能见表 5-1。

图 5-96 “几何”面板

表 5-1 几何约束类型及功能

几何约束命令	功能
重合	约束两个点使其重合，或者约束一个点使其位于对象或对象延长部分的任意位置
共线	约束两条直线，使其位于同一无限长的线上
同心	约束选定的圆、圆弧或椭圆，使其具有相同的圆心点
固定	约束一个点或一条曲线，使其固定在相对于世界坐标系的特定位置和方向上
平行	约束两条直线，使其相互平行（具有相同的角度）
垂直	约束两条直线，使其相互垂直（夹角为 90°）
水平	约束一条直线或一对点，使其与 *X* 轴平行
竖直	约束一条直线或一对点，使其与 *Y* 轴平行
相切	约束两条曲线（如直线、圆等），使其彼此相切或其延长线彼此相切

续表

几何约束命令	功能
平滑	将样条曲线约束为连续，并与其他样条曲线、直线、圆弧等保持连续性
对称	约束两条曲线（直线、圆弧等）或两个点，使其以选定直线为对称轴彼此对称
相等	约束两条直线或多段线线段使其具有相同的长度，或使圆弧和圆具有相同的半径值

此外，“几何”面板中还提供了以下按钮。

“自动约束”按钮：单击该按钮，在绘图区选取图形后，按回车键，系统将根据所选图形对象的相对位置关系，自动将几何约束应用于图形，如图 5–97 所示。

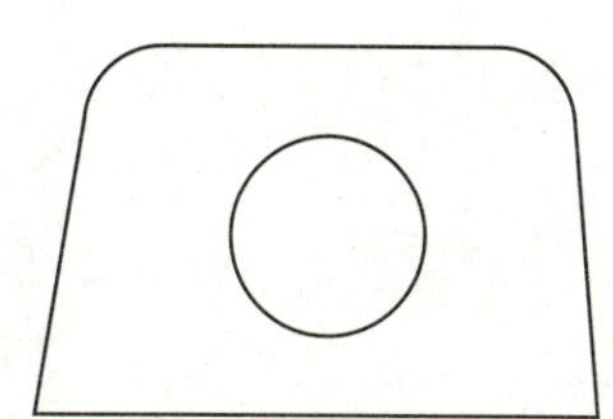

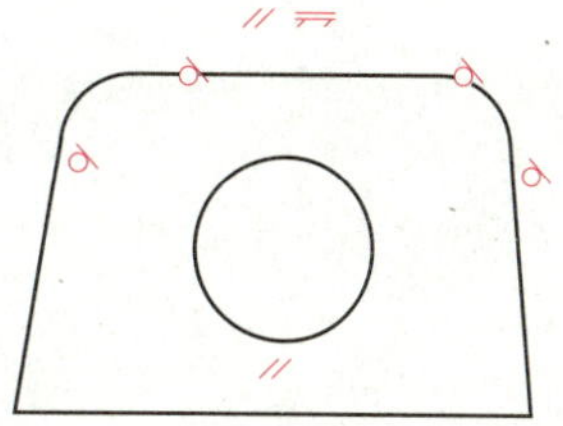

图 5–97 自动约束

“显示”按钮 显示：显示与选定对象相关的几何约束。

“全部显示”按钮 全部显示：显示应用于图形的所有几何约束。

“全部隐藏”按钮 全部隐藏：隐藏图形中的所有几何约束。

2. 尺寸约束

尺寸约束用于动态地约束图形对象的大小，如直线的长度，圆弧的直径或半径，也可以约束两个图形对象之间的距离。在“参数化”选项卡的“标注”面板中可以看到系统提供的尺寸约束命令按钮，如图 5–98 所示。其功能如下。

线性：约束两个点之间的水平或竖直距离。

水平：约束对象上两个点之间或不同对象上两个点之间在 X 方向上的距离。

竖直：约束对象上两个点之间或不同对象上两个点之间在 Y 方向上的距离。

对齐：约束倾斜对象上两个点之间，或不同对象上两个点之间的距离。

半径：约束圆或圆弧的半径。

直径：约束圆或圆弧的直径。

角度：约束直线段或多段线线段之间的角度、由圆弧或多段线圆弧扫掠得到的角度，或对象上三个点之间的角度。

转换：将标注转换为标注约束。

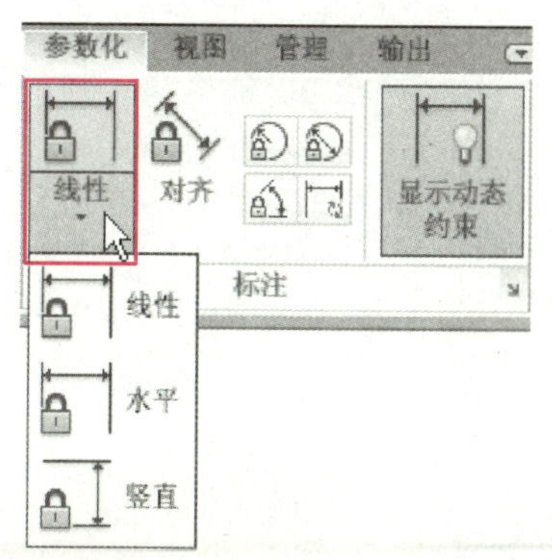

图 5–98 尺寸约束命令按钮

显示 ：显示图形中的所有动态标注约束。

【例】 为图 5-99a 所示图形添加尺寸约束。

单击“参数化”选项卡的“标注”面板中的“线性”按钮，分别捕捉要标注图形对象的两个端点，并移动光标，在合适位置单击以放置尺寸约束，并输入尺寸值“16”。采用同样的方法添加另一尺寸约束，完成后如图 5-99b 所示。

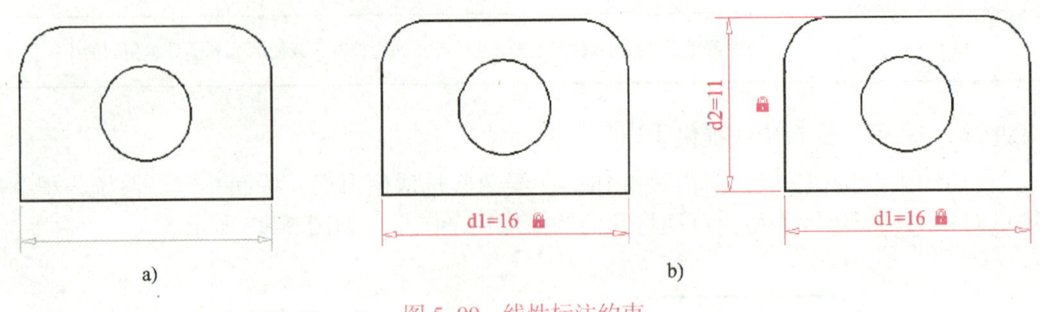

图 5-99　线性标注约束

思考与练习

1. 创建一套符合机械标注要求的标注样式，并根据图 5-100 所示绘制图形标注全部尺寸。

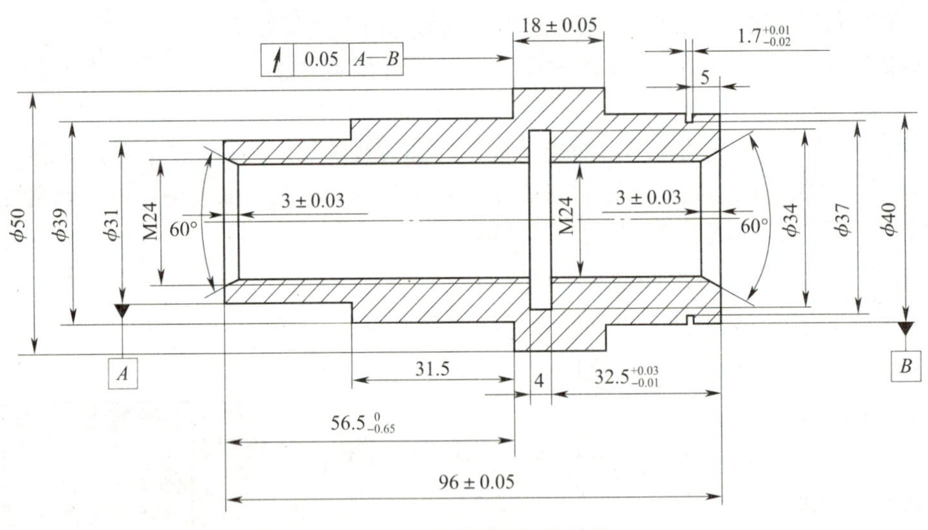

图 5-100　图形尺寸标注效果

2. 绘制泵轴零件图，标注全部尺寸及技术要求，如图 5-101 所示。

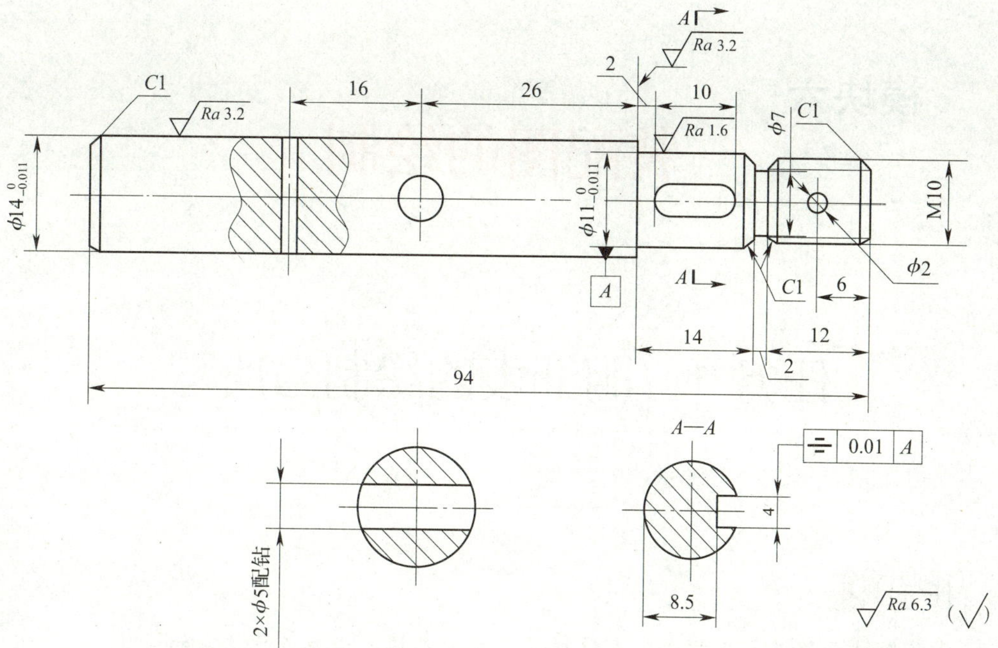

图 5-101　泵轴零件图

模块六 装配图的绘制

任务 1　明细表的绘制与填写

任务目标

1. 掌握创建和修改文字样式、表格样式，插入表格，调整表格格式的方法。
2. 掌握编辑表格内容、调整内容对齐方式和表格边框的方法。
3. 了解在表格中使用公式的方法。
4. 熟练绘制图框和标题栏。

任务提出

一幅完整的装配图中除了包含必要的图形、尺寸等基本信息外，还包括实际生产加工中所需要的一些重要信息，如热处理工艺、装配要求等。表达这些信息的手段就是利用文字注释和表格的方式，如技术要求、标题栏、明细栏等。本任务将用 AutoCAD 2012 来绘制如图 6-1 所示变速箱装配图的组装明细表。

任务分析

绘制变速箱组装明细表的大致顺序为：先创建表格样式，其次创建表格，调整好表格格式，最后插入表格并输入内容。绘制过程中要用到创建和修改表格样式、插入表格并输入内容、调整表格的行高和列宽、合并单元格等命令。

任务实施

一、创建和修改表格样式

展开“常用”选项卡中的“注释”面板，然后单击“表格样式”按钮。打开“表格

变速箱组装图明细表				
序号	名称	数量	材料	备注
1	减速器箱体	1	HT200	
2	调整垫片	2	08#	
3	端盖	1	HT150	
	端盖	1	HT200	
4	键8×50	1	275	GB/T 1095—2003
	键16×70	1	275	GB/T 1095—2003
5	轴	2	45	
6	轴承	2		30211
	轴承	2		30208
7	端盖	1	HT200	
8	大齿轮	1	40	
9	定距环	1	Q253A	

图 6–1　变速箱装配图的组装明细表

样式”对话框，新建“新样式名”为“变速箱明细表”的表格样式，并按图 6–2 所示设置表格样式参数（表格方向：向下；填充颜色：无；对齐：正中；文字高度：3.5 mm；其他选项为默认）。

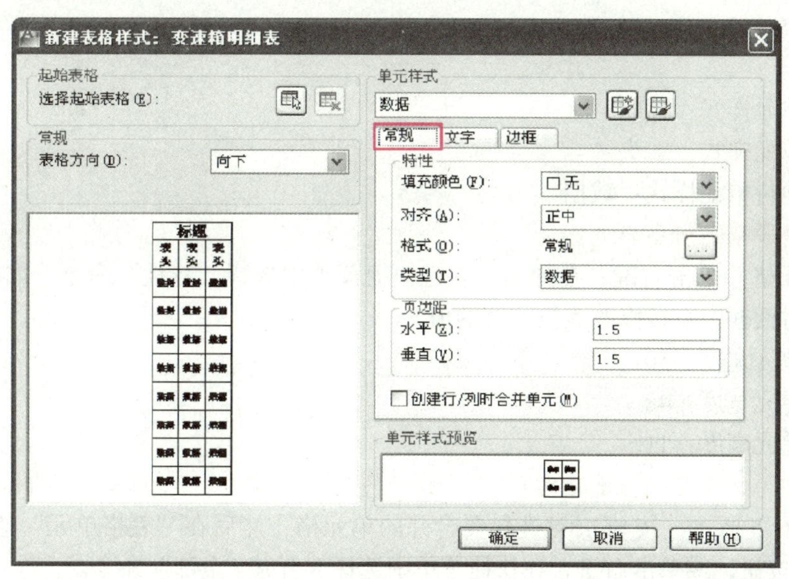

图 6–2　创建和修改表格样式

二、插入表格

在“注释”面板中单击“表格”按钮 表格，打开“插入表格”对话框，在“表格样式”设置区选择刚新建的“变速箱明细表”表格样式，各参数设置如图 6–3 所示。

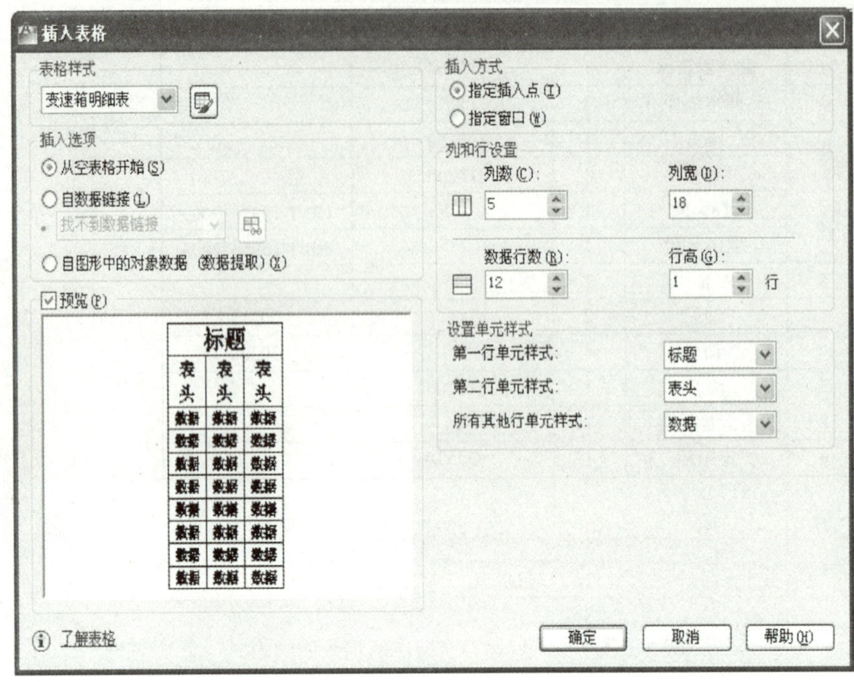

图 6-3 插入表格

列数：5

列宽：18

数据行数：12

行高：1

第一行单元样式：标题

第二行单元样式：表头

所有其他行单元样式：数据

三、调整表格的行高与列宽

选定单元格并单击右键，在弹出的右键快捷菜单中选择“特性”命令。如图 6–4 所示，在“特性”对话框中直接修改表格列宽的值。

第四列单元宽度：50

第五列单元宽度：48

第一行单元高度：11

四、合并单元格并输入表格内容

1. 如图 6–5 所示，按 Shift 键选择要合并的单元格，然后在“表格单元”选项卡中单击“合并单元”按钮，或单击右键，在快捷菜单中选择“合并 / 全部”命令。

2. 双击单元格进入编辑状态，在单元格输入表格内容。按 Tab 键或方向键移动选定的单元格。

3. 退出编辑可单击绘图区空白处或按 Esc 键。

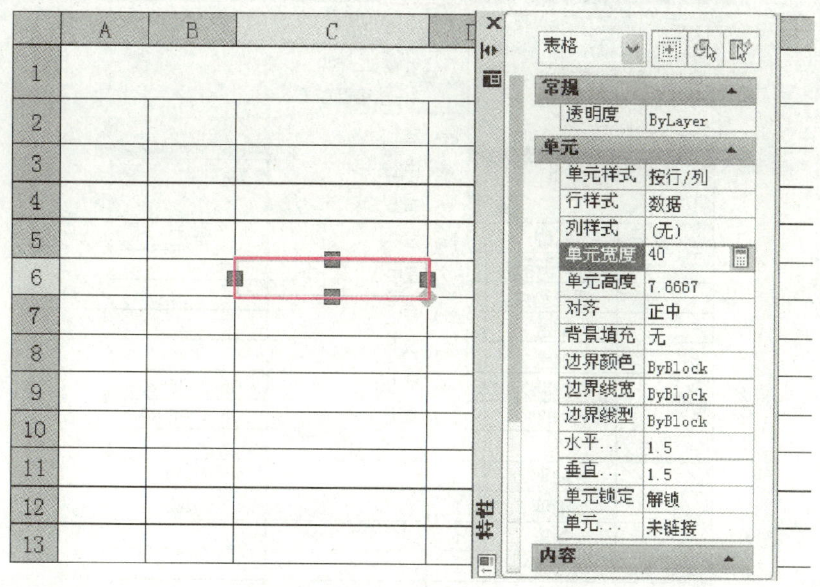

图 6–4　调整表格的行高与列宽

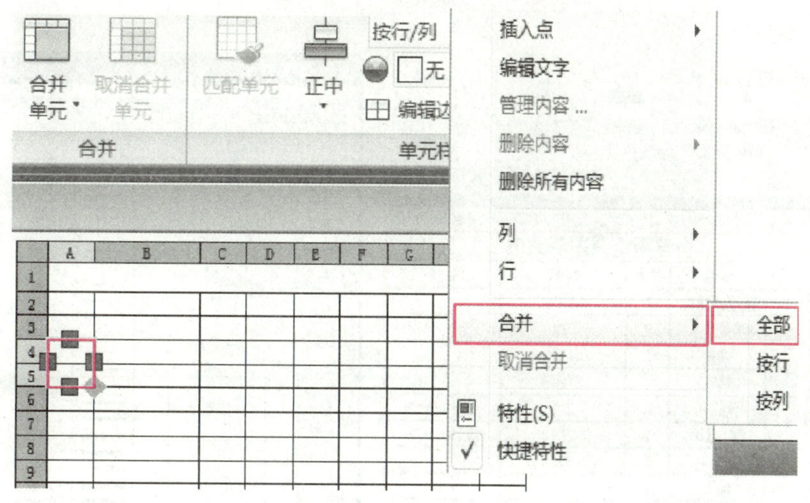

图 6–5　合并单元格

五、调整内容对齐方式和表格边框

1. 调整内容对齐方式

如图 6–6 所示，选择整个表格，展开“单元样式”面板中的对齐方式，选择“正中”。

2. 调整表格边框

如图 6–7 所示，选择整个表格，单击“单元样式”面板中的“编辑边框”按钮 田，打开“单元边框特性”对话框。

线宽：0.30 mm

边框：外边框

设置完成效果如图 6–1 所示。

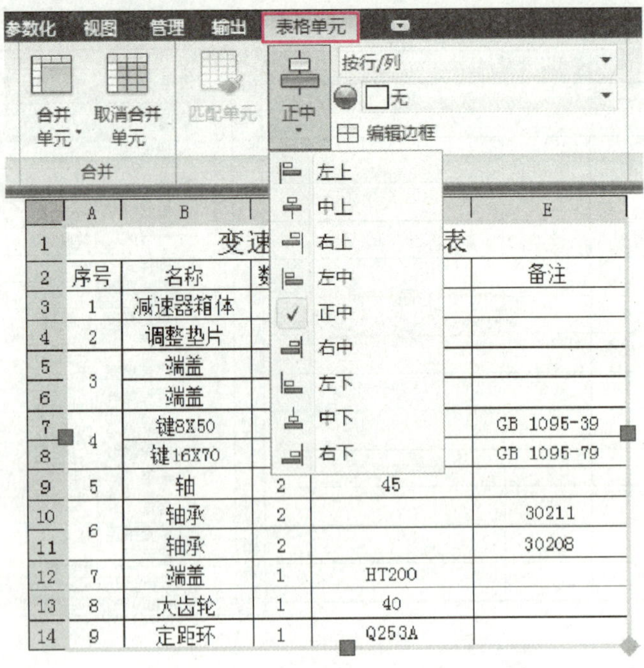

图 6-6　调整内容对齐方式

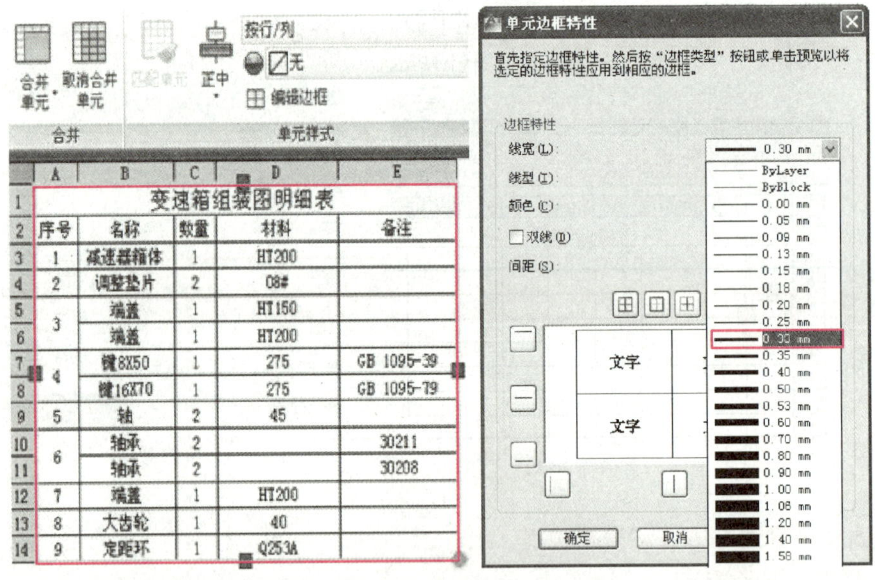

图 6-7　调整表格边框

相关知识

一、创建和修改文字样式

展开"常用"选项卡的"注释"面板，然后单击"文字样式" 按钮；或直接在命令行中输入命令"ST"，按回车键，打开"文字样式"对话框，如图 6-8 所示。

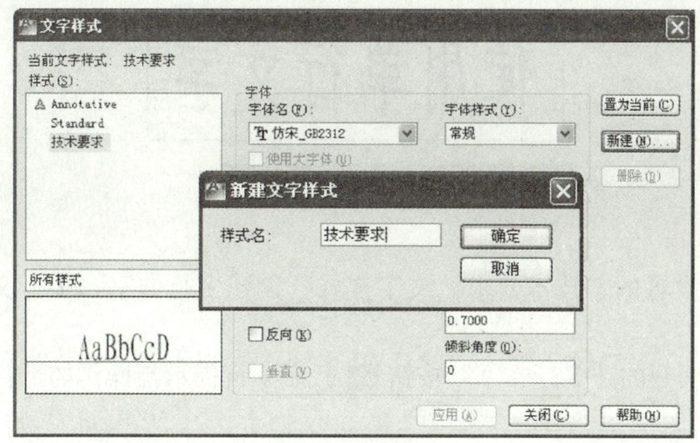

图 6-8 “文字样式”对话框

1. 创建文字样式

机械图样中，一般将注释汉字的字体类型设置为“仿宋体”，将注释数字和字母的字体设置为“isocp.shx”。

【例】 新建一文字样式，样式名称为“技术要求”，字体为“仿宋”，宽度因子为“0.7”。

打开“文字样式”对话框，如图 6-8 所示，单击“新建”按钮，新建样式名为“技术要求”的文字样式，“字体名”设置为“仿宋”，“宽度因子”设置为“0.7”。

2. 修改文字样式

对于已设置好的文字样式，可打开“文字样式”对话框进行修改，其操作过程与创建文字样式相似，在此不再重述。

修改文字样式时应注意以下几点。

➢ 修改完成后，单击“文字样式”对话框中的 置为当前(C) 按钮，则修改生效，此时 AutoCAD 将立即更新图样中与此文字样式关联的文字。

➢ “颠倒”“反向”特性仅影响单行文字，对多行文字无效。因此，当修改文字样式的“颠倒”“反向”特性时，仅单行文字将随之改变，多行文字不变。

二、为图形添加文本注释

1. 创建单行文字

【例】 用刚才设置的“技术要求”文字样式，创建单行文字“使用单行文字”。

单击“注释”面板的“单行文字”按钮 A ，命令行提示与操作如下：

命令：_dtext↙
当前文字样式：“技术要求” 文字高度： 2.5000 注释性： 否
指定文字的起点或［对正（J）/ 样式（S）］：在绘图区单击
指定高度 <2.5000>：3.5↙
指定文字的旋转角度 <0>：↙
输入文字：输入“使用单行文字”

结果如图 6-9 所示。

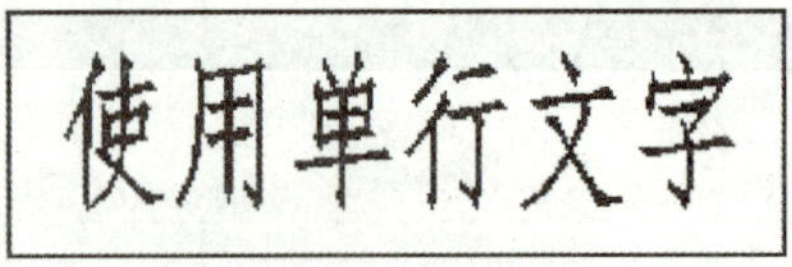

使用单行文字

图 6-9 单行文字效果

2. 创建多行文字

【例】 用刚才设置的“技术要求”文字样式，创建多行文字，多行文字内容如图 6-10 所示。

单击“注释”面板的“多行文字”按钮 A ，命令行提示与操作如下：

命令：_mtext ↙

当前文字样式：“技术要求” 文字高度： 2.5000 注释性： 否

指定第一角点：在绘图区任意位置单击

指定对角点或［高度（H）/ 对正（J）/ 行距（L）/ 旋转（R）/ 样式（S）/ 宽度（W）/ 栏（C）］：在对角点单击

输入文字：输入多行文字内容如图 6-10 所示

3. 编辑注释文字

无论是单行文字还是多行文字，均可直接通过双击鼠标左键来编辑。

4. 修改文字特性

选中要修改的注释文字后在绘图区单击鼠标右键，从弹出的右键快捷菜单中选择“特性”命令，或在“视图”选项卡的“选项板”面板中单击“特性”按钮，文字的属性可在弹出的“特性”面板中直接修改，如图 6-11 所示。

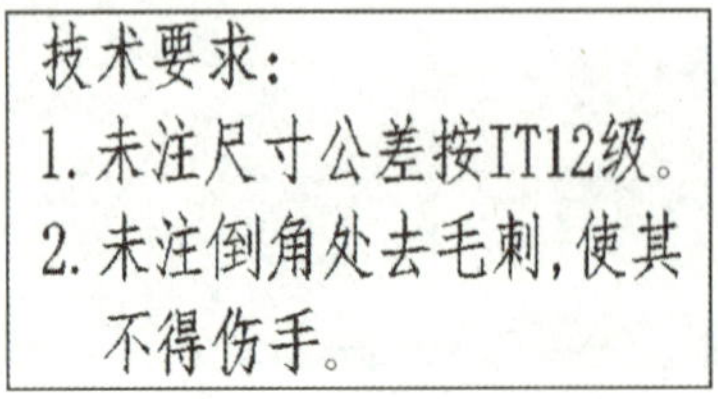

技术要求：
1. 未注尺寸公差按IT12级。
2. 未注倒角处去毛刺，使其
 不得伤手。

图 6-10 多行文字效果

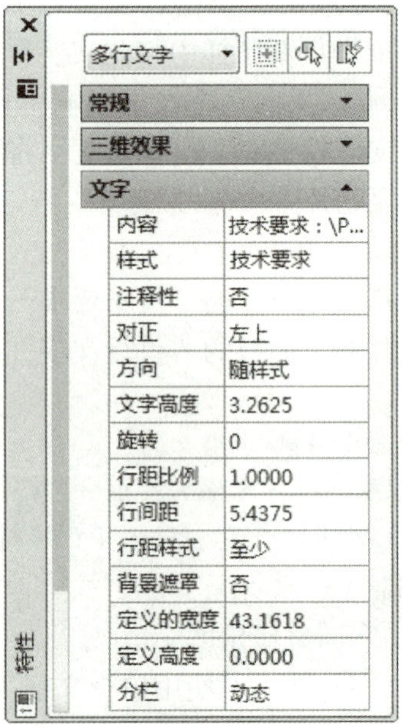

多行文字

常规

三维效果

文字

内容	技术要求：\P...
样式	技术要求
注释性	否
对正	左上
方向	随样式
文字高度	3.2625
旋转	0
行距比例	1.0000
行间距	5.4375
行距样式	至少
背景遮罩	否
定义的宽度	43.1618
定义高度	0.0000
分栏	动态

特性

图 6-11 文字“特性”面板

5. 输入特殊符号

在输入多行文字时，对于一般的符号，可直接单击“插入”面板中的“符号”按钮 @ 或单击鼠标右键弹出动态列表并单击“符号”后的小三角，在弹出的下拉列表中选择相应符号完成输入。此外，一些特殊的符号可直接输入。

【例】 输入尺寸“$\phi 80^{+0.01}_{-0.15}$”。

可直接输入“%%c80+0.01^-0.15”，按回车键结束。

常用特殊字符及其输入代码，见表 6-1。

表 6-1 常用特殊字符及其输入代码表

输入代码	对应字符	输入代码	对应字符
%%c	直径符号（φ）	\U+2220	角度符号（∠）
%%p	正 / 负符号（±）	\U+2248	几乎相等（≈）
%%%	百分号（%）	\U+2260	不相等（≠）
%%d	度数符号（°）	\U+00B2	上标 2
%%o	上划线（成对出现）	\U+2082	下标 2
%%u	下划线（成对出现）		

知识拓展

一、在表格中使用公式

通过在表格中插入公式，可以对表格单元执行求和、均值等各种运算。

【例】 在图 6-12 所示材料明细表中使用公式进行求和计算。

1. 选定单元格 B7，单击“插入”面板中“公式”按钮，选择“求和”命令，如图 6-13 所示。

	A	B	C	D	E
1	材料明细				
2	序号	垫片	螺钉	螺母	螺栓
3	1	5	8	8	8
4	2	8	15	6	6
5	3	7	17	3	3
6	4	12	21	1	1
7	合计				

图 6-12 材料明细表

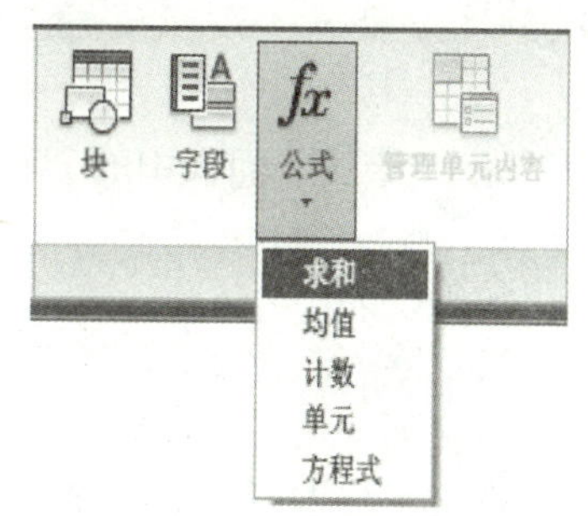

图 6-13 “求和”命令

2. 根据命令行提示，分别单击 B3 和 B6 单元格，如图 6-14 所示。

3. 单击绘图区空白处完成求和运算，采用同样方法对材料明细表其他列数据进行求和运算，结果如图 6-15 所示。

二、绘制图框和标题栏

1. 绘制图框，如图 6-16 所示。

	A	B	C	D	E
1	材料明细				
2	序号	垫片	螺钉	螺母	螺栓
3	1	5	8	8	8
4	2	8	15	6	6
5	3	7	17	3	3
6	4	12	21	1	1
7	合计	=Sum(B3:B6)			

图 6–14　执行求和运算

材料明细				
序号	垫片	螺钉	螺母	螺栓
1	5	8	8	8
2	8	15	6	6
3	7	17	3	3
4	12	21	1	1
合计	32	61	18	18

图 6–15　求和运算结果

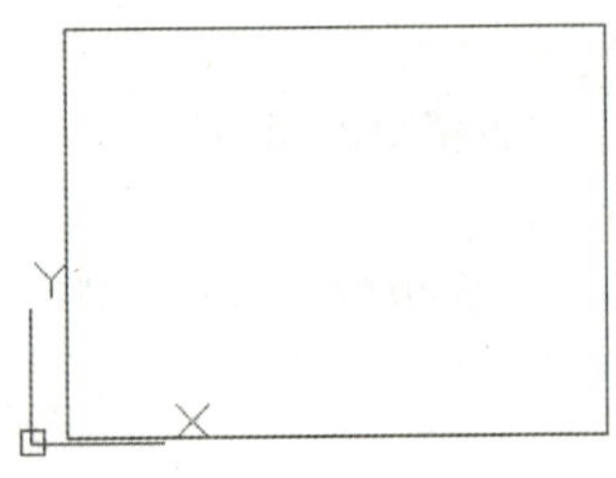

图 6–16　绘制图框

单击“绘图”面板中的“直线”按钮，命令行提示与操作如下：

```
命令：_line
指定第一点：25，5↙
指定下一点或［放弃（U）］：@390，0↙
指定下一点或［放弃（U）］：@0，287↙
指定下一点或［闭合（C）/放弃（U）］：@-390，0↙
指定下一点或［闭合（C）/放弃（U）］：c↙
```

2. 绘制标题栏，如图 6–17 所示。
3. 移动标题栏，如图 6–18 所示。
4. 保存样板文件，文件名为 A3.dwt。

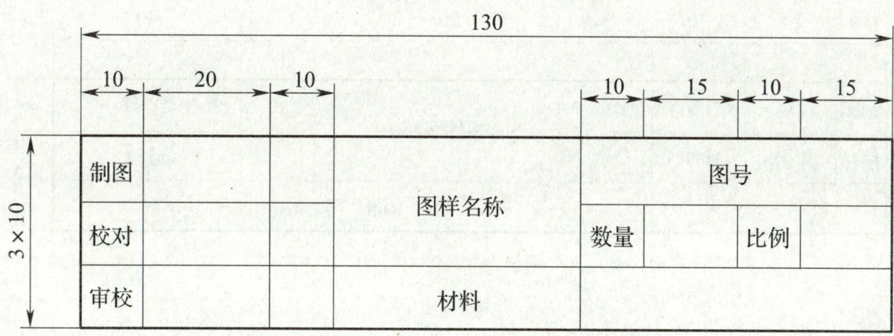

图 6-17　绘制标题栏

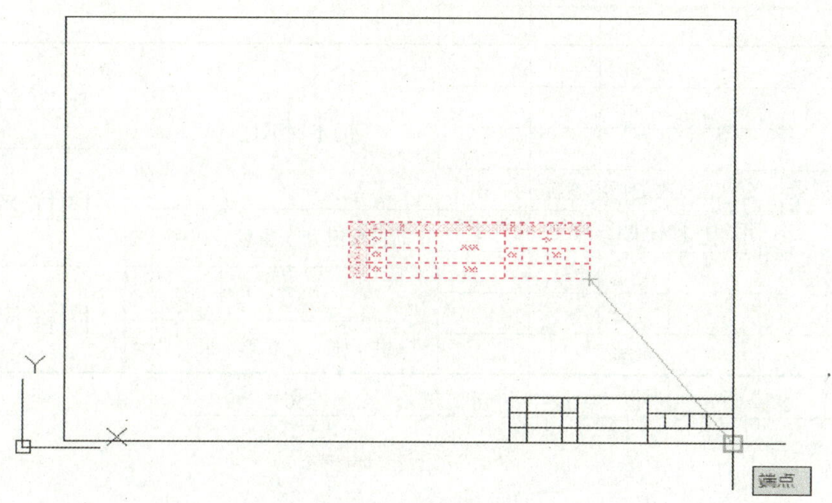

图 6-18　移动标题栏

思考与练习

1. 创建如图 6-19 所示的多行文字，字体为仿宋，文字高度为 12 mm。

技术要求
1. 未标注圆角为R4。
2. 压力角均为20°。
3. 不加工表面涂平面漆。

图 6-19　创建多行文字

2. 创建如图 6-20 所示表格。
3. 利用“表格”命令创建图 6-21 所示标题栏。

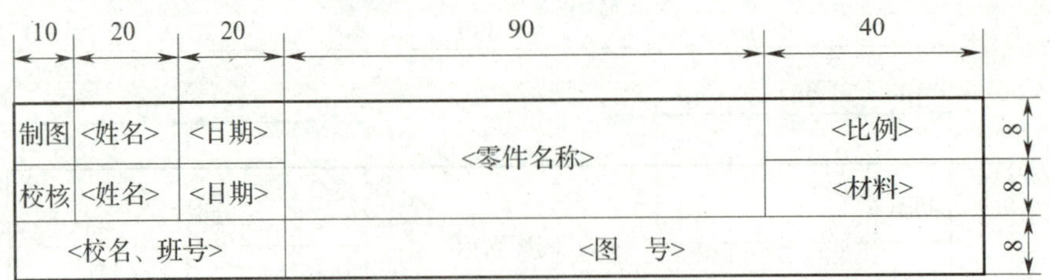

图 6-20 创建表格

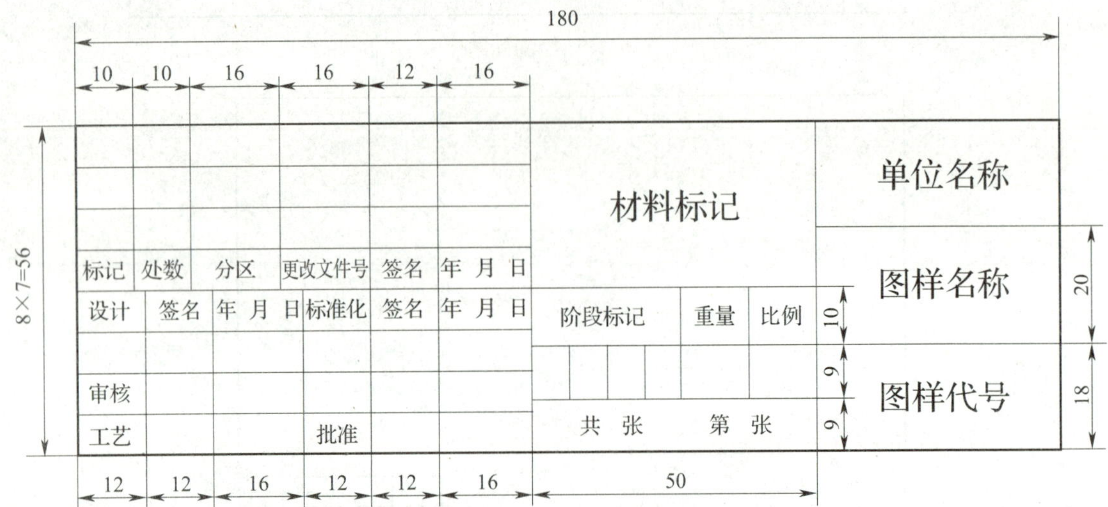

图 6-21 创建标题栏

任务 2 绘制千斤顶

任务目标

1. 掌握绘制装配图的步骤和方法。
2. 掌握图形布局与输出打印的设置方法。
3. 了解装配图中零件序号的绘制方法。

任务提出

装配图是表达机器（或部件）整体结构形状和装配连接关系的图样，用以指导机器的装配、检验、调试和维修。本任务将绘制图 6-22 所示千斤顶装配图并输出打印。绘制千斤顶装配图时，各零件的详细尺寸参照图 6-23 至图 6-28 所示的千斤顶底座零件图、螺杆零件图、螺母零件图、挡圈零件图、顶块零件图和不同类型的螺钉的零件图。

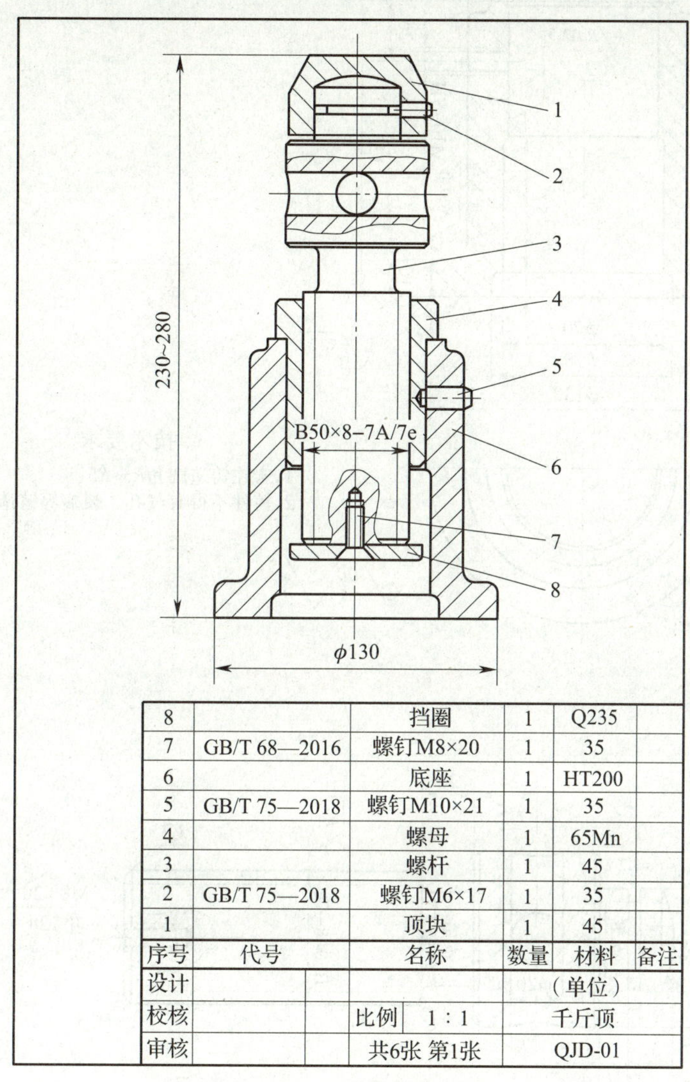

序号	代号	名称	数量	材料	备注
8		挡圈	1	Q235	
7	GB/T 68—2016	螺钉M8×20	1	35	
6		底座	1	HT200	
5	GB/T 75—2018	螺钉M10×21	1	35	
4		螺母	1	65Mn	
3		螺杆	1	45	
2	GB/T 75—2018	螺钉M6×17	1	35	
1		顶块	1	45	

设计				（单位）
校核		比例	1∶1	千斤顶
审核		共6张 第1张		QJD-01

图 6-22　千斤顶装配图

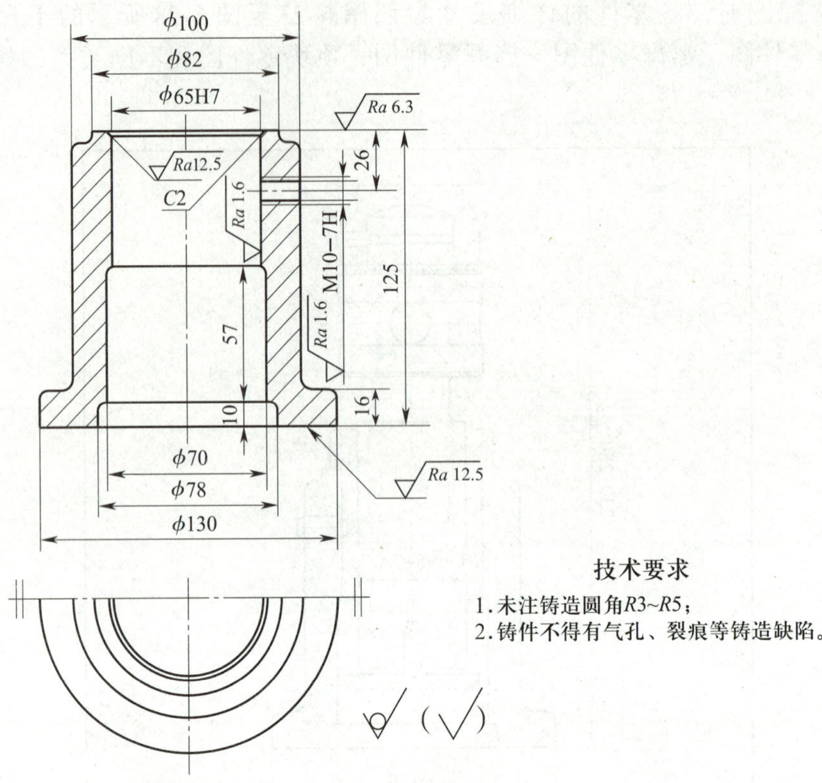

图 6-23　底座零件图

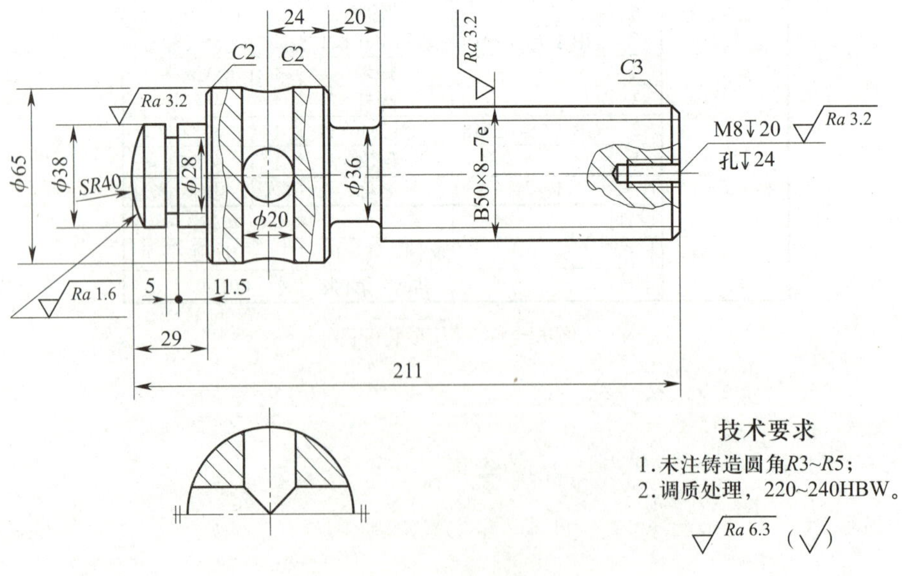

图 6-24　螺杆零件图

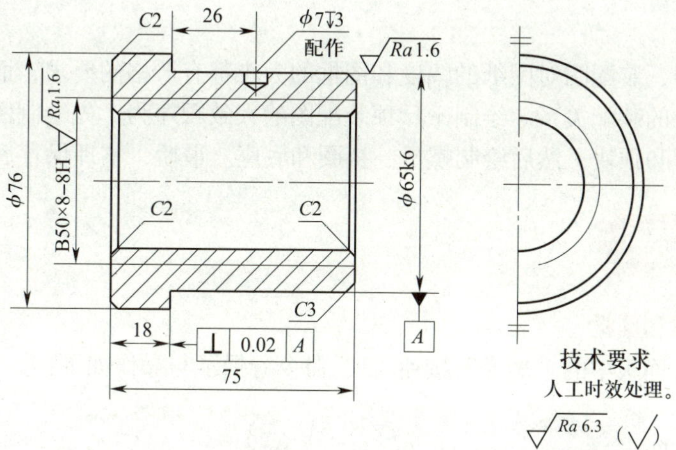

图 6-25　螺母零件图

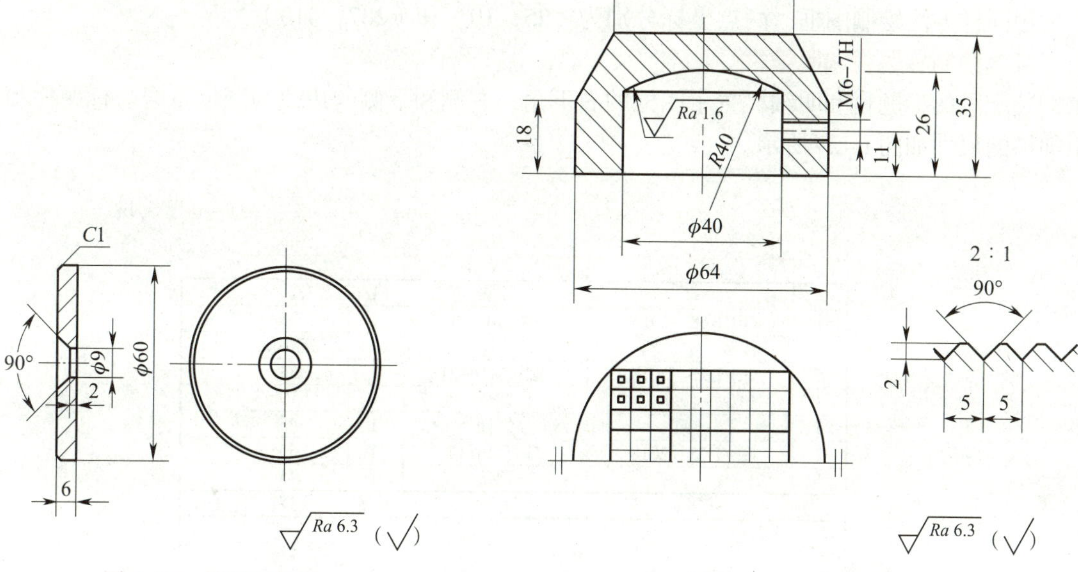

图 6-26　挡圈零件图

图 6-27　顶块零件图

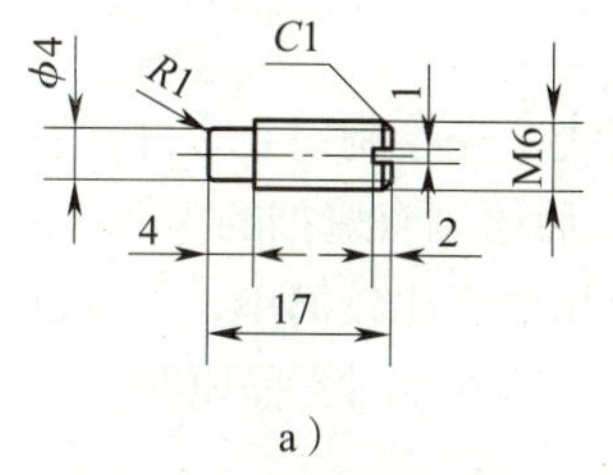

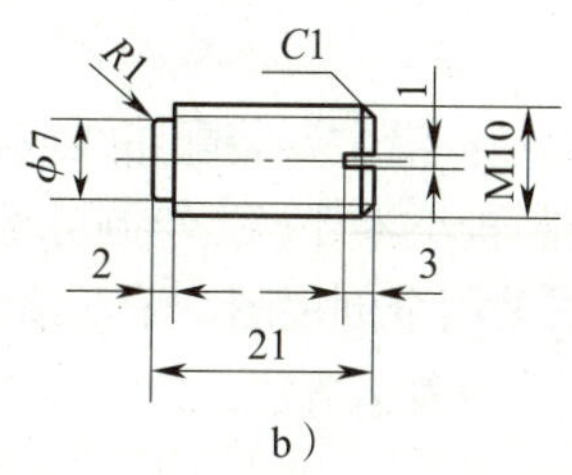

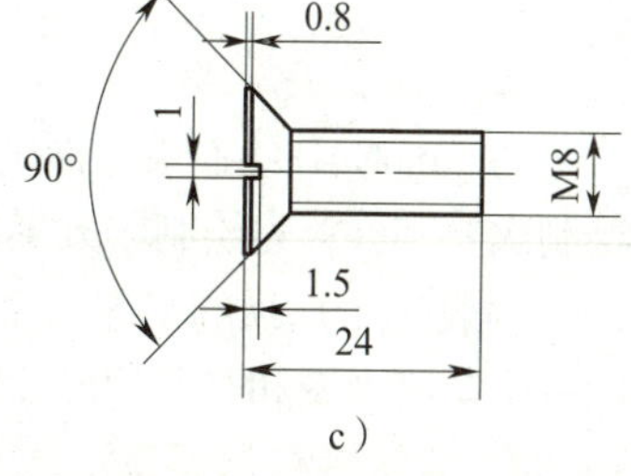

图 6-28　不同类型的螺钉的零件图

任务分析

与零件图一样，装配图对图纸的幅度和图框的大小都有严格的要求，而且装配图要求能够表现出各个零件的装配关系。绘制千斤顶装配图的大致顺序为：先绘制图框、标题栏和明细栏，再绘制螺杆和顶块，然后绘制螺母、挡圈和底座。最后，整理保存后输出打印。

任务实施

一、绘制图幅和图框

单击“绘图”面板中的“矩形”按钮 □，命令行提示与操作如下：

命令：_rectang
指定第一个角点或［倒角（C）/ 标高（E）/ 圆角（F）/ 厚度（T）/ 宽度（W）］：0，0↙
指定另一个角点或［面积（A）/ 尺寸（D）/ 旋转（R）］：297，420↙

用同样方法绘制图框，两点坐标分别为（25，10）和（287，410）。

二、绘制标题栏和明细栏

装配图的标题栏和明细栏置于图框的右下角，右侧和下侧的边线与图框重合。标题栏和明细栏的尺寸如图 6–29 所示。

8		挡圈	1	Q235	
7	GB/T 68—2016	螺钉M8×20	1	35	
6		底座	1	HT200	
5	GB/T 75—2018	螺钉M10×21	1	35	
4		螺母	1	65Mn	
3		螺杆	1	45	
2	GB/T 75—2018	螺钉M6×17	1	35	
1		顶垫	1	45	
序号	代号	名称	数量	材料	备注
设计				（单位）	
校核		比例 1∶1		千斤顶	
审核		共6张 第1张		QJD–01	

（尺寸：总宽 180，各列 15、55、50、15、30；总高 84，行高 7）

图 6–29 标题栏和明细栏

三、绘制装配图

用 AutoCAD 绘制装配图的一般流程是：沿主要装配路线或传动路线，先绘制主要零件，后绘制次要零件；先绘制较大零件，后绘制较小零件；先绘制可见零件，后绘制有遮挡的零件。

为表达千斤顶的装配关系，主视图采用全剖视图。千斤顶的结构和功能比较简单，所以仅用一个全剖视图和必要的尺寸即可将千斤顶表达清楚，如图 6–22 所示。具体绘图流程如下。

1. 绘制螺杆和螺母

根据千斤顶的工作位置绘制螺杆中心线，采用局部剖视图绘制螺杆。螺母和螺杆是上下相对运动的，因此，绘制螺母时，应将其放在工作区域偏上位置，用全剖视图绘制螺母，如图 6–30a 所示。

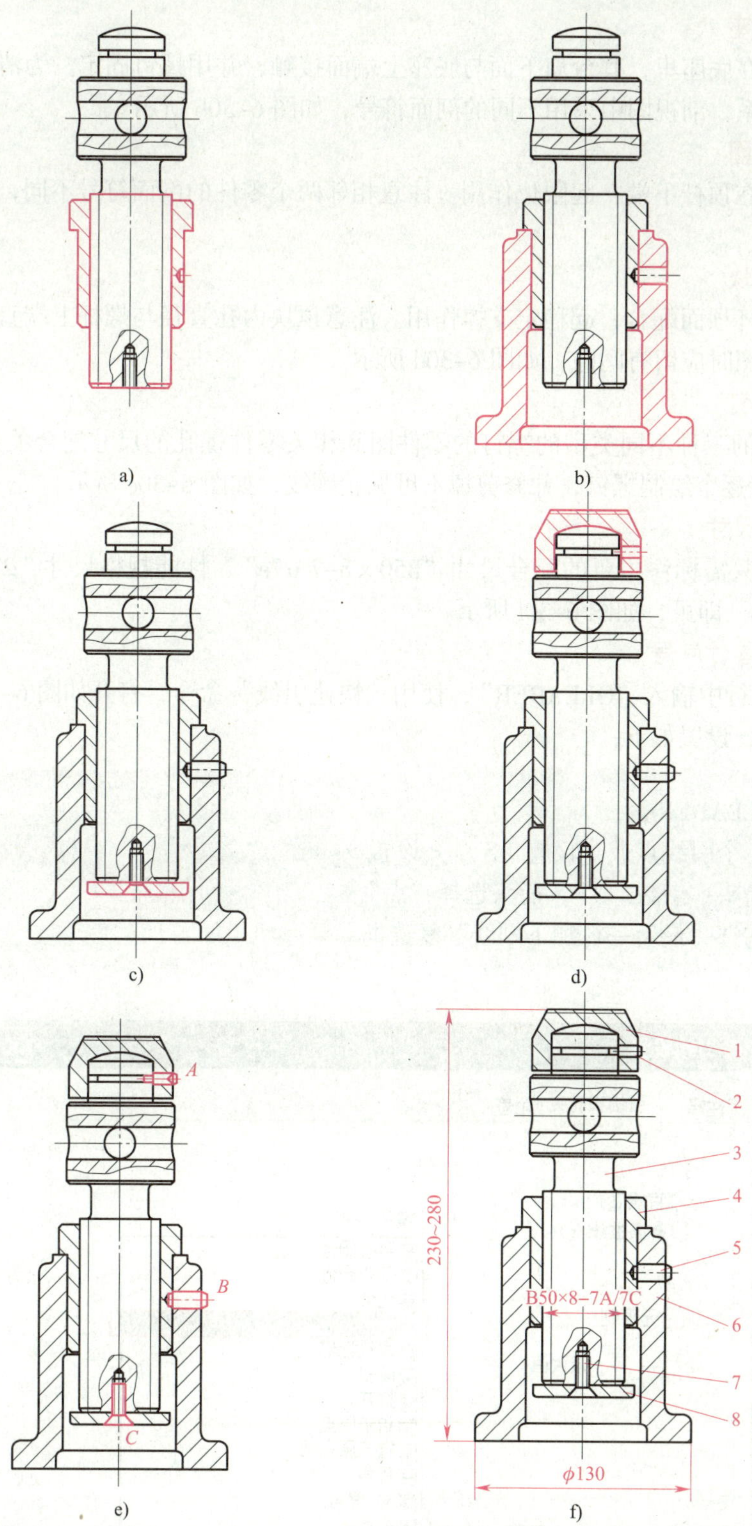

图 6-30　千斤顶装配图流程

a）绘制螺杆和螺母　b）绘制底座　c）绘制挡圈　d）绘制顶块

e）绘制不同的螺钉　f）标注尺寸和零件序号

2. 绘制底座

螺母镶嵌在底座里，其台肩下面与底座上端面接触，并用螺钉固定。为清楚表达螺母与底座的装配关系，剖视图中采用不同的剖面符号，如图 6–30b 所示。

3. 绘制挡圈

挡圈安装在顶杆下端，起限位作用。注意相邻两个零件的剖面符号不同，如图 6–30c 所示。

4. 绘制顶块

顶块与螺杆顶面配合，起稳定支撑作用。注意顶块内孔直径与螺杆上端直径不同，形成非配合面，绘图时应留有间隙，如图 6–30d 所示。

5. 绘制螺钉

根据给定的三种不同类型的螺钉的零件图和相关零件螺孔的尺寸配合关系，分别在 *A*、*B*、*C* 三个位置逐个绘制螺钉，并修剪掉不可见轮廓线，如图 6–30e 所示。

四、标注尺寸

装配图中只需标注主要的配合尺寸“B50 × 8–7A/7e”、性能规格尺寸“230~280”和外形尺寸“ϕ130”即可，如图 6–30f 所示。

五、绘制零件序号

1. 在命令行中输入“QLEADER”，使用“快速引线”命令，打开如图 6–31 所示“引线设置”对话框，设置如下：

> 命令：QLEADER↙
> 指定第一个引线点或［设置（S）］<设置>：s↙
> 引线和箭头：点数“3”，箭头选择“点”
> 附着：勾选“最后一行加下划线”复选框

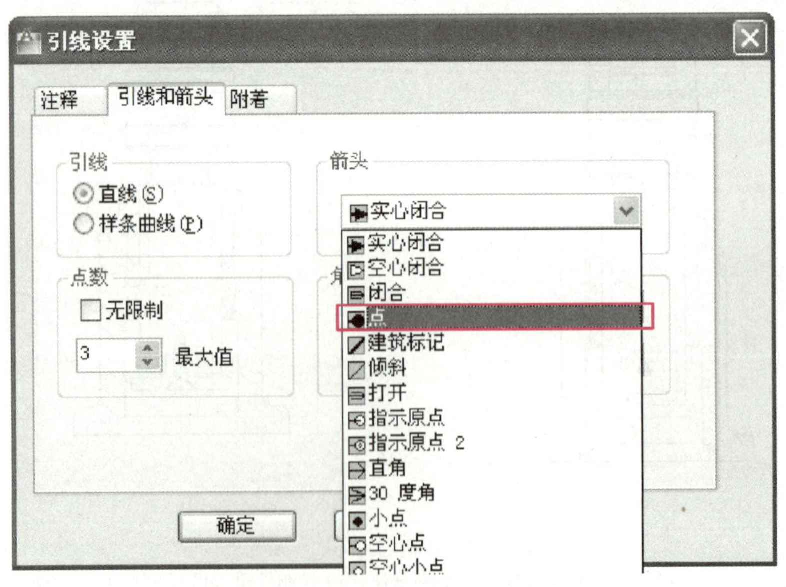

图 6–31 “引线设置”对话框

2. 根据机械制图标准标注零件序号，如图 6–22 所示。

3. 整理图形使其符合机械制图标准，完成后，保存图形。

六、设置输出打印

在模型空间打印，单击快速访问工具栏上的“打印”按钮，打开“打印 – 模型”对话框，按图 6–32 所示进行设置。

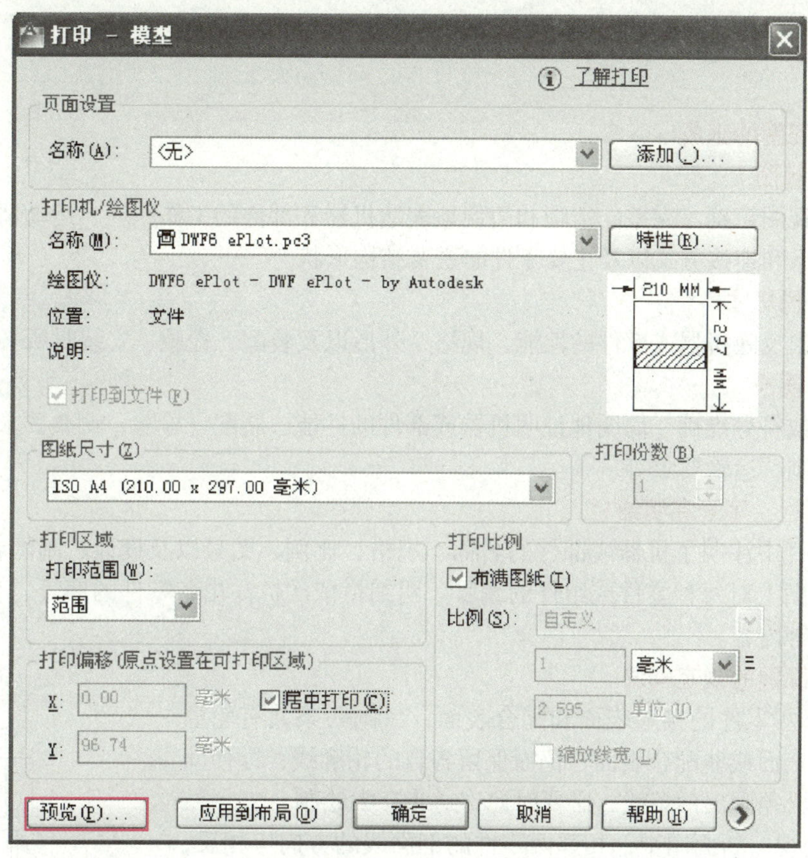

图 6–32 “打印 – 模型”对话框

> 图纸尺寸：A4
> 打印范围：范围
> 打印偏移：居中打印
> 打印比例：布满图纸
> 打印机名称应根据打印机类型进行选择，其他选项默认。

单击“预览”按钮 预览(P)...，显示预览效果，在预览窗口中，单击左上角快速访问工具栏中的“打印”按钮，进行打印。

值得注意的是：

1. 绘图时，要具体问题具体分析，充分利用 AutoCAD 中的绘图和修改等功能，以准确、快捷的绘图方法为佳。绘制千斤顶装配图时，若用 AutoCAD 预先画出千斤顶各零件图，可直接利用复制、修剪等功能，根据零件的装配关系和连接方式，将各零件图组合成装配图，也可按底座→螺母→螺杆→顶块→挡圈→螺钉→标注尺寸→零件序号等顺序直接绘制装配图。

2. 绘制装配图时，要注意零件之间的配合关系。例如，接触面或配合面只画一条线，剖视图中被遮挡的零件轮廓线省略不画，注意螺纹配合大径线和小径线线型的变化等。

相关知识

一、装配图的组成

1. 一组视图

用一组视图正确、完整、清晰和简便地表达机器和部件的工作原理、运动情况、各零件间的装配关系和连接方式以及主要零件的主要结构形状。

2. 必要的尺寸

只标注出反映机器或部件的性能、规格、外形以及装配、检验、安装时所必需的尺寸。

3. 技术要求

用文字或符号准确、简明地说明机器或部件的性能、装配、检验、调整要求、实验和使用、维护规则、运输要求等。

4. 标题栏、序号和明细栏

在标题栏中注明了机器或部件的名称、规格、比例、图号以及设计、制图者的签名等。序号是装配图上对每种零件或组件的编号。明细栏依次标注出各零件的序号、名称、规格、数量、材料等内容。

二、装配图的规定画法

1. 相邻两零件的接触表面和配合表面，只画一条共有轮廓线；不接触表面或非配合表面，仍需保留各自的轮廓线，即使间隙很小，也必须画出两条线，必要时允许适当夸大绘制。

2. 在剖视、断面图中，相邻两零件的剖面线的方向应相反，或方向相同间距不同，但同一零件在各视图中剖面线的方向和间隔必须一致。

3. 当剖切平面通过标准件（如螺钉、螺母、垫圈等）或实心体（如轴、手柄、连杆、销等）的轴线时，这些零件均按不剖绘制。当剖切平面垂直于这些零件的轴线时，则应画出剖面线。

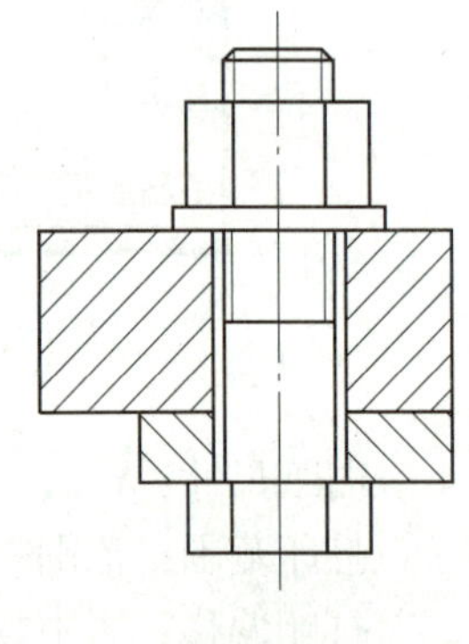

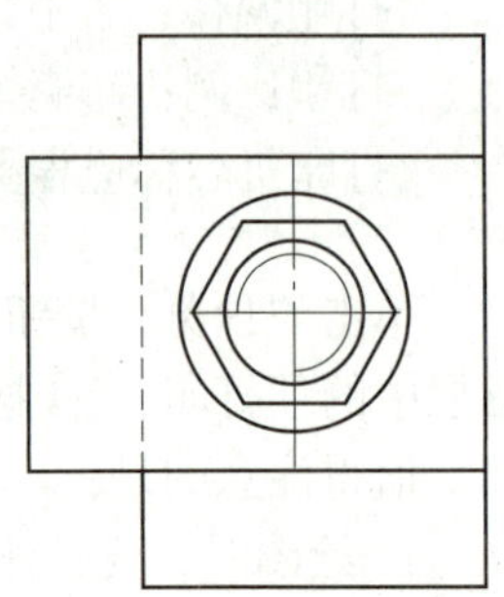

图 6–33　螺纹连接装配图

三、装配图的绘制方法

1. 直接绘制二维装配图

【例】 直接绘制如图 6–33 所示螺纹连接装配图。

单击快速访问工具栏上的“新建”按钮，在之前创建的“A3.dwt”图形样板的基础上创建一个新文件。

本例中可以先使用“直线”“偏移”“圆”“夹点编辑”等功能绘制两个被连接的板件，再绘制连接螺栓，接着绘制垫圈，然后绘制螺母，最后标注序号并插入明细表（相关内容后面有介绍），单击“保存”按钮 ，保存绘图结果。

2. 根据已有零件图拼装二维装配图

如果之前已经绘制好了组成装配体的各个零件的零件图，即可将这些零件图拼装成装配图，具体步骤如下。

（1）创建一个新的装配文件。

（2）打开要进行装配的文件，将所需要的图形做成图块插入到装配文件中或者用复制、粘贴等功能将零件图复制到装配文件中。

（3）利用“移动”命令将图形组合在一起。

（4）必要时分解图形后，用“修剪”命令修剪掉不可见的轮廓线。

（5）添加必要的视图或者线段等。

四、装配图中的序号的标注方法

1. 指引线从所指零件的可见轮廓线内画一小圆点引出，当不便用小圆点时可用箭头代替，箭头指向轮廓线，如图 6-34a、b 所示。

2. 指引线互相不能相交，当它通过有剖面线的区域时，不应与剖面线平行，必要时可将指引线弯折一次，如图 6-34c 所示。

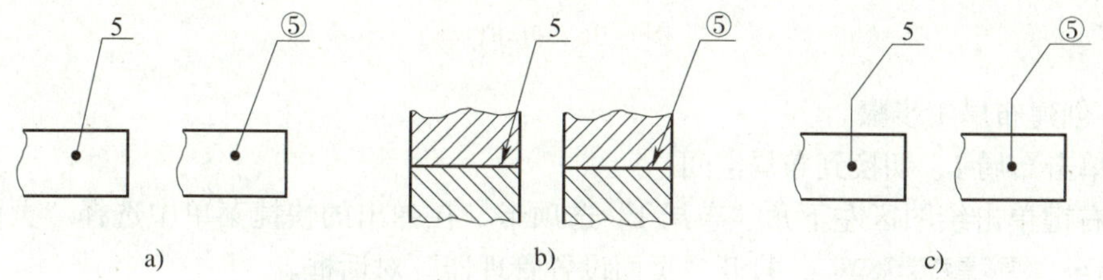

图 6-34　零件序号的标注形式

a）圆点指引线　b）箭头指引线　c）指引线弯折一次

3. 一组坚固件或装配关系清楚的零件组，可以采用公共指引线，如图 6-35 所示。

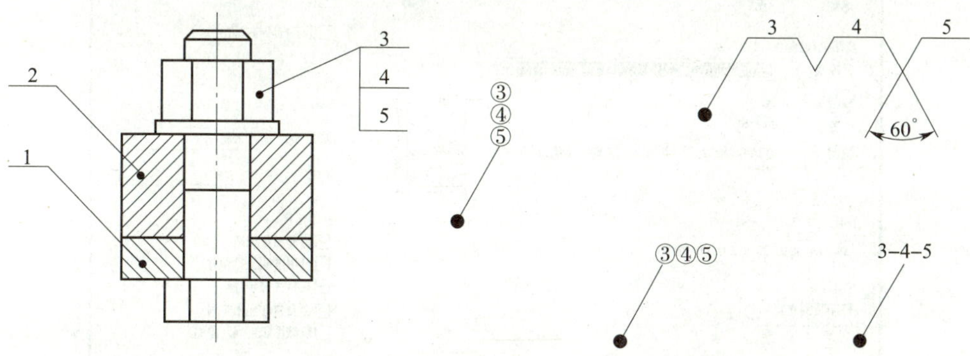

图 6-35　序号排列及公共指引线

4. 相同零部件用一个序号，一般只标注一次。

5. 标准件（如电动机、滚动轴承等）在装配图上只编写一个序号。

6. 零部件序号应沿水平或垂直方向，按顺时针（或逆时针）方向排列整齐。

五、输出打印

1. 在模型空间打印

在模型空间打印，任务实施的设置输出打印中有详细介绍，这里不再赘述。

2. 在图纸空间打印

在 AutoCAD 中，模型空间只有一个，而图纸空间可以包含多个布局。

【例】以图 6-36 为例，分别用 A4 图纸创建布局 1，用 A3 图纸创建等视口的三视图布局 2。

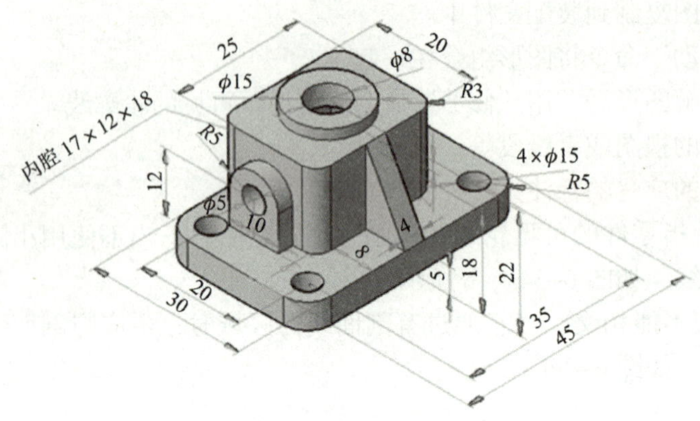

图 6-36　打印例题

（1）创建布局 1 步骤

1）单击布局 1，切换到布局空间。

2）右键单击绘图区左下角“布局 1”选项卡，在弹出的快捷菜单中选择“页面设置管理器”命令 页面设置管理器(G)... ，打开“页面设置管理器”对话框。

3）单击“修改”按钮，打开“页面设置 - 布局 1”对话框，按图 6-37 所示进行设置。

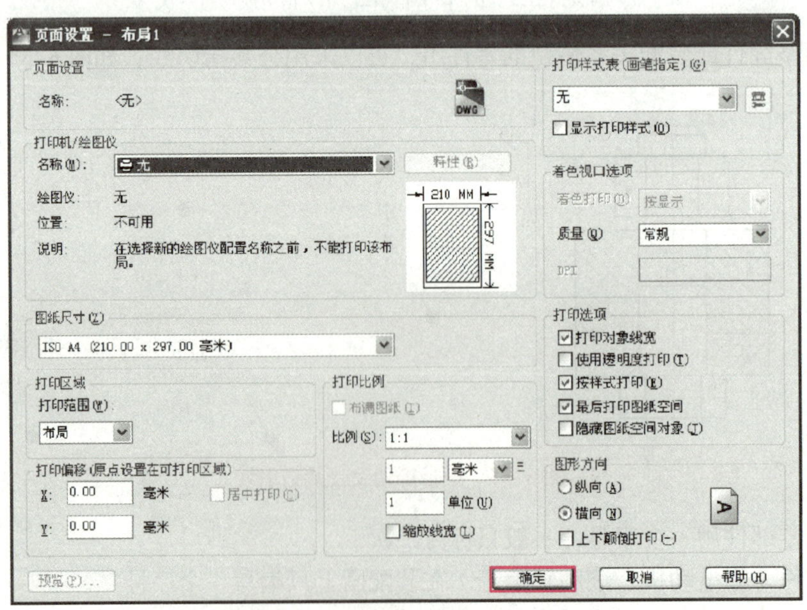

图 6-37　“页面设置 - 布局 1”对话框

图纸：A4

打印范围：布局

比例：1∶1

图形方向：横向

预览打印效果，单击“确定”按钮，打印输出。

（2）创建布局 2 步骤

1）在模型空间，关闭尺寸标注层。

2）单击布局 2，切换到布局空间，选中浮动视口，右键单击弹出快捷菜单，选择“删除”命令，如图 6–38 所示。

3）右键单击绘图区左下角“布局 2”选项卡，在弹出的快捷菜单中选择“页面设置管理器”命令，打开“页面设置管理器”对话框，设置 A3 图纸，方法与创建布局 1 相同，这里不再赘述。

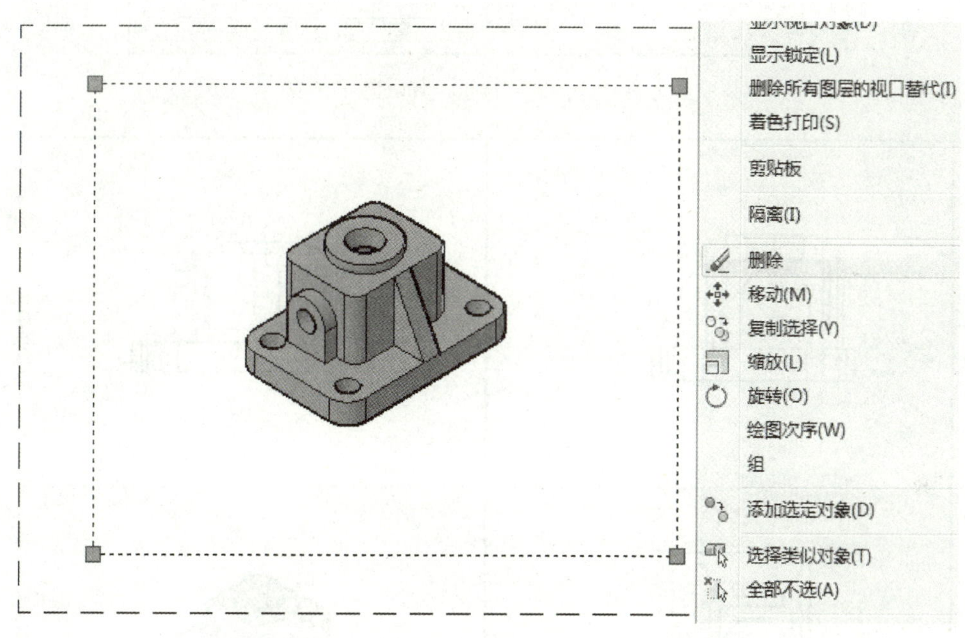

图 6–38　删除浮动视口前的“布局 2”

4）单击“视图”选项卡中“视口”面板中的“命名”按钮 命名，打开“视口”对话框，单击“新建视口”选项卡，按图 6–39 所示进行设置。

将“修改视图”和“视觉样式”两栏依次设置为“东南等轴测”和“概念”、“前视”和“二维线框”、“左视”和“二维线框”、“俯视”和“二维线框”。

单击“确定”按钮，命令行提示“指定角点或 < 布满 >”，按回车键确认“布满”，结果如图 6–40 所示。

单击快速访问工具栏的“打印”按钮 ，可直接进行打印。

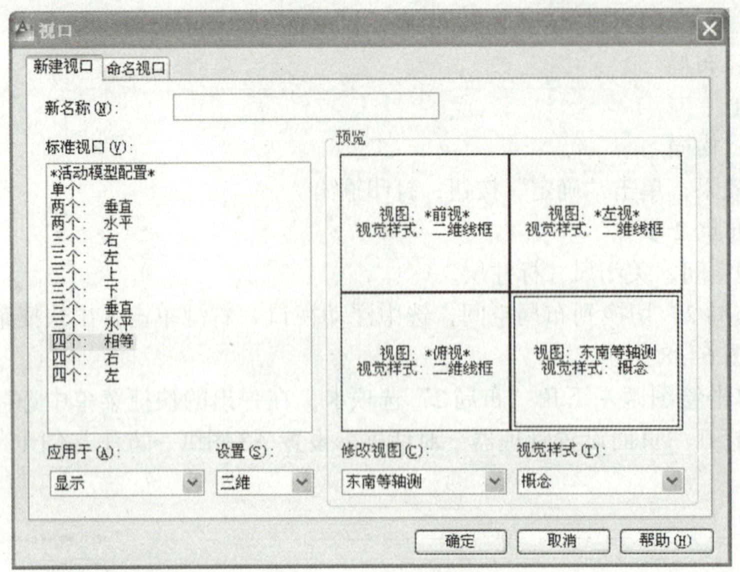

图 6–39 “视口”对话框

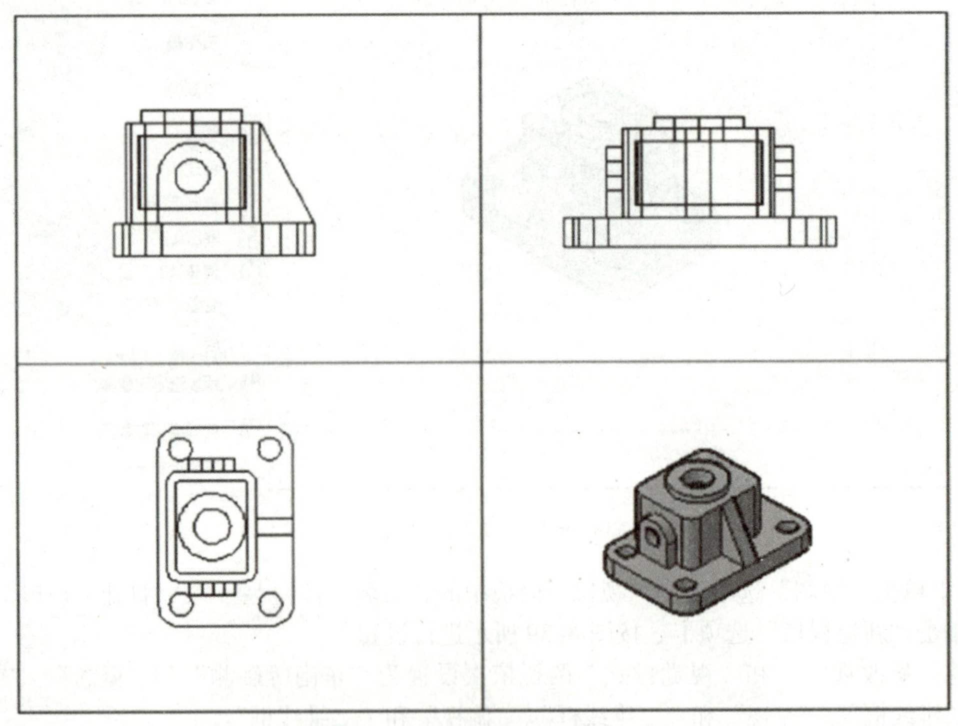

图 6–40 布局 2 预览图

知识拓展

一、输出 DWF 文件

DWF 文件是 Autodesk 开发的一种可以在网络上传输的安全文件格式，它可以在任何装有 DWF 浏览器或专用插件的计算机中打开。

在“输出”选项卡单击“输出”按钮，选择“DWF”，如图 6–41 所示，打开“另存为 DWF”对话框，按图 6–42 所示进行设置。

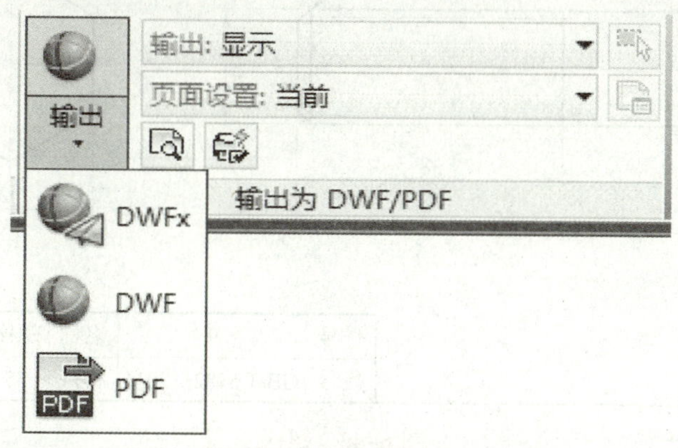

图 6–41 “输出”选项卡

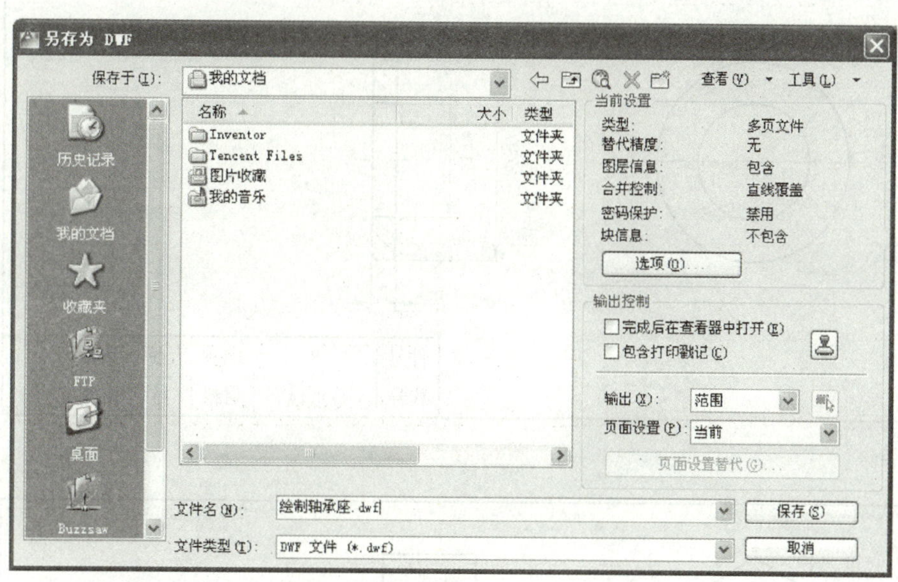

图 6–42 “另存为 DWF”对话框

单击“保存”按钮即可输出 DWF 图形文件。

二、输出 PDF 文件

与打印类似，在使用 AutoCAD 2012 输出 PDF 格式文件前，需要先对其进行布局和页面设置，然后在“输出”选项卡中选择“PDF”选项，具体操作方法与输出 DWF 文件相同。

思考与练习

根据图 6–43 至图 6–45 所示标准件零件图和图 6–46 所示板件零件图直接绘制出螺纹连接二维装配图，并插入序号，结果如图 6–47 所示，然后设置合适的图纸打印，预览打印效果。

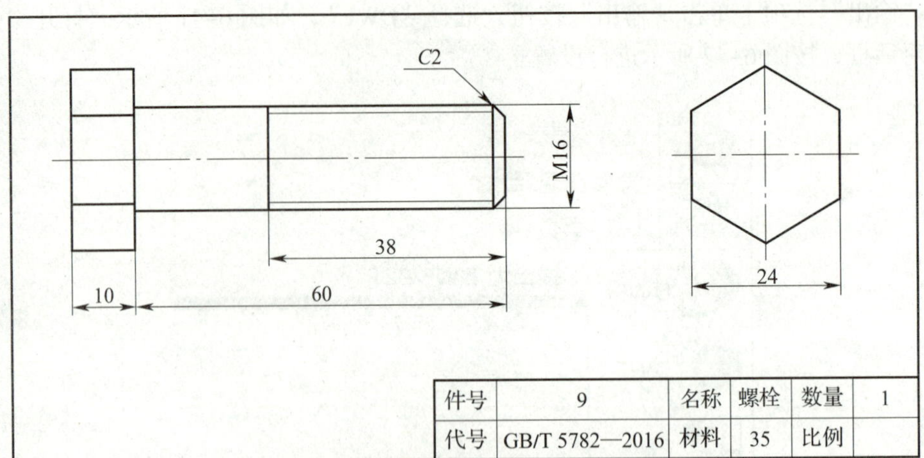

图 6–43　螺栓

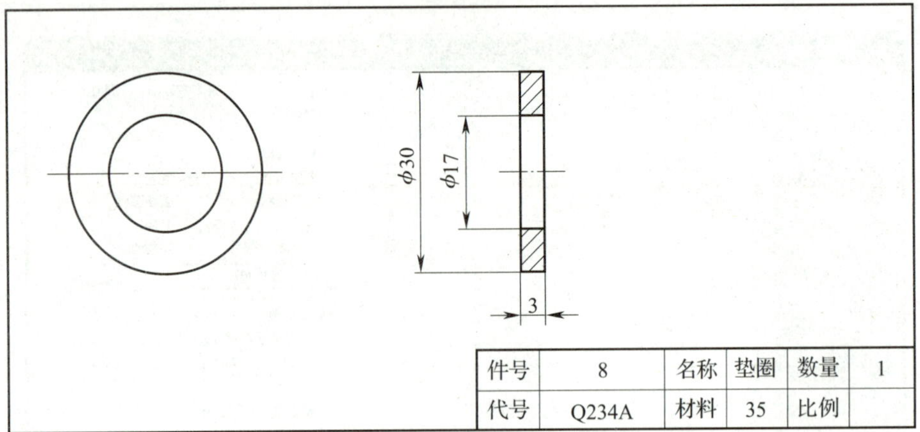

图 6–44　垫圈

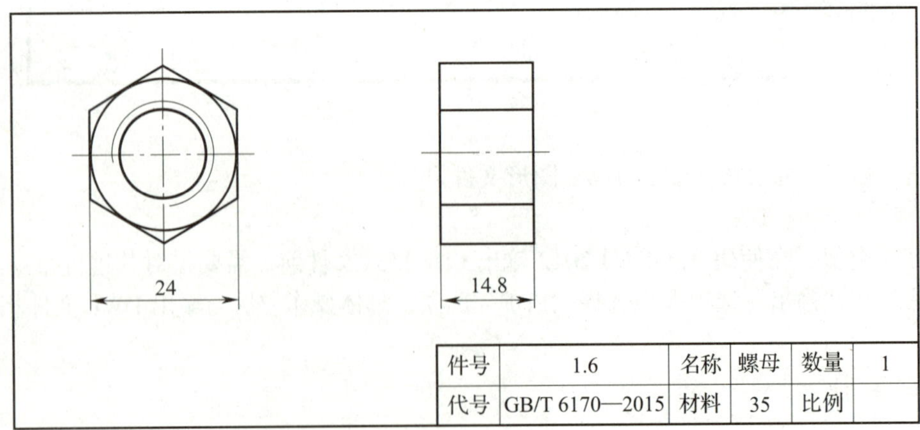

图 6–45　螺母

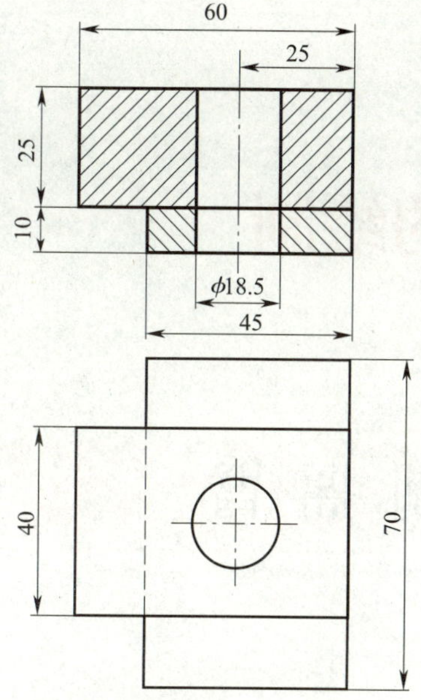

图 6-46　螺纹连接中的板件

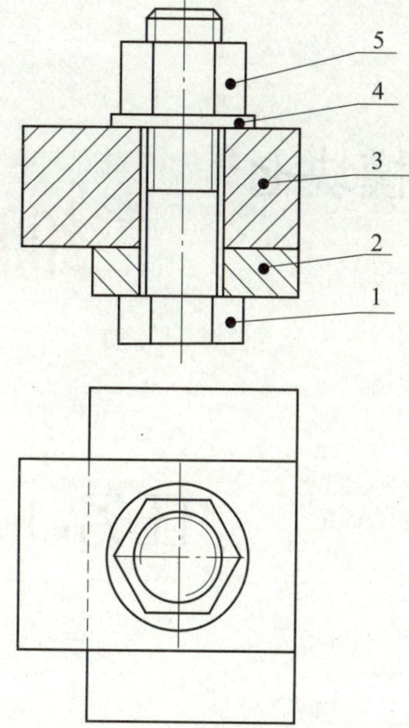

图 6-47　插入序号

模块七 三维图形的绘制

任务 1 绘制摇臂

任务目标

1. 掌握三维基本实体的绘制方法。
2. 掌握使用布尔运算绘制基本组合实体的方法。
3. 了解三维坐标、坐标变换和三维视图的观察方法。

任务提出

三维实体可以从任意角度进行全方位观察，可以模拟真实效果，还可以导入专门的工程软件进行质量、重心、惯性、有限元分析，从而直观地对零件进行应力、强度等分析，提高设计效率。

绘制基本三维实体以及使用布尔运算把基本三维实体组合生成新实体是最基本的三维实体造型方法，本任务将根据图 7–1a 所示零件图绘制图 7–1b 所示三维实体图。

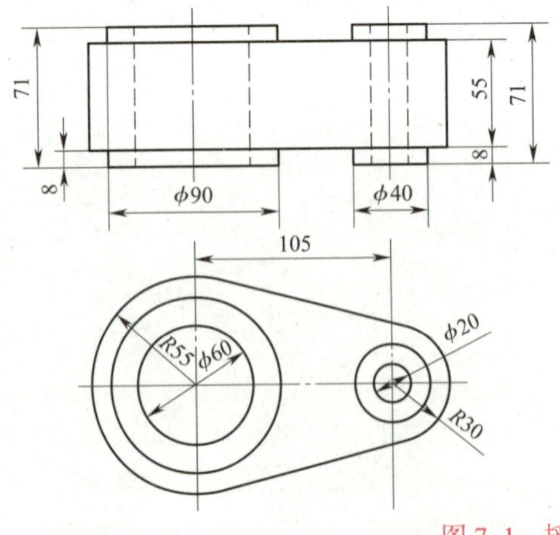

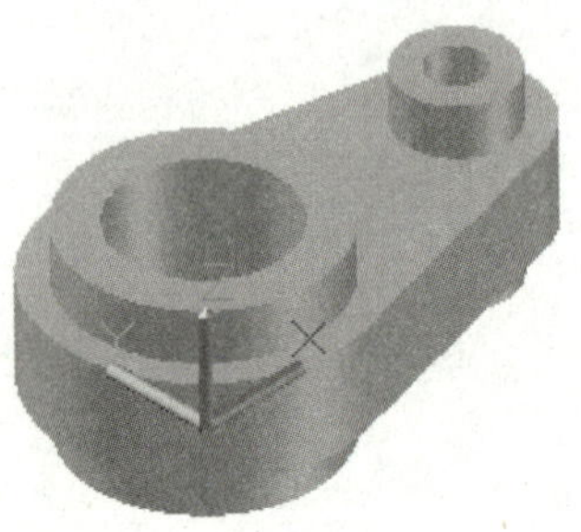

图 7–1 摇臂

a）零件图 b）实体图

任务分析

绘制摇臂三维实体图的流程：先绘制两个圆柱体作为摇臂轴；其次绘制摇臂板；然后绘制两个小圆柱体；最后使用布尔运算完成整个实体的绘制。绘图过程中要用到圆柱体、拉伸、并集、差集等命令。

具体绘制流程如图 7–2 所示。

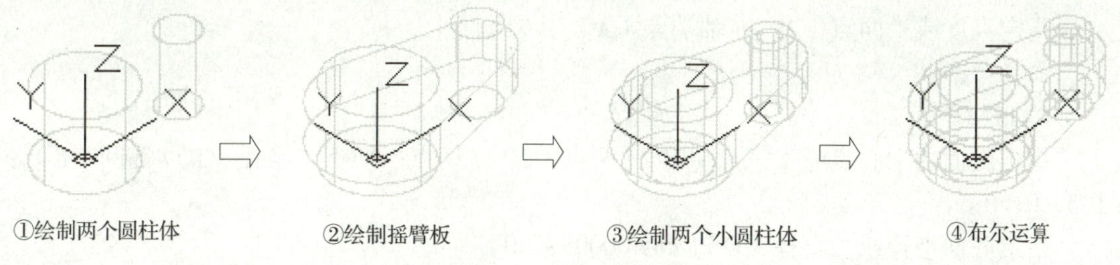

图 7–2　摇臂的绘制流程

任务实施

一、启动 AutoCAD 2012

打开 AutoCAD 2012 模板文件 acad3D.dwt，切换为“三维建模”工作空间，单击绘图区“〔俯视〕”切换为“西南等轴测图”，单击“〔实体〕”切换为“二维线框”，并关闭动态输入和动态 UCS，如图 7–3 所示。

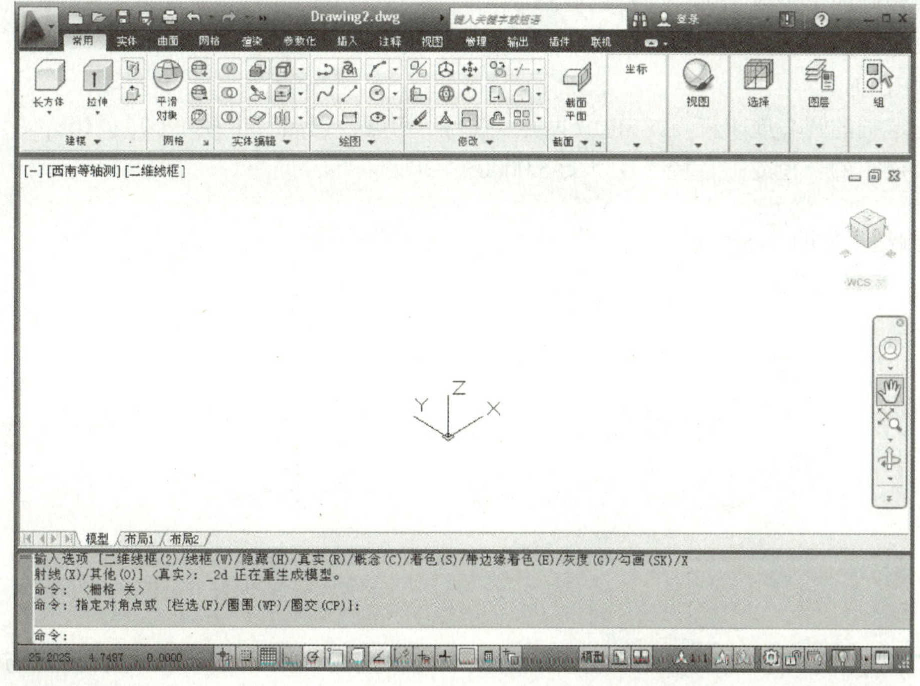

图 7–3　AutoCAD 2012 三维建模工作空间

二、绘制两个圆柱体

单击“常用”选项卡中“建模”面板中的“圆柱体”按钮，命令行提示与操作如下：

命令：_cylinder
指定底面的中心点或［三点（3P）/ 两点（2P）/ 切点、切点、半径（T）/ 椭圆（E）］：0，0，0↙
指定底面半径或［直径（D）］：45↙
指定高度或［两点（2P）/ 轴端点（A）］：71↙
命令：↙
CYLINDER
指定底面的中心点或［三点（3P）/ 两点（2P）/ 切点、切点、半径（T）/ 椭圆（E）］：105，0，0↙
指定底面半径或［直径（D）］<45.0000>：20↙
指定高度或［两点（2P）/ 轴端点（A）］<71.0000>：↙

绘制结果如图 7–4 所示。

三、绘制摇臂板

1. 单击“常用”选项卡中“绘图”面板中的“圆心、半径”按钮，命令行提示与操作如下：

命令：_circle
指定圆的圆心或［三点（3P）/ 两点（2P）/ 切点、切点、半径（T）］：0，0，8↙
指定圆的半径或［直径（D）］：55↙
命令：↙
CIRCLE
指定圆的圆心或［三点（3P）/ 两点（2P）/ 切点、切点、半径（T）］：105，0，8↙
指定圆的半径或［直径（D）］<55.0000>：30↙

绘制结果如图 7–5 所示。

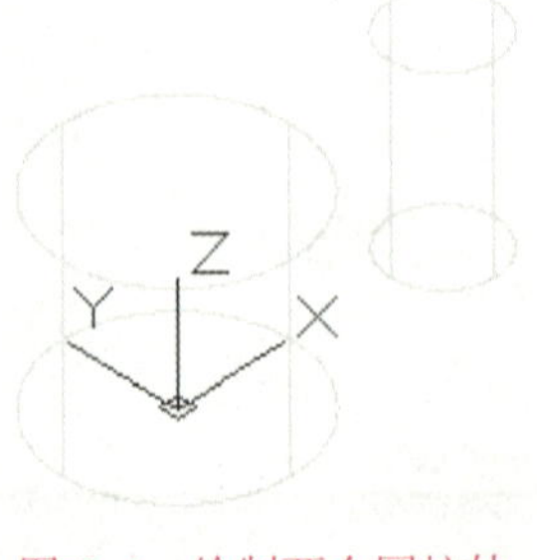

图 7–4　绘制两个圆柱体

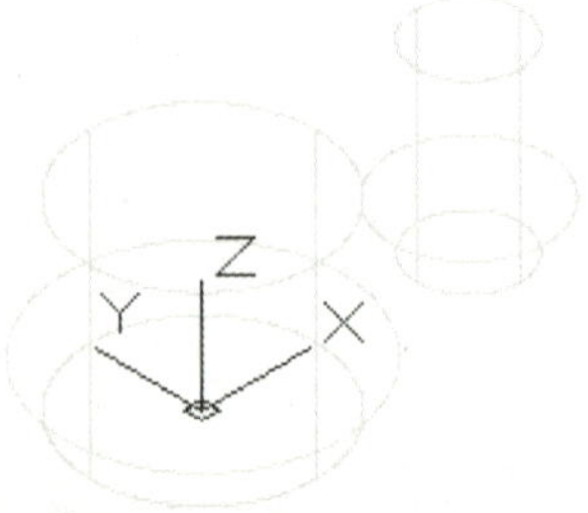

图 7–5　绘制摇臂底板

2. 单击“常用”选项卡中“绘图”面板中的“直线”按钮，命令行提示与操作如下：

命令：_line
指定第一点：_tan 到（捕捉切点，如图 7-6a 所示）
指定下一点或［放弃（U）］：_tan 到（捕捉另一圆切点）
指定下一点或［放弃（U）］：↙
命令：↙
LINE
指定第一点：_tan 到（捕捉切点）
指定下一点或［放弃（U）］：_tan 到（捕捉另一圆切点）
指定下一点或［放弃（U）］：↙

绘制结果如图 7-6b 所示。

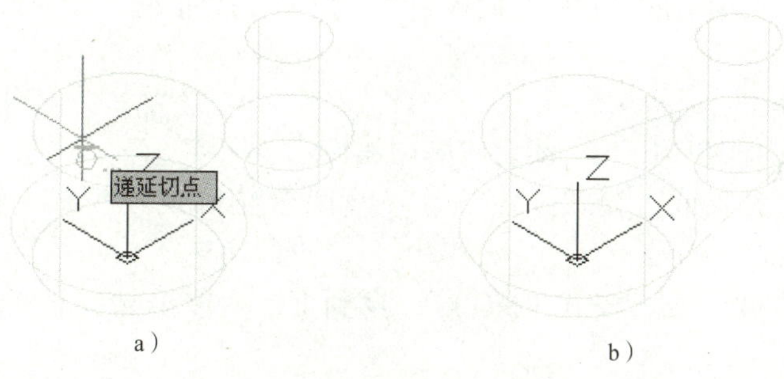

图 7-6 绘制两圆公切线

a）捕捉切点 b）绘制直线

3. 单击“常用”选项卡中“修改”面板中的“修剪”按钮 ，命令行提示与操作如下：

命令：_trim
视图与 UCS 不平行。命令的结果可能不明显。
当前设置：投影 =UCS，边 = 无
选择剪切边 ...
选择对象或 < 全部选择 >：找到 1 个（单击选择两圆的其中一条公切线直线）
选择对象：找到 1 个，总计 2 个（单击选择两圆的另一条公切线直线）
选择对象：↙
选择要修剪的对象，或按住 Shift 键选择要延伸的对象，或
［栏选（F）/ 窗交（C）/ 投影（P）/ 边（E）/ 删除（R）/ 放弃（U）］：单击选择要删除的圆弧
选择要修剪的对象，或按住 Shift 键选择要延伸的对象，或
［栏选（F）/ 窗交（C）/ 投影（P）/ 边（E）/ 删除（R）/ 放弃（U）］：单击选择另一要删除的圆弧
选择要修剪的对象，或按住 Shift 键选择要延伸的对象，或
［栏选（F）/ 窗交（C）/ 投影（P）/ 边（E）/ 删除（R）/ 放弃（U）］：↙

绘制结果如图 7–7 所示。

4. 单击“常用”选项卡中“绘图”面板中的“面域”按钮 ，命令行提示与操作如下：

命令：_region
选择对象：找到 1 个（单击选择圆弧）
选择对象：找到 1 个，总计 2 个（单击选择另一圆弧）
选择对象：找到 1 个，总计 3 个（单击选择直线）
选择对象：找到 1 个，总计 4 个（单击选择另一直线）
选择对象：↙
已提取 1 个环。
已创建 1 个面域。

5. 单击“常用”选项卡的“建模”面板中的“拉伸”按钮 ，命令行提示与操作如下：

命令：_extrude
当前线框密度：ISOLINES=4，闭合轮廓创建模式 = 实体
选择要拉伸的对象或［模式（MO）］：_MO 闭合轮廓创建模式［实体（SO）/ 曲面（SU）］<实体>：so↙
选择要拉伸的对象或［模式（MO）］：找到 1 个（单击选择摇臂板拉伸截面，如图 7–7 所示）
选择要拉伸的对象或［模式（MO）］：↙
指定拉伸的高度或［方向（D）/ 路径（P）/ 倾斜角（T）/ 表达式（E）］<71.0000>：35↙

绘制结果如图 7–8 所示。

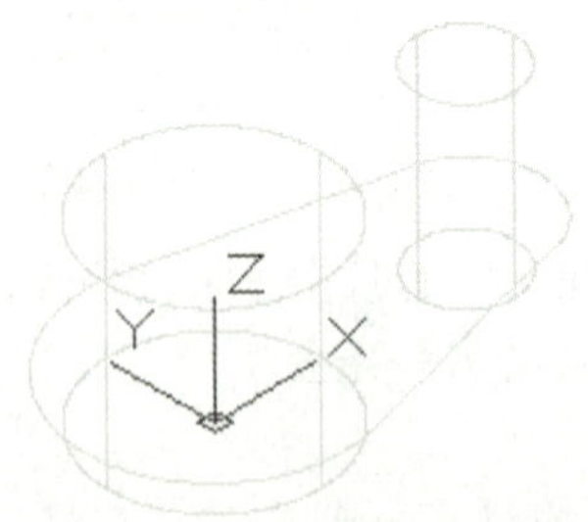

图 7–7　绘制摇臂板拉伸截面

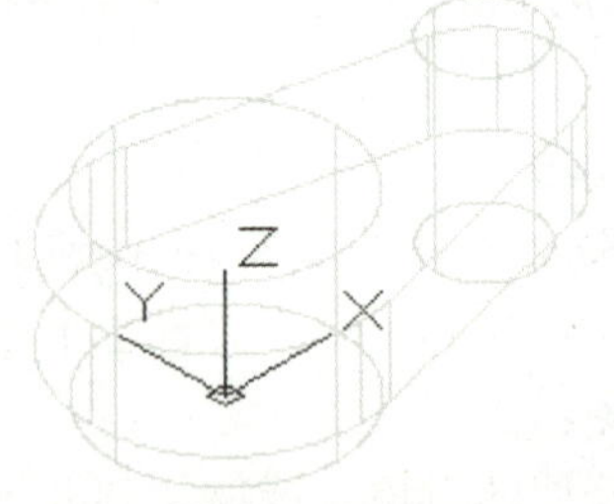

图 7–8　绘制摇臂板

四、绘制两个小圆柱体

单击“实体”选项卡中的“圆柱体”按钮 ，命令行提示与操作如下：

命令：_cylinder
指定底面的中心点或［三点（3P）/ 两点（2P）/ 切点、切点、半径（T）/ 椭圆（E）］：0，0，0↙

指定底面半径或［直径（D）］：30↙

指定高度或［两点（2P）/ 轴端点（A）］：71↙

命令：↙

CYLINDER

指定底面的中心点或［三点（3P）/ 两点（2P）/ 切点、切点、半径（T）/ 椭圆（E）］：105，0，0↙

指定底面半径或［直径（D）］<30.0000>：10↙

指定高度或［两点（2P）/ 轴端点（A）］<71.0000>：↙

绘制结果如图 7–9 所示。

五、使用布尔运算

单击“常用”选项卡的“实体编辑”面板中的“并集”按钮，命令行提示与操作如下：

命令：_union

选择对象：找到 1 个（单击选择摇臂板，如图 7–10 所示）

选择对象：找到 1 个，总计 2 个（单击选择一端大圆柱体，如图 7–11 所示）

选择对象：找到 1 个，总计 3 个（单击选择另一端大圆柱体，如图 7–12 所示）

选择对象：↙

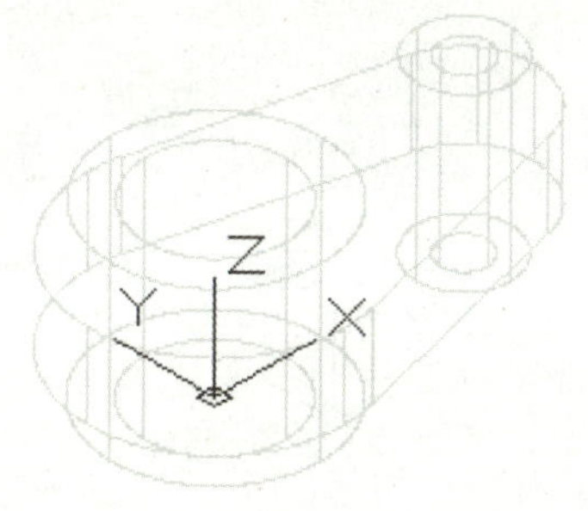

图 7–9　绘制两个小圆柱体

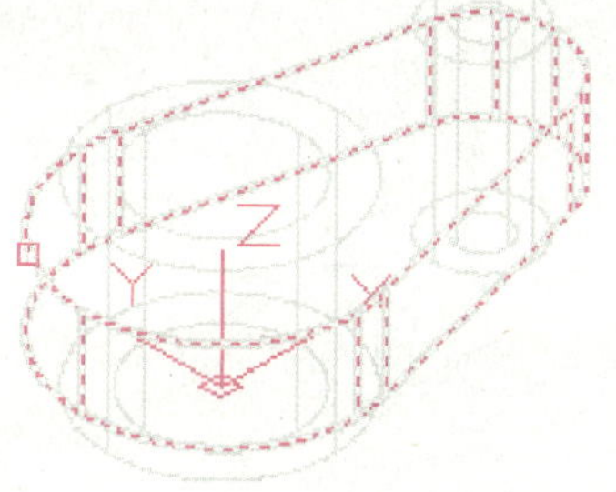

图 7–10　单击选择摇臂板

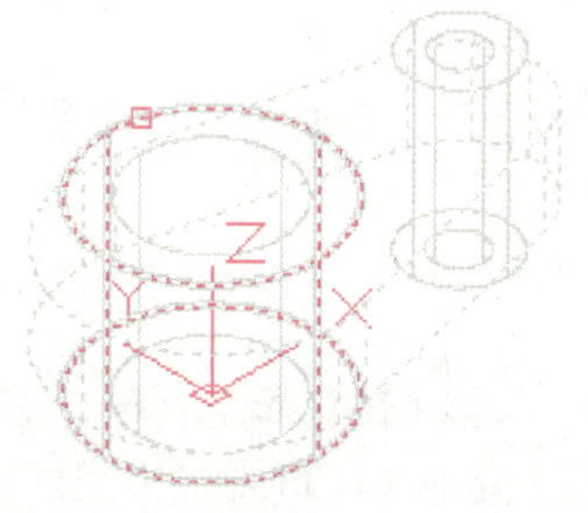

图 7–11　单击选择一端大圆柱体

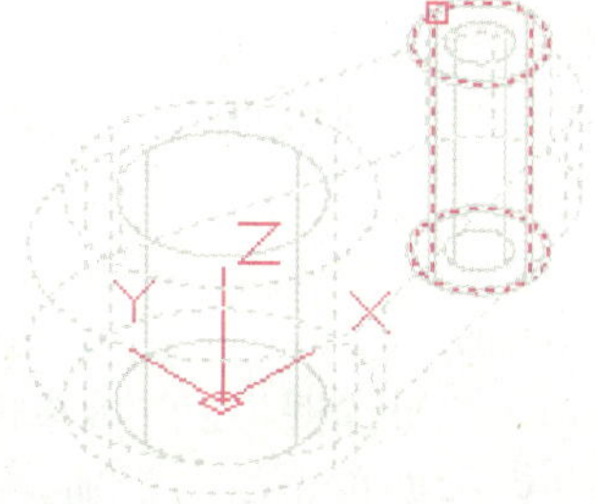

图 7–12　单击选择另一端大圆柱体

单击“常用”选项卡的“实体编辑”面板中的“差集”按钮，命令行提示与操作如下：

命令：_subtract
选择要从中减去的实体、曲面和面域 ...
选择对象：找到 1 个（单击选择组合体，如图 7–13 所示）
选择对象：↙
选择要减去的实体、曲面和面域 ...
选择对象：找到 1 个（单击选择一端小圆柱体，如图 7–14 所示）
选择对象：找到 1 个，总计 2 个（单击选择另一端小圆柱体，如图 7–15 所示）
选择对象：↙

绘制结果如图 7–16 所示。

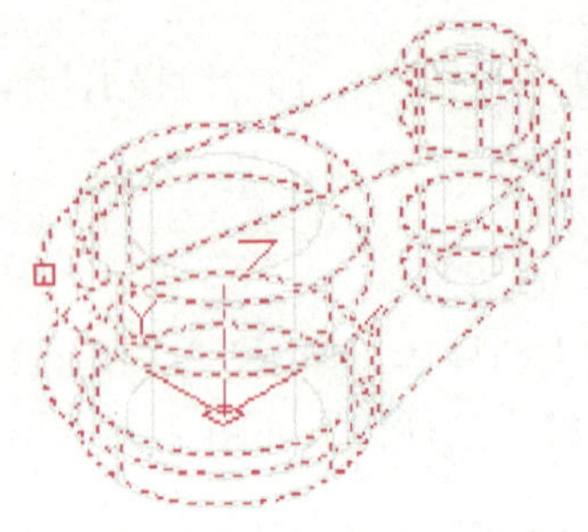

图 7–13　单击选择组合体

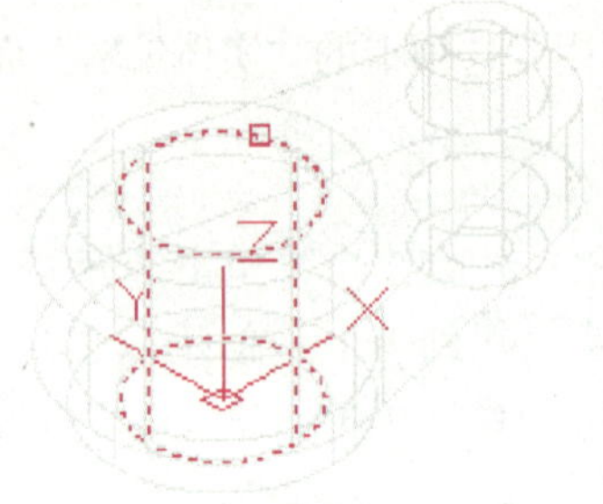

图 7–14　单击选择一端小圆柱体

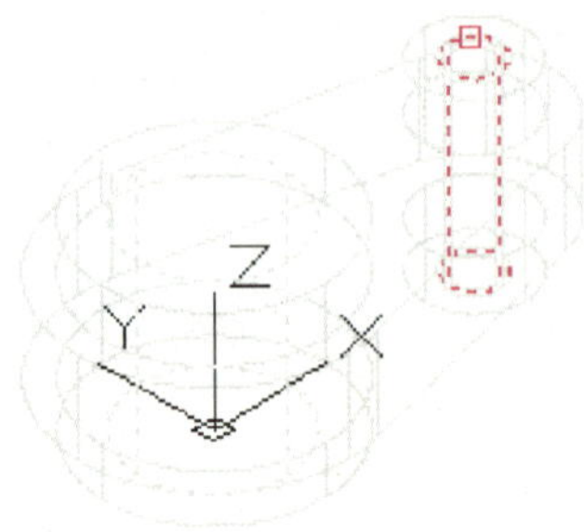

图 7–15　单击选择另一端小圆柱体

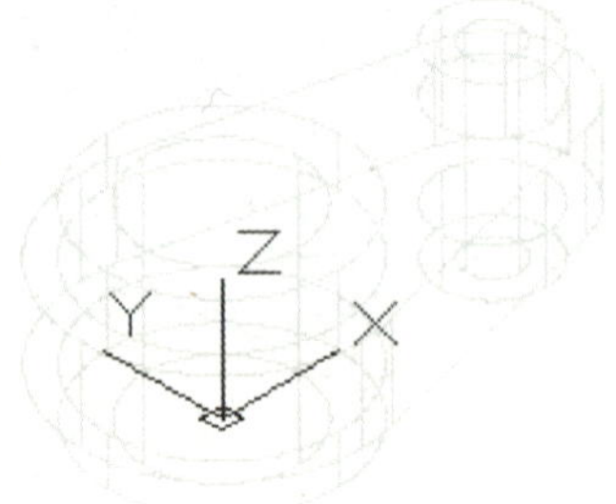

图 7–16　完成摇臂的绘制

六、观察实体

单击绘图区“〔二维线框〕”，更改为“真实”或“着色”，观察摇臂，命令行提示与操作如下：

命令：_vscurrent
输入选项［二维线框（2）/ 线框（W）/ 隐藏（H）/ 真实（R）/ 概念（C）/ 着色（S）/ 带边缘着色（E）/ 灰度（G）/ 勾画（SK）/X 射线（X）/ 其他（O）］< 二维线框 >：r↙
命令：_vscurrent
输入选项［二维线框（2）/ 线框（W）/ 隐藏（H）/ 真实（R）/ 概念（C）/ 着色（S）/ 带边缘着色（E）/ 灰度（G）/ 勾画（SK）/X 射线（X）/ 其他（O）］< 真实 >：s↙

显示结果如图 7-17 所示。

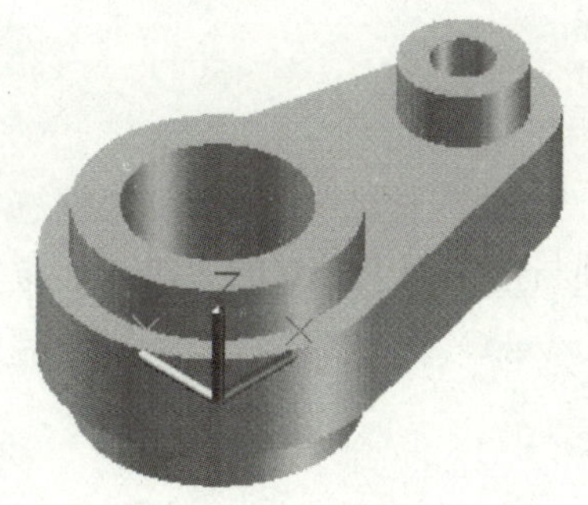

图 7-17　摇臂

相关知识

一、用户坐标系

世界坐标系 WCS（World Coordinate System）是系统提供的默认坐标系，用户根据绘图需要自行设置的坐标系则称为用户坐标系 UCS（User Coordinate System）。世界坐标系是固定不变的，而用户坐标系是千变万化的。

1. 根据选定的面创建 UCS

单击“坐标”工具栏中的“面”按钮 ，然后单击选定实体对象的面创建新 UCS，新 UCS 的 *Z* 轴正方向与选定对象的拉伸方向一致，原点和 *X* 轴正方向由对象的特征点确定，*Y* 轴正方向根据右手定则确定。命令行提示与操作如下：

命令：_ucs

指定 UCS 的原点或［面（F）/ 命名（NA）/ 对象（OB）/ 上一个（P）/ 视图（V）/ 世界（W）/X/Y/Z/Z 轴（ZA）］< 世界 >：f↙

选择实体面、曲面或网格：（选择如图 7-18 所示的面）

输入选项［下一个（N）/X 轴反向（X）/Y 轴反向（Y）］< 接受 >：↙

UCS 创建完成后如图 7-19 所示。

各选项意义如下。

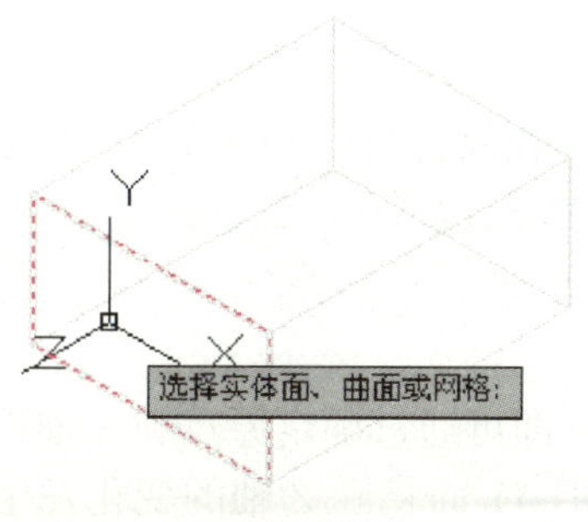

图 7-18　选定创建 UCS 的面

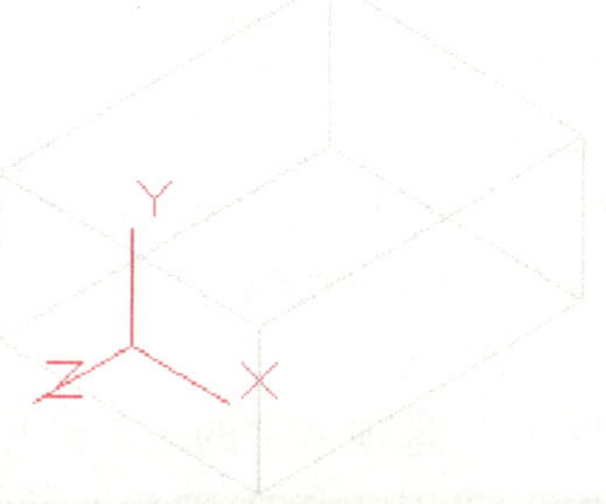

图 7-19　UCS 创建完成

N：选择新坐标系基准平面。

X：将 UCS 绕 *X* 轴旋转 180°。

Y：将 UCS 绕 *Y* 轴旋转 180°。

2. 根据选定的对象创建 UCS

单击“坐标”选项卡中的“对象”按钮 ，即可根据选择的对象创建新 UCS。新 USC 与实体对象的选定面对齐，*X* 轴与选定面上最近的边对齐，命令行提示与操作如下：

> 命令：_ucs
> 当前 UCS 名称：* 没有名称 *
> 指定 UCS 的原点或［面（F）/ 命名（NA）/ 对象（OB）/ 上一个（P）/ 视图（V）/ 世界（W）/X/Y/Z/Z 轴（ZA）］< 世界 >：ob↙
> 选择对齐 UCS 的对象：（选择如图 7–20 所示实体）

UCS 创建完成后如图 7–21 所示。

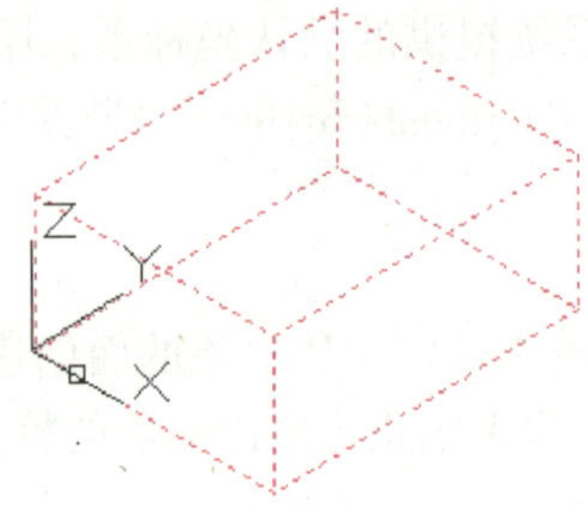

图 7–20　选定创建 UCS 的实体

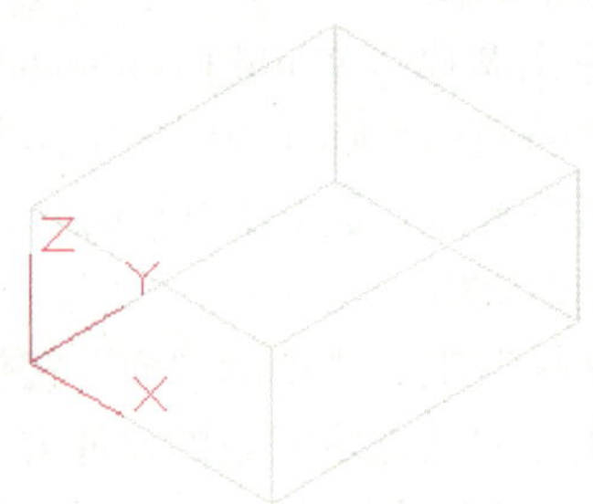

图 7–21　UCS 创建完成

3. 根据当前视图创建 UCS

单击“坐标”选项卡中的“视图”按钮 ，即可根据视图创建新 UCS。新 UCS 的 *XY* 平面与当前视图面（平行于屏幕）平行，而原点保持不变，命令行提示与操作如下：

> 命令：_ucs
> 当前 UCS 名称：* 没有名称 *
> 指定 UCS 的原点或［面（F）/ 命名（NA）/ 对象（OB）/ 上一个（P）/ 视图（V）/ 世界（W）/X/Y/Z/Z 轴（ZA）］< 世界 >：v↙

4. 根据坐标原点创建 UCS

单击“坐标”选项卡中的“原点”按钮 ，即可在保持当前 UCS 的 *X*、*Y* 和 *Z* 轴方向不变的情况下，通过移动当前 UCS 的原点来创建新 UCS，如图 7–22、图 7–23 所示为移动坐标原点前后的 UCS 的比较。

5. 根据 Z 轴创建 UCS

单击“坐标”选项卡中的“*Z* 轴矢量”按钮 ，即可通过确定原点和 *Z* 轴正方向上一点创建新 UCS，新 UCS 的 *X* 轴和 *Y* 轴的方向不变，但 *XY* 面将随 *Z* 轴的变化发生倾斜，如图 7–24 所示。

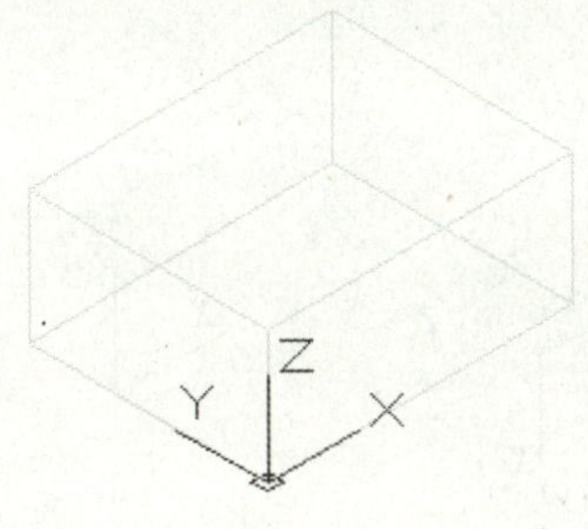

图 7-22　移动坐标系原点前

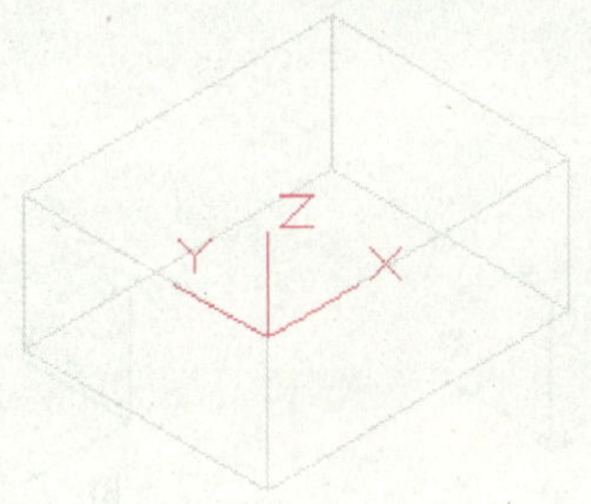

图 7-23　移动坐标系原点后

6. 根据三点创建 UCS

单击“坐标”选项卡中的“三点”按钮 ，即可根据三点创建新 UCS。这三点分别是新 UCS 的原点、*X* 轴正方向上的一点和 *Y* 坐标值为正的 *XY* 面上的一点，如图 7-25 所示为单击选中三个顶点新建坐标系，命令行提示与操作如下：

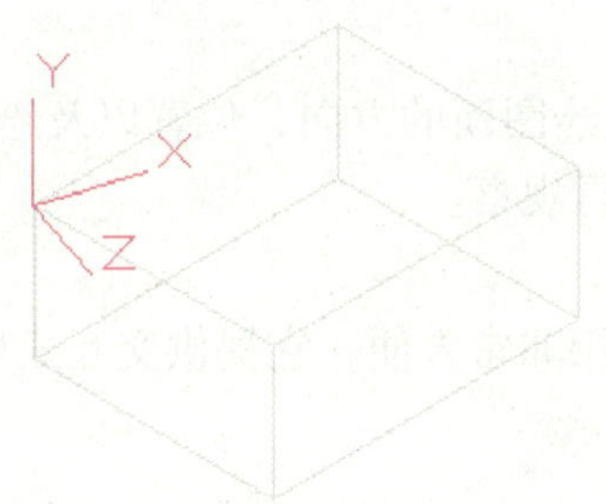

图 7-24　根据 *Z* 轴创建 UCS

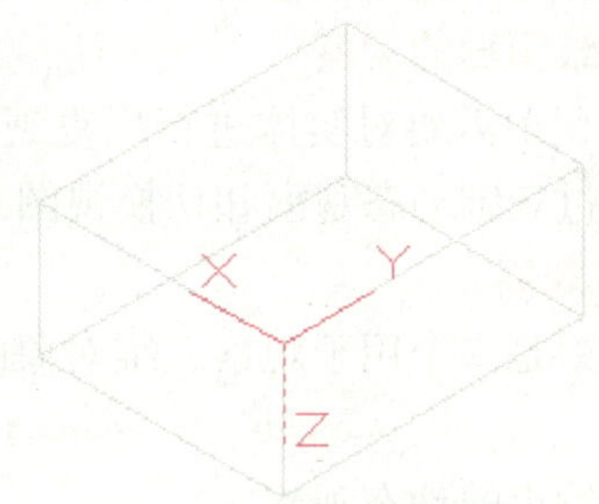

图 7-25　根据三点创建 UCS

命令：_ucs

当前 UCS 名称：* 世界 *

指定 UCS 的原点或［面（F）/ 命名（NA）/ 对象（OB）/ 上一个（P）/ 视图（V）/ 世界（W）/X/Y/Z/Z 轴（ZA）］< 世界 >：_3

指定新原点 <0，0，0>：

在正 X 轴范围上指定点 <1.0000，−12.4733，0.0000>：

在 UCS XY 平面的正 Y 轴范围上指定点 <0.0000，−13.4733，0.0000>：

7. 通过旋转坐标轴创建 UCS

单击“坐标”工具栏中的“*X*”按钮 ，即可通过绕 *X* 旋转轴创建新 UCS。

单击“坐标”工具栏中的“*Y*”按钮 ，即可通过绕 *Y* 旋转轴创建新 UCS。

单击“坐标”工具栏中的“*Z*”按钮 ，即可通过绕 *Z* 旋转轴创建新 UCS。

图 7-26a 所示为原始的 UCS；图 7-26b 所示为原始 UCS 绕 *X* 轴旋转 90° 后的结果；图 7-26c 所示为原始 UCS 绕 *Y* 轴旋转 90° 后的结果；图 7-26d 所示为原始 UCS 绕 *Z* 轴旋转 90° 后的结果。

通过旋转坐标轴创建 UCS 的方法较为直观，尤其是通过将坐标轴旋转 90° 或 270°（−90°）来改变绘图面，在三维造型过程中会频繁使用，需熟练掌握以便灵活运用。

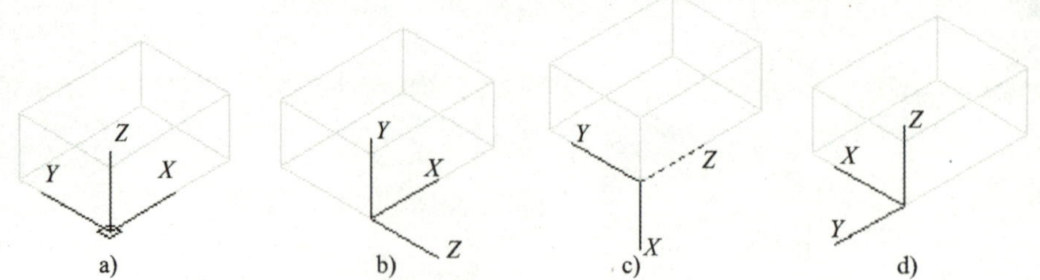

图 7-26　通过旋转坐标轴创建 UCS

a）原始 UCS　b）绕 X 轴旋转 90°　c）绕 Y 轴旋转 90°　d）绕 Z 轴旋转 90°

8. 返回上一个 UCS

单击“坐标”选项卡中的“上一个 UCS”按钮，可以返回上一个用户坐标系统。

9. 返回 WCS

单击“坐标”选项卡中的“世界”按钮，可以返回世界坐标系统。

二、三维图形的观察

绘图过程中需要对实体进行反复观察，以确定绘图面的方向、位置以及绘图的正确性，用户可以通过三维动态观察和切换视图来对实体进行观察。

1. 动态观察

动态观察是一个用于观察三维对象的工具，使用非常方便，它提供交互式显示三维对象的工具。

（1）受约束的动态观察

选择菜单栏中的“视图”→“动态观察”→“受约束动态观察”命令，可对三维实体进行受约束的动态观察，即沿 XY 平面和 Z 轴对三维实体进行动态观察时视点将受到约束。

（2）自由动态观察

选择菜单栏中的“视图”→“动态观察”→“自由动态观察”按钮，可对三维实体在任意方向上进行自由动态观察，如图 7-27 所示。

自由动态观察是一个弧球，该弧球用在各象限点处有一个小圆的大圆表示。弧球的中心称为目标点，激活三维自由动态观察后，被观察的目标保持静止不动，而视点（相当于照相机）可以绕目标点在三维空间自由转动。目标点是弧球的中心点，但不一定是所观察对象的中心点。

光标处于弧球的不同位置，它的样式也不同，以表示三维动态观察器的不同功能。

当光标处于弧球内时，它的图标为水平和垂直的两个小椭圆。此时按下鼠标左键并拖动鼠标，视点会绕对象转动。这时的光标就像附着在一个包容对象的球面上，通过拖动鼠标可使视点随球面绕目标点任意旋转。

当光标处于弧球外时，它的图标为一个小圆。此时按下鼠标左键并拖动鼠标绕弧球转动，视图会绕过目标点且与屏幕垂直的轴旋转。

当光标位于弧球左右两个象限点的小圆上或小圆内时，它的图标变为水平椭圆。此时按下鼠标左键并左右水平拖动鼠标，视图会绕过目标点的垂直轴旋转。

当光标位于弧球上下两个象限点的小圆上或小圆内时，它的图标变为垂直椭圆。此时按下鼠标左键并上下垂直拖动鼠标，视图会绕过目标点的水平轴旋转。

（3）连续动态观察

选择菜单栏中的“视图”→“动态观察”→“连续动态观察”命令，可对三维实体连续地进行动态观察，如图 7–28 所示。

图 7–27　自由动态观察

图 7–28　连续动态观察

2. 切换视图

通过切换视图可以从三维实体的正上方（俯视）、正下方（仰视）、正前方（前视）、正后方（后视）、正左方（左视）、正右方（右视）、左前上方（西南等轴测）、右前上方（东南等轴测）、左后上方（东北等轴测）和后上方（西北等轴测）共 10 个方向对实体进行观察。单击如图 7–29 所示的“视图”子菜单的选项即可切换视图。

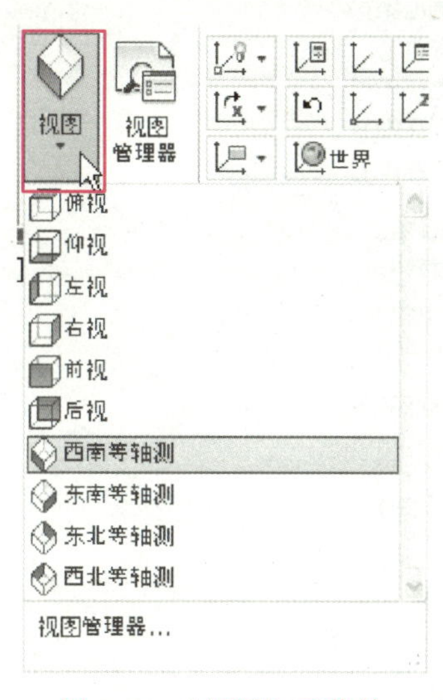

图 7–29　“视图”子菜单

小提示：

将视图切换为“俯视”“仰视”“前视”“后视”“左视”或“右视”中的任意一种时，用户坐标系的 Z 轴与屏幕垂直，而用户坐标系的 XY 平面与屏幕平行。

将视图切换为以上 10 种视图的任意一种，其显示结果与切换之前的用户坐标系无关。

此外，还有一种根据当前用户坐标系切换视图的方法，即观察视图的方向与当前用户坐标系的 Z 轴平行，这种切换视图的方法在三维造型时也十分有用。操作方法是选择菜单栏中的“视图”→“三维视图”→“平面视图”→“当前 UCS”选项即可。利用该法切换视图后，当前坐标系的 XY 坐标面即成为绘图面，这种方法能够快速找到绘图面。

通过单击“视口”→“视口配置列表”也可同时从多个方向观察三维实体，如图 7-30 所示。

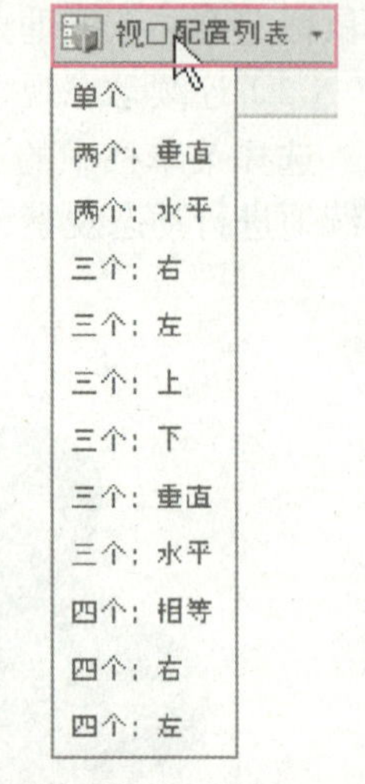

图 7-30　视口配置列表

三、创建基本三维实体

绘制基本三维实体可以通过菜单栏中的“绘图”→“建模”选项中的下拉子菜单命令来直接绘制三维实体，如图 7-31 所示，也可通过“常用”选项卡中的“建模”面板中的创建实体命令工具按钮来绘制，如图 7-32 所示，还可通过命令行输入相应的命令，这三种方式来创建基本三维实体。

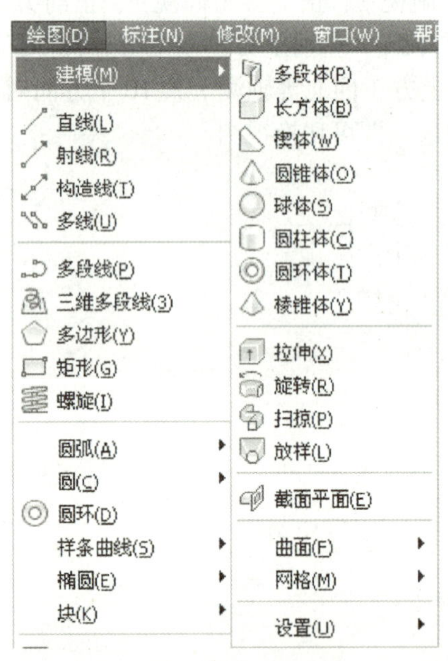

图 7-31　“建模”选项中的下拉子菜单

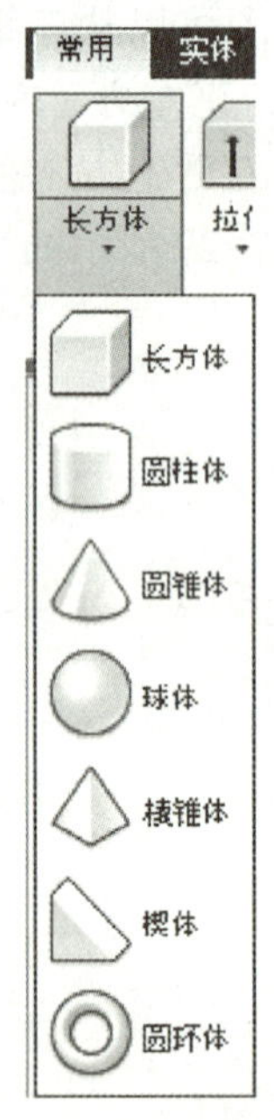

图 7-32　“建模”面板中的创建实体命令

1. 长方体

启动 AutoCAD 2012，以“acad3d.dwt”为模板新建文件，切换工作空间为“三维建模”，切换视图模式为“西南等轴测图”。

单击“常用”选项卡中“建模”面板中的“长方体”按钮，绘制长、宽、高分别为 100 mm、60 mm、80 mm 的长方体，命令行提示与操作如下：

命令：_box
指定第一个角点或［中心（C）］：0，0，0↙
指定其他角点或［立方体（C）/ 长度（L）］：100，60，80↙

绘制结果如图 7–33 所示。

各选项的意义如下。

中心（C）：定义长方体的中心点，并根据中心点和一个角点来绘制长方体。

立方体（C）：绘制立方体，选择该命令后可根据提示输入立方体边长。

长度（L）：依次提示输入长方体的长、宽、高来定义长方体。

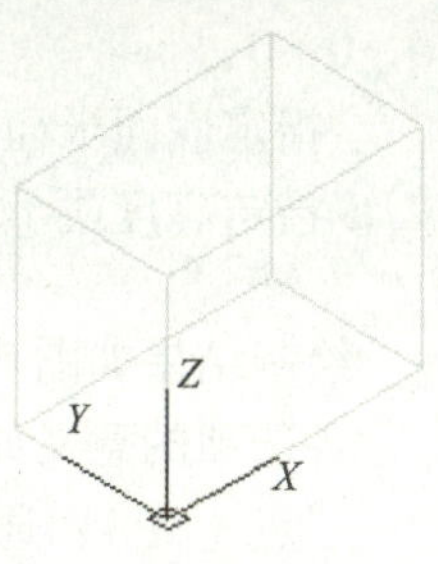

图 7–33　创建长方体

2. 球体

启动 AutoCAD 2012，以“acad3d.dwt”为模板新建文件，切换工作空间为“三维建模”，切换视图模式为“西南等轴测图”。

单击“常用”工具栏中“建模”面板中的“球体”按钮 ，绘制半径为 100 mm 的球体，命令行提示与操作如下：

命令：_sphere
指定中心点或［三点（3P）/ 两点（2P）/ 切点、切点、半径（T）］：0，0，0↙
指定半径或［直径（D）］：100↙

绘制结果如图 7–34 所示。

“消隐”显示如图 7–35 所示，也可通过修改系统参数 ISOLINES 的值来增加显示线条的数量，如图 7–36 所示。

命令：ISOLINES
输入 ISOLINES 的新值 <4>：20↙

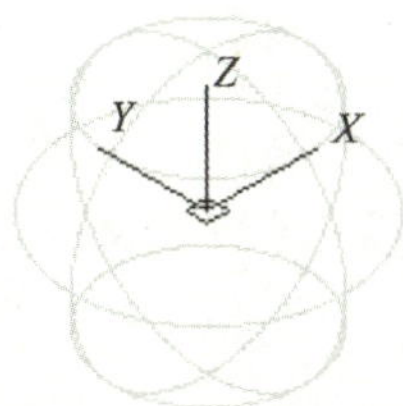

图 7–34　创建球体

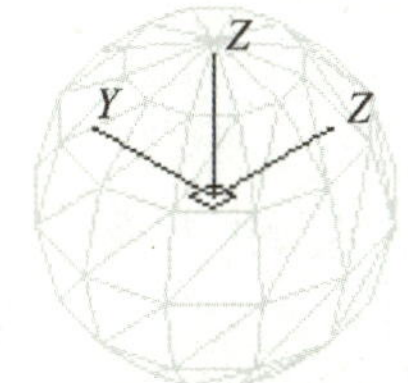

图 7–35　“消隐”显示

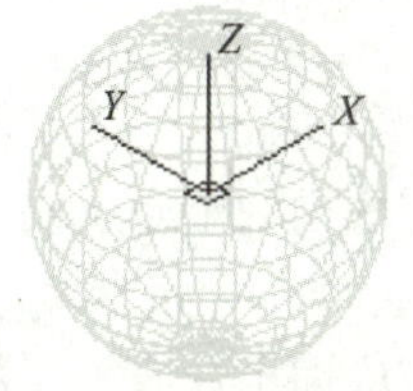

图 7–36　增加显示线条的数量

3. 圆柱体

启动 AutoCAD 2012，以“acad3d.dwt”为模板新建文件，切换工作空间为“三维建模”，切换视图模式为“西南等轴测图”。

单击“常用”选项卡中“建模”面板中的“圆柱体”按钮 ，绘制直径为 20 mm、高为 16 mm 的圆柱体，命令行提示与操作如下：

命令：_cylinder
指定底面的中心点或［三点（3P）/ 两点（2P）/ 切点、切点、半径（T）/ 椭圆（E）］：0，0，0↙
指定底面半径或［直径（D）］：10↙
指定高度或［两点（2P）/ 轴端点（A）］：16↙

绘制结果如图 7–37 所示。

各选项的意义如下。

三点（3P）：通过三个点定义圆柱体的底面圆的位置和大小。

两点（2P）：指定底面圆的直径的两个端点。

相切、相切、半径（T）：定义具有指定半径，且与两个对象相切的圆柱体底面圆。

椭圆（E）：用来绘制椭圆柱体，如图 7–38 所示。

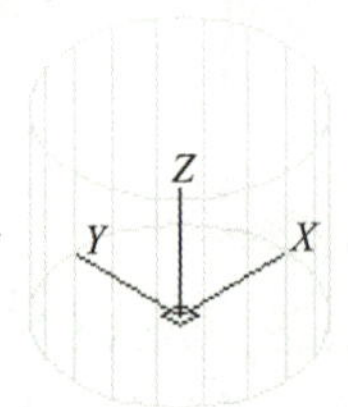

图 7–37　创建圆柱体

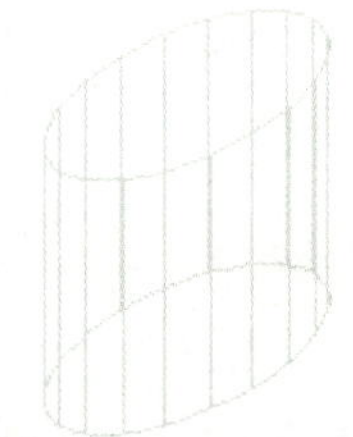
图 7–38　椭圆柱体

两点（2P）：两个指定点之间的距离为圆柱体的高度。

轴端点（A）：指定圆柱体的轴端点位置。

4. 圆锥体

启动 AutoCAD 2012，以“acad3d.dwt”为模板新建文件，切换工作空间为“三维建模”，切换视图模式为“西南等轴测图”。

单击“常用”选项卡中“建模”面板中的“圆锥体”按钮 ，绘制底面直径为 30 mm、高为 40 mm 的圆锥体，命令行提示与操作如下：

命令：_cone
指定底面的中心点或［三点（3P）/ 两点（2P）/ 切点、切点、半径（T）/ 椭圆（E）］：0，0，0↙
指定底面半径或［直径（D）］：15↙
指定高度或［两点（2P）/ 轴端点（A）/ 顶面半径（T）］：40↙

绘制结果如图 7–39 所示。

各选项的意义如下。

椭圆（E）：绘制椭圆锥体，如图 7–40 所示。

轴端点（A）：通过输入顶点坐标绘制倾斜圆锥体。

顶面半径（T）：通过指定顶面半径绘制圆锥台，如图 7-41 所示。

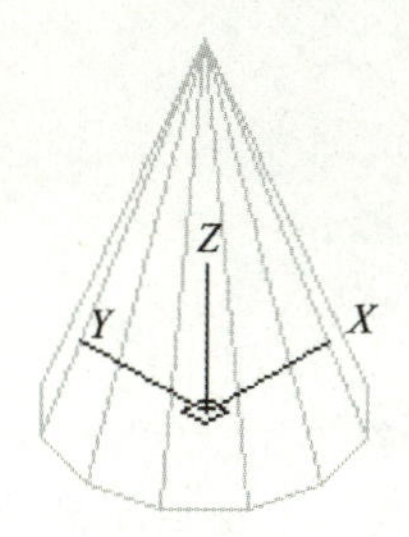

图 7-39　创建圆锥体

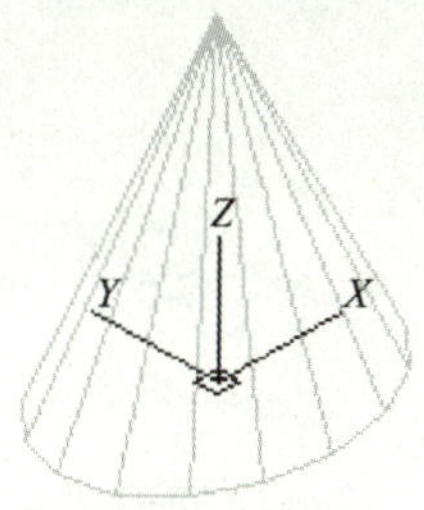

图 7-40　椭圆锥体

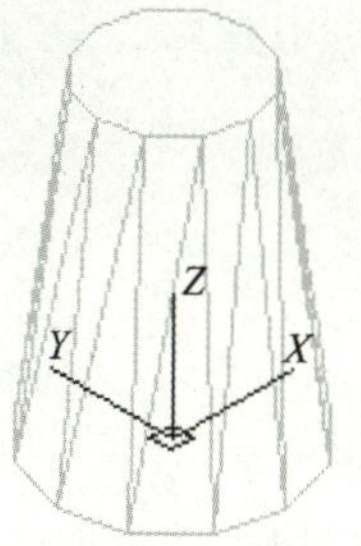

图 7-41　圆锥台

5. 楔体

启动 AutoCAD 2012，以“acad3d.dwt”为模板新建文件，切换工作空间为“三维建模”，切换视图模式为“西南等轴测图”。

单击“常用”选项卡中“建模”面板中的“楔体”按钮，绘制长 100 mm、宽 60 mm，高 80 mm 的楔体，命令行提示与操作如下：

```
命令：_wedge
指定第一个角点或［中心（C）］：0，0，0↙
指定其他角点或［立方体（C）/长度（L）］：100，60，80↙
```

绘制结果如图 7-42 所示。

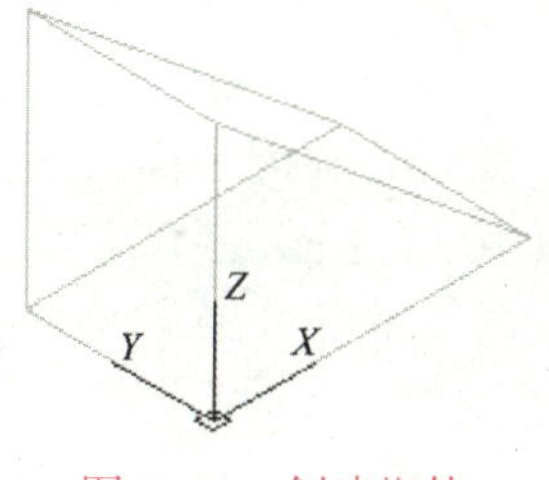

图 7-42　创建楔体

6. 圆环体

启动 AutoCAD 2012，以“acad3d.dwt”为模板新建文件，切换工作空间为“三维建模”，切换视图模式为“西南等轴测图”。

单击“常用”选项卡中“建模”面板中的“圆环体”按钮，绘制半径为 100 mm、圆管半径为 20 mm 的圆环体，命令行提示与操作如下：

```
命令：_torus
指定中心点或［三点（3P）/两点（2P）/切点、切点、半径（T）］：0，0，0↙
指定半径或［直径（D）］<15.0000>：100↙
指定圆管半径或［两点（2P）/直径（D）］：20↙
```

绘制结果如图 7-43、图 7-44 所示。

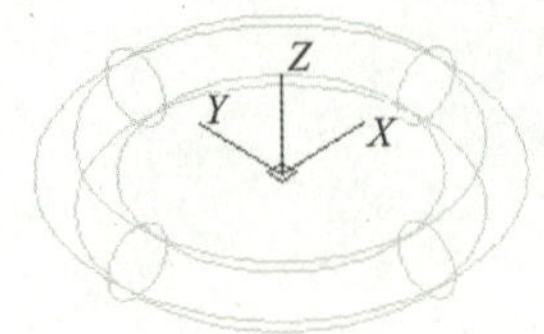

图 7-43 “二维线框”显示

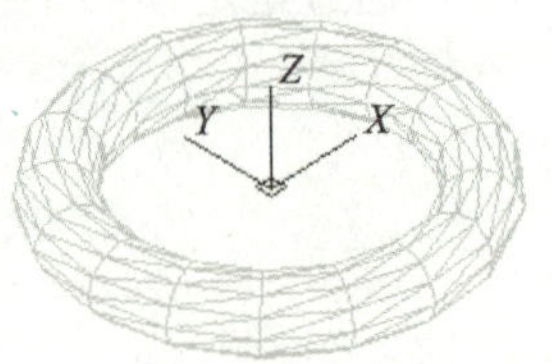

图 7-44 “消隐”显示

7. 拉伸

拉伸就是将一个平面图形沿特定路径拉伸形成一个实体图形，大多封闭的二维图形可直接拉伸，有些封闭图形则需转换为面域才能拉伸，拉伸路径如果是由多条线段组成，则需转换为一条多段线。

启动 AutoCAD 2012，以“acad3d.dwt”为模板新建文件，切换工作空间为“三维建模”，切换视图模式为“西南等轴测图”。

首先绘制顶点到中心为 20 mm 的正六边形，如图 7-45 所示，然后单击“常用”选项卡中“建模”面板中的“拉伸”按钮，拉伸高为 40 mm 的正六面体，命令行提示与操作如下：

```
命令：_polygon
输入侧面数 <4>：6↙
指定正多边形的中心点或［边（E）］：0，0，0↙
输入选项［内接于圆（I）/ 外切于圆（C）］<I>：↙
指定圆的半径：20↙
命令：_extrude
当前线框密度：ISOLINES=4，闭合轮廓创建模式 = 实体
选择要拉伸的对象或［模式（MO）］：mo↙
闭合轮廓创建模式［实体（SO）/ 曲面（SU）］< 实体 >：so↙
选择要拉伸的对象或［模式（MO）］：找到 1 个
选择要拉伸的对象或［模式（MO）］：↙
指定拉伸的高度或［方向（D）/ 路径（P）/ 倾斜角（T）/ 表达式（E）］：40↙
```

正六面体创建结果如图 7-46 所示。

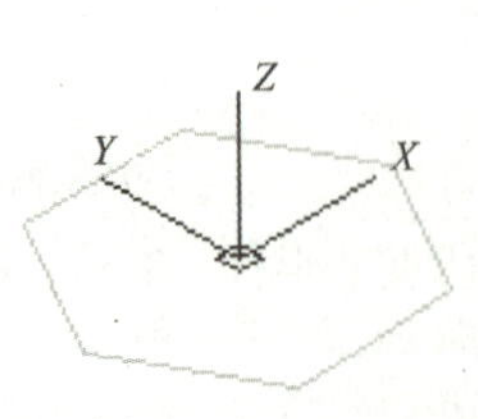

图 7-45 绘制正六边形

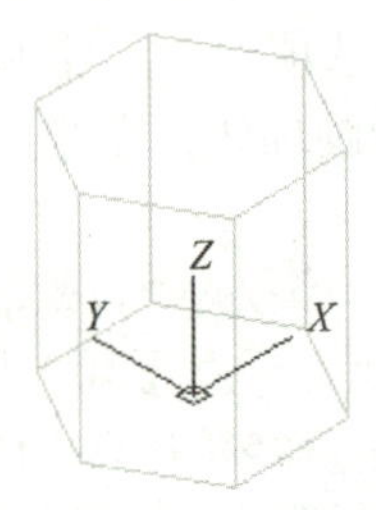

图 7-46 创建正六面体

各选项的意义如下。

路径（P）：指定拉伸路径。

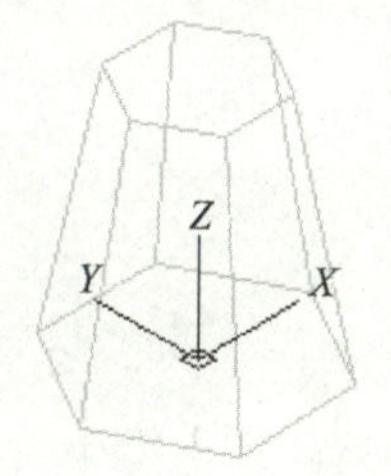

图 7–47　正六棱台

倾斜角（T）：指定倾斜角度，正六边形倾斜拉伸结果为正六棱台，如图 7–47 所示。

8. 旋转

将平面图形绕特定旋转轴旋转一定的角度，可以形成实体图形。平面图形可以是封闭的二维对象，也可以是面域。旋转轴可以由两点定义，也可以是已有的对象，也可以是坐标轴。

启动 AutoCAD 2012，以“acad3d.dwt”为模板新建文件，切换工作空间为“三维建模”，切换视图模式为“西南等轴测图”。

首先绘制旋转截面和旋转轴，如图 7–48 所示，然后单击“常用”选项卡中“建模”面板中的“旋转”按钮，旋转生成盘类实体，命令行提示与操作如下：

```
命令：_line
指定第一点：0，0↙
指定下一点或［放弃（U）］：0，10↙
命令：↙
命令：_line
指定第一点：10，0↙
指定下一点或［放弃（U）］：@10，0↙
指定下一点或［放弃（U）］：@0，–3↙
指定下一点或［闭合（C）/ 放弃（U）］：@2，0↙
指定下一点或［闭合（C）/ 放弃（U）］：@0，5↙
指定下一点或［闭合（C）/ 放弃（U）］：@10，0↙
指定下一点或［闭合（C）/ 放弃（U）］：@0，2↙
指定下一点或［闭合（C）/ 放弃（U）］：@–22，0↙
指定下一点或［闭合（C）/ 放弃（U）］：c↙
命令：_revolve
当前线框密度：　ISOLINES=4，闭合轮廓创建模式 = 实体
选择要旋转的对象或［模式（MO）］：mo↙
闭合轮廓创建模式［实体（SO）/ 曲面（SU）］< 实体 >：so↙
选择要旋转的对象或［模式（MO）］：找到 8 个（框选封闭图形）
选择要旋转的对象或［模式（MO）］：↙
指定轴起点或根据以下选项之一定义轴［对象（O）/X/Y/Z ]< 对象 >：（捕捉直线端点）
指定轴端点：（捕捉直线另一端点）
指定旋转角度或［起点角度（ST）/ 反转（R）/ 表达式（EX）］<360>：↙
```

绘制结果如图 7–49 所示。

各选项的意义如下。

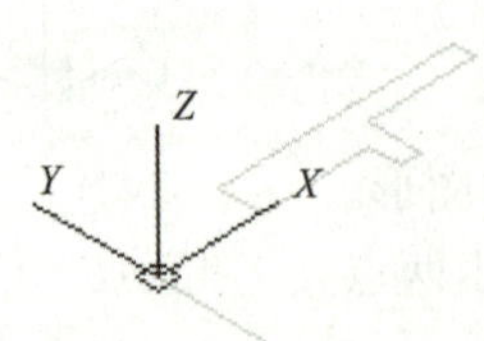

图 7-48　绘制旋转截面和旋转轴

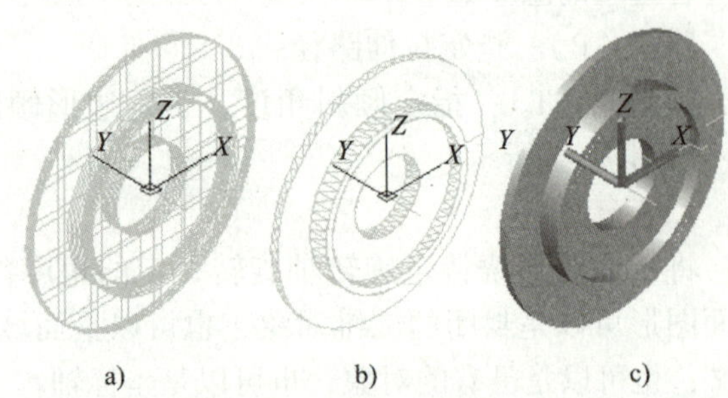

图 7-49　创建旋转实体

a）“线框”显示　b）“消隐”显示　c）“真实”显示

模式（MO）：指定旋转操作是创建实体还是曲面。

对象（O）：绕指定对象旋转。

X/Y/Z：分别绕 *X*、*Y*、*Z* 轴旋转。

起点角度（ST）：指定旋转起点角度。

四、通过布尔运算创建组合实体

布尔运算是一种实心体的逻辑运算，通过添加或去除材料，得到复杂的零件模型。

1. 并集

并集运算是将多个实体组合成一个实体。

启动 AutoCAD 2012，以“acad3d.dwt”为模板新建文件，切换工作空间为“三维建模”，切换视图模式为“西南等轴测图”。

首先绘制如图 7-50 所示两个圆柱体，尺寸自定，然后单击“常用”选项卡中“实体”面板中的“并集”按钮 ，将两个圆柱体合并为一个实体，命令行提示与操作如下：

```
命令：_union
选择对象：指定对角点：找到 2 个（框选两个圆柱体）
选择对象：↙
```

完成后的新实体如图 7-51 所示。

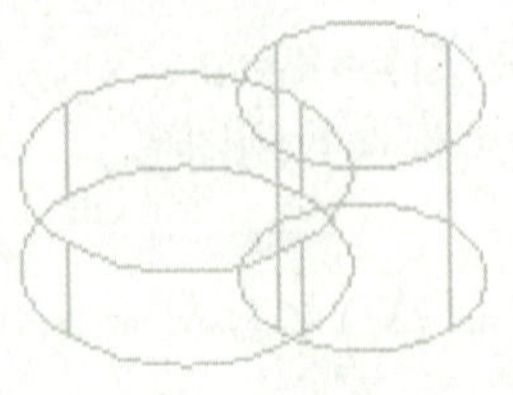

图 7-50　原实体

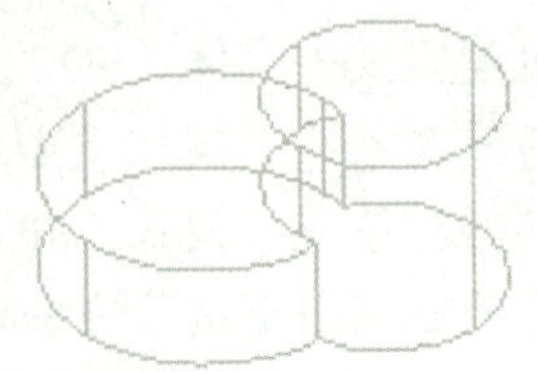

图 7-51　并集

2. 差集

差集运算是从一个实体中减去一些实体，从而组合成一个新实体。

启动 AutoCAD 2012，以“acad3d.dwt”为模板新建文件，切换工作空间为“三维建模”，切换视图模式为“西南等轴测图”。

首先绘制如图 7–50 所示两个圆柱体，尺寸自定，然后单击“常用”选项卡中“实体”面板中的“差集”按钮 ，命令行提示与操作如下：

```
命令：_subtract
选择要从中减去的实体、曲面和面域 ...
选择对象：找到 1 个（选中一个圆柱体）
选择对象：↙
选择要减去的实体、曲面和面域 ...
选择对象：找到 1 个（选中另一个圆柱体）
选择对象：↙
```

完成后的新实体如图 7–52 所示。

3. 交集

交集运算是由各个实体的公共部分生成一个新实体。

启动 AutoCAD 2012，以“acad3d.dwt”为模板新建文件，切换工作空间为“三维建模”，切换视图模式为“西南等轴测图”。

首先绘制如图 7–50 所示两个圆柱体，尺寸自定，然后单击“常用”选项卡中“实体”面板中的“交集”按钮 ，命令行提示与操作如下：

```
命令：_intersect
选择对象：指定对角点：找到 2 个（框选两个圆柱体）
选择对象：↙
```

完成后的新实体如图 7–53 所示。

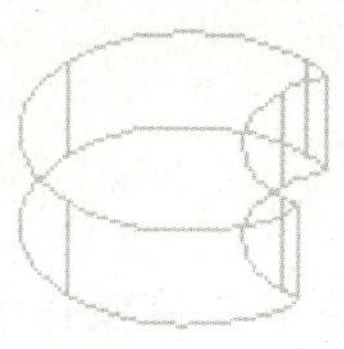

图 7–52　差集

图 7–53　交集

思考与练习

1. 创建基本三维模型的方法有哪几种？
2. 在 AutoCAD 2012 中，可以通过哪些方法创建 UCS？
3. 布尔运算的方法有哪几种？有何区别？
4. 根据如图 7–54 所示底座零件图，绘制三维实体。

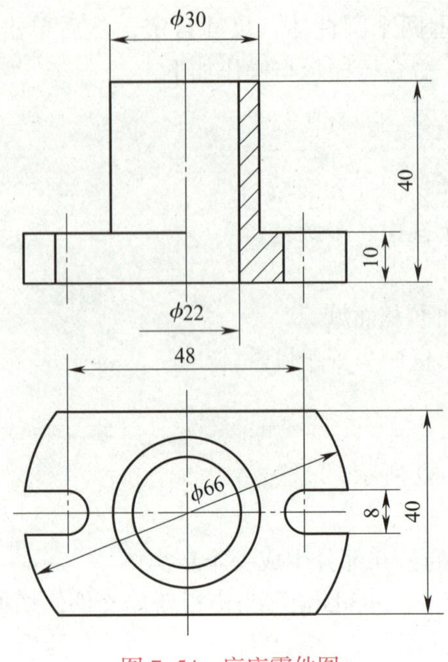

图 7–54　底座零件图

任务2　绘制端盖

1. 掌握三维阵列、三维镜像、三维旋转、三维对齐等三维操作命令的用法。
2. 掌握三维圆角、三维倒角等三维编辑命令的用法。
3. 熟练掌握使用各种三维命令绘制三维实体的方法。

任务提出

通过对三维实体进行编辑，可以使其形状进一步发生变化，从而创建出变化多样的零件实体。本任务将根据图 7–55a 所示端盖零件图绘制图 7–55b 所示端盖三维实体图。

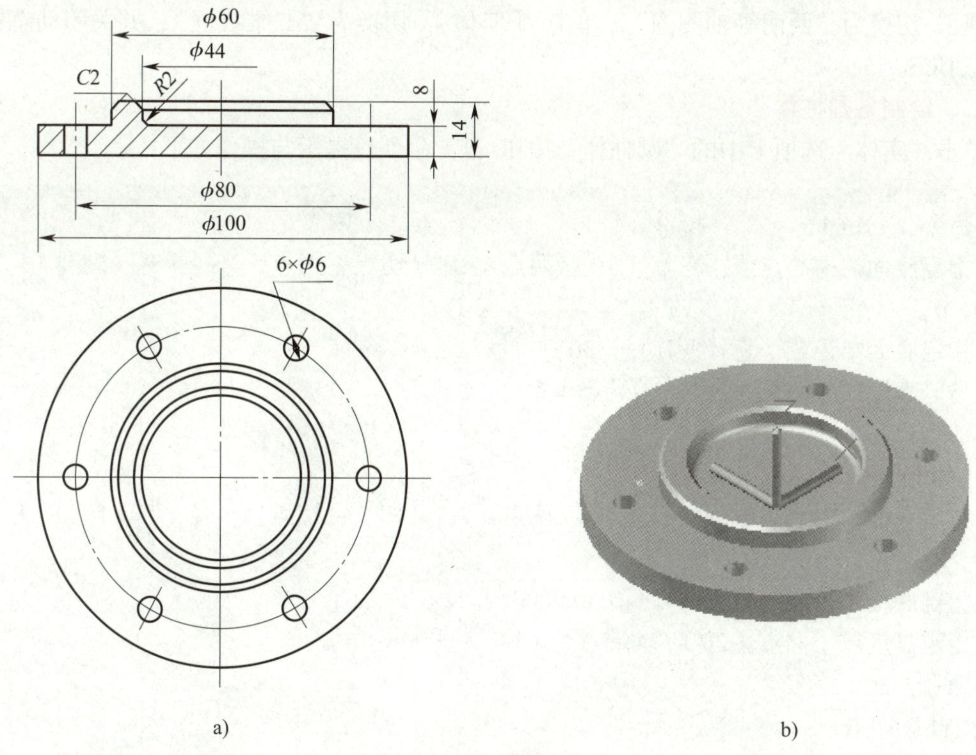

图 7–55　端盖

a）零件图　b）实体图

任务分析

绘制端盖三维实体图的流程：先绘制各圆柱体，然后绘制 6 个小圆柱体，并生成组合体，最后完成整个实体。

绘制流程如图 7–56 所示。

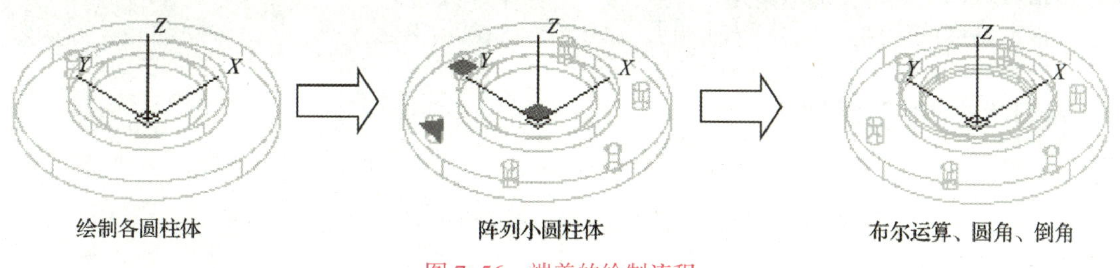

图 7–56　端盖的绘制流程

任务实施

一、启动 AutoCAD 2012

打开 AutoCAD 2012 模板文件 acad3D.dwt，切换为“三维建模”工作空间，单击绘图区

“〔俯视〕”切换为“西南等轴测图”，单击“〔实体〕”切换为“二维线框”，并关闭动态输入和动态 UCS。

二、绘制各圆柱体

单击“实体”选项卡中的“圆柱体”按钮 ，命令行提示与操作如下：

```
命令：_cylinder
指定底面的中心点或［三点（3P）/ 两点（2P）/ 切点、切点、半径（T）/ 椭圆（E）]：0，0，0↙
指定底面半径或［直径（D）]：50↙
指定高度或［两点（2P）/ 轴端点（A）]：8↙
命令：↙
CYLINDER
指定底面的中心点或［三点（3P）/ 两点（2P）/ 切点、切点、半径（T）/ 椭圆（E）]：0，0，8↙
指定底面半径或［直径（D）] <50.0000>：22↙
指定高度或［两点（2P）/ 轴端点（A）] <8.0000>：6↙
命令：↙
CYLINDER
指定底面的中心点或［三点（3P）/ 两点（2P）/ 切点、切点、半径（T）/ 椭圆（E）]：0，0，8↙
指定底面半径或［直径（D）] <22.0000>：30↙
指定高度或［两点（2P）/ 轴端点（A）] <6.0000>：↙
命令：↙
CYLINDER
指定底面的中心点或［三点（3P）/ 两点（2P）/ 切点、切点、半径（T）/ 椭圆（E）]：0，40，0
指定底面半径或［直径（D）] <30.0000>：3↙
指定高度或［两点（2P）/ 轴端点（A）] <6.0000>：8↙
```

绘制结果如图 7–57 所示。

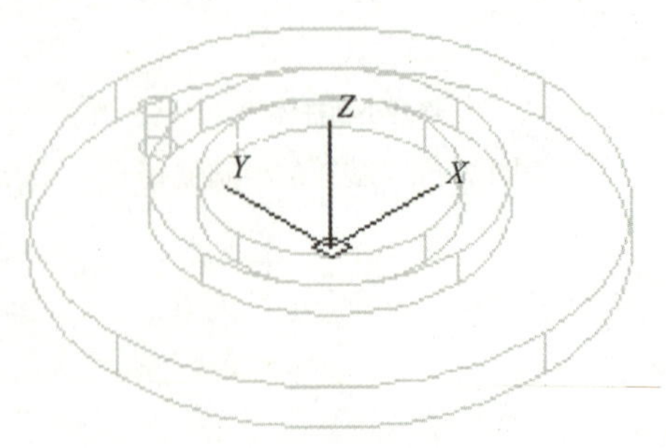

图 7–57　绘制各圆柱体

三、阵列小圆柱体

单击“常用”选项卡中“修改”面板中的“环形阵列”按钮，命令行提示与操作如下：

命令：_arraypolar
选择对象：找到 1 个（单击选择小圆柱体，如图 7-58 所示）
选择对象：↙
类型 = 极轴　关联 = 是
指定阵列的中心点或［基点（B）/ 旋转轴（A）］：（捕捉并选择大圆盘底面圆心）
输入项目数或［项目间角度（A）/ 表达式（E）］<4>：6↙
指定填充角度（+= 逆时针、-= 顺时针）或［表达式（EX）］<360>：↙
按 Enter 键接受或［关联（AS）/ 基点（B）/ 项目（I）/ 项目间角度（A）/ 填充角度（F）/ 行（ROW）/ 层（L）/ 旋转项目（ROT）/ 退出（X）］
< 退出 >：↙

绘制结果如图 7-59 所示。

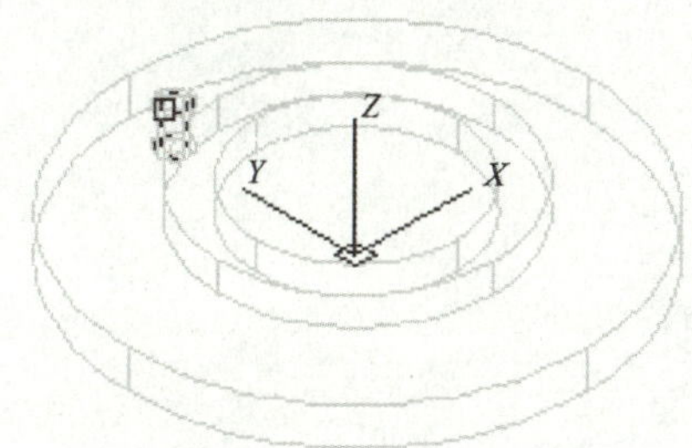

图 7-58　单击选择小圆柱体

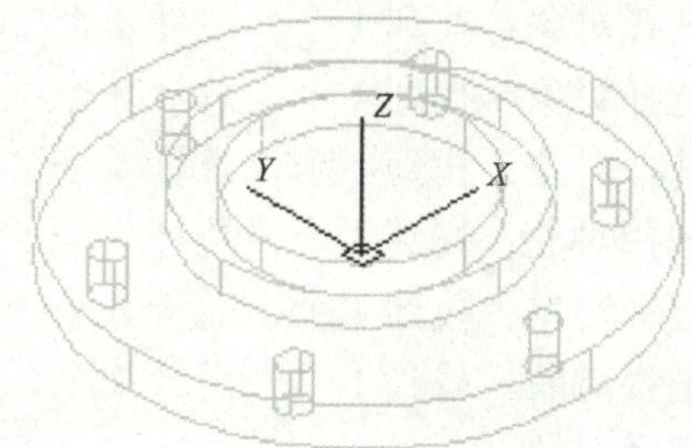

图 7-59　阵列小圆柱体

四、使用布尔运算、圆角、倒角命令完成实体

1. 单击“常用”选项卡中“实体编辑”面板中的“并集”按钮，命令行提示与操作如下：

命令：_union
选择对象：找到 1 个（单击选择大圆盘，如图 7-60 所示）
选择对象：找到 1 个，总计 2 个（单击选择大圆柱体，如图 7-61 所示）
选择对象：↙

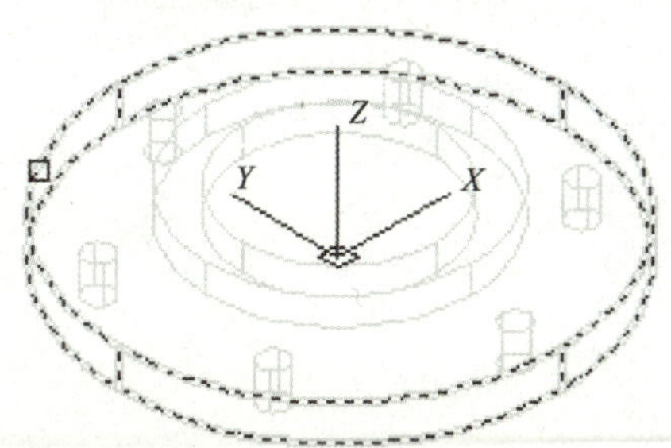

图 7-60　单击选择大圆盘

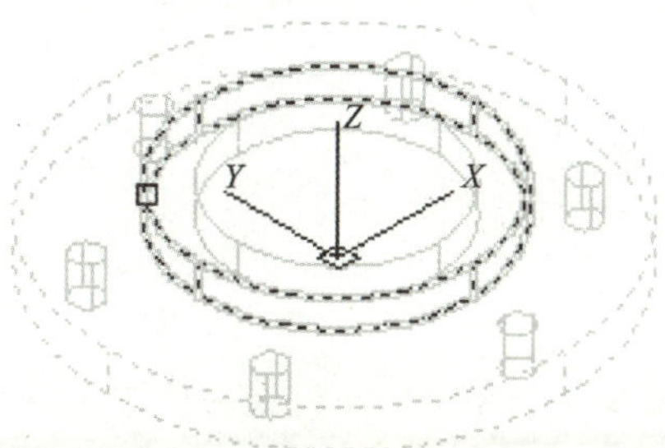

图 7-61　单击选择大圆柱体

2. 单击“常用”选项卡中“修改”面板中的“分解”按钮 ，把关联的阵列小圆柱分解为各单一实体，命令行提示与操作如下：

命令：_explode
选择对象：找到 1 个（单击选择 6 个阵列圆柱体）
选择对象：↙

单击“常用”选项卡中“实体编辑”面板中的“差集”按钮 ，命令行提示与操作如下：

命令：_subtract
选择要从中减去的实体、曲面和面域 ...
选择对象：找到 1 个（单击选择组合体，如图 7–62 所示）
选择对象：↙
选择要减去的实体、曲面和面域 ...
选择对象：找到 1 个（依次单击选择 6 个阵列小圆柱体和 ϕ22 mm 圆柱体，如图 7–63 所示）
选择对象：找到 1 个，总计 2 个
选择对象：找到 1 个，总计 3 个
选择对象：找到 1 个，总计 4 个
选择对象：找到 1 个，总计 5 个
选择对象：找到 1 个，总计 6 个
选择对象：找到 1 个，总计 7 个
选择对象：↙

绘制结果如图 7–64 所示。

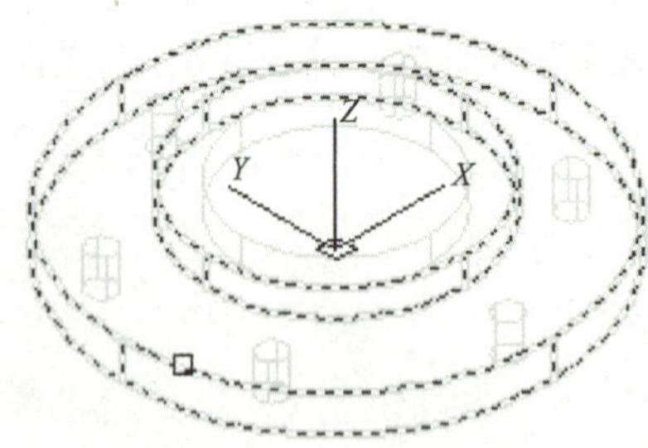

图 7–62　单击选择组合体

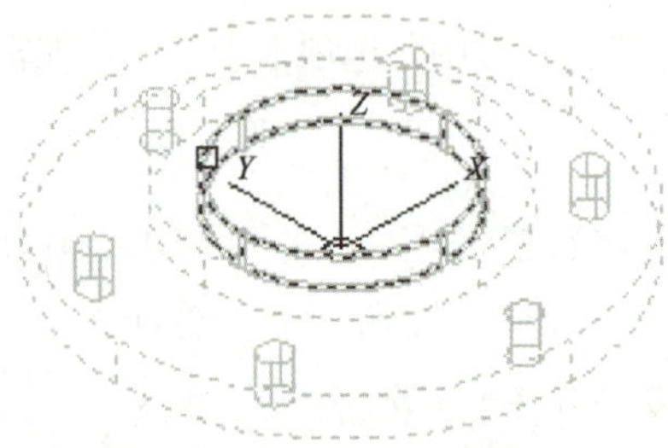

图 7–63　单击选择小圆柱体

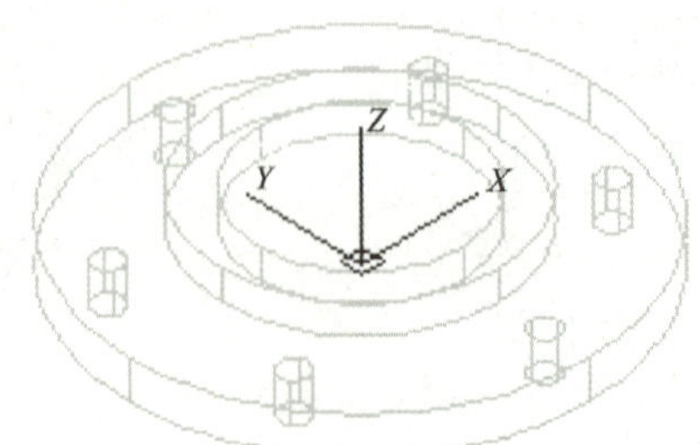

图 7–64　差集运算结果

3. 单击“实体”选项卡中“实体编辑”面板中的“圆角边”按钮 ，命令行提示与操作如下：

命令：_FILLETEDGE
半径 =1.0000
选择边或［链（C）/ 环（L）/ 半径（R）］：r↙
输入圆角半径或［表达式（E）］<1.0000>：2↙
选择边或［链（C）/ 环（L）/ 半径（R）］：（单击选择进行圆角的边线，如图 7–65 所示）
选择边或［链（C）/ 环（L）/ 半径（R）］：↙
已选定 1 个边用于圆角。
按 Enter 键接受圆角或［半径（R）］：↙

绘制结果如图 7–66 所示。

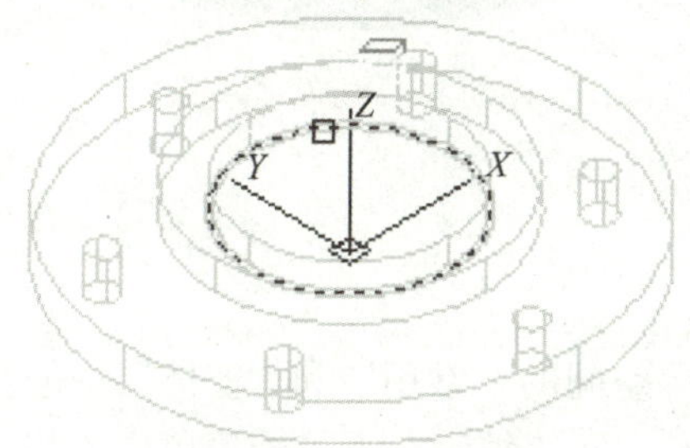

图 7–65　单击选择圆角边

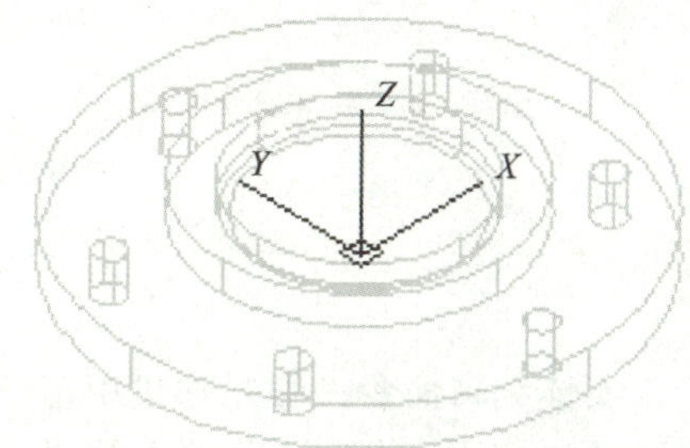

图 7–66　圆角绘制结果

4. 单击“实体”选项卡中“实体编辑”面板中的“倒角边”按钮 ，命令行提示与操作如下：

命令：_CHAMFEREDGE
距离 1=1.0000，距离 2=1.0000
选择一条边或［环（L）/ 距离（D）］：d↙
指定距离 1 或［表达式（E）］<1.0000>：↙
指定距离 2 或［表达式（E）］<1.0000>：↙
选择一条边或［环（L）/ 距离（D）］：（单击选择如图 7–67 所示边线）
选择同一个面上的其他边或［环（L）/ 距离（D）］：（单击选择如图 7–68 所示边线）
选择同一个面上的其他边或［环（L）/ 距离（D）］：↙
按 Enter 键接受倒角或［距离（D）］：↙

绘制结果如图 7–69、图 7–70 所示。

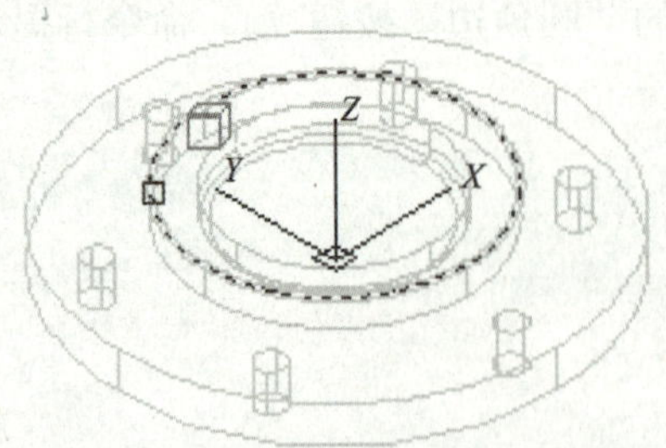

图 7–67　单击选择第一条倒角边

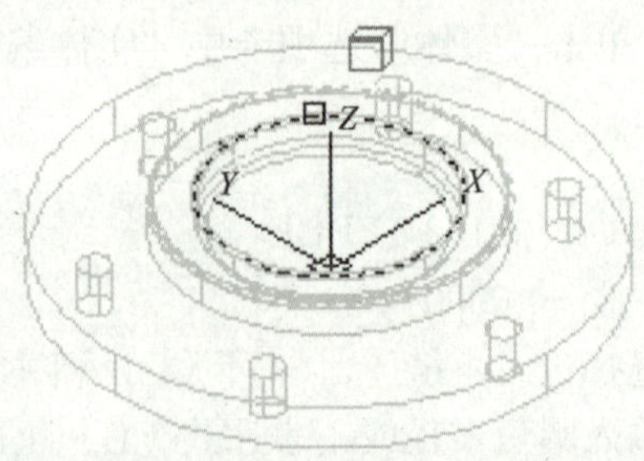

图 7–68　单击选择第二条倒角边

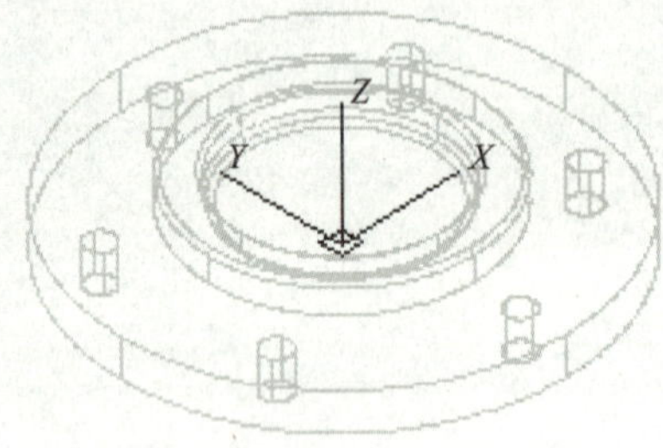

图 7–69　倒角绘制结果

图 7–70　端盖实体图

相关知识

三维实体编辑命令一般是通过单击“三维建模”空间的“常用”和“实体”中的按钮实现，也可通过调用“修改”菜单中的“三维操作”和“实体编辑”下拉子菜单中的相应命令实现，如图 7–71 所示，也可通过命令行直接输入相应命令。

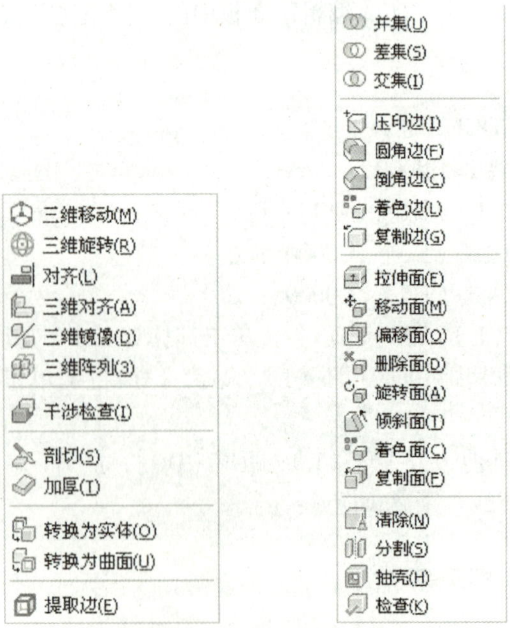

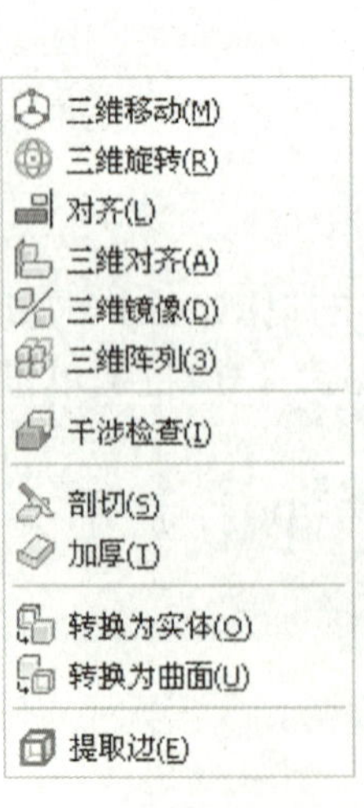

图 7–71　“三维操作”和“实体编辑”下拉子菜单

一、三维阵列

“三维阵列”命令常用来创建指定对象的三维阵列。

启动 AutoCAD 2012，以“acad3d.dwt”为模板新建文件，切换工作空间为“三维建模”，切换视图模式为“西南等轴测图”。

首先绘制如图 7-72a 所示立方体，边长为 1 mm，然后选择菜单栏中“修改”→“三维操作”→“三维阵列”命令，命令行提示与操作如下：

```
命令：_3darray
选择对象：找到 1 个
选择对象：↙
输入阵列类型［矩形（R）/ 环形（P）］< 矩形 >：↙
输入行数（———）<1>：3↙
输入列数（|||）<1>：3↙
输入层数（...）<1>：3↙
指定行间距（———）：2↙
指定列间距（|||）：2↙
指定层间距（...）：2↙
_.COPY
……
```

绘制结果如图 7-72b 所示。

图 7-72　矩形阵列

各选项的意义如下。

矩形（R）：对实体进行矩形阵列。

环形（P）：对实体进行环形阵列，如图 7-73 所示。

图 7-73　环形阵列

二、三维镜像

“三维镜像”命令通常用于绘制具有对称结构的三维图形。在镜像过程中，首先应选择要镜像的对象，然后定义镜像平面。

启动 AutoCAD 2012，以“acad3d.dwt”为模板新建文件，切换工作空间为“三维建模”，切换视图模式为“西南等轴测图”。

首先绘制楔体和镜像平面，尺寸自定，如图 7-74 所示，然后单击“常用”选项卡中“修改”面板中的“三维镜像”按钮 %，命令行提示与操作如下：

命令：_mirror3d
选择对象：找到 1 个
选择对象：↙
指定镜像平面（三点）的第一个点或
[对象（O）/ 最近的（L）/Z 轴（Z）/ 视图（V）/XY 平面（XY）/YZ 平面（YZ）/ZX 平面（ZX）/ 三点（3）] <三点>:（捕捉镜像面一个顶点）
在镜像平面上指定第二点：（捕捉镜像面第二个顶点）
在镜像平面上指定第三点：（捕捉镜像面第三个顶点）
是否删除源对象？[是（Y）/ 否（N）] <否>: ↙

绘制结果如图 7-75 所示。

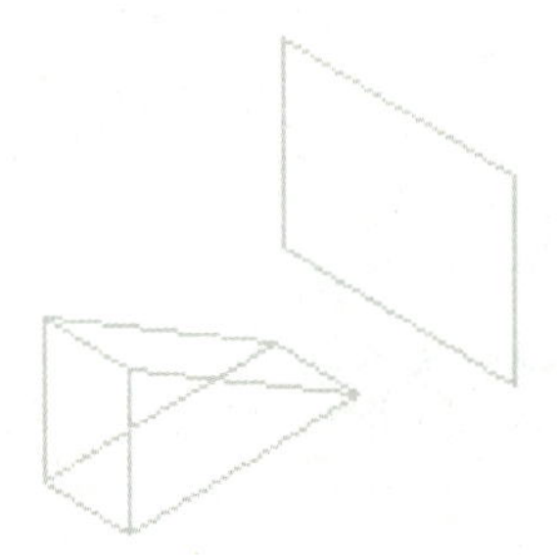

图 7-74　绘制楔体和镜像平面

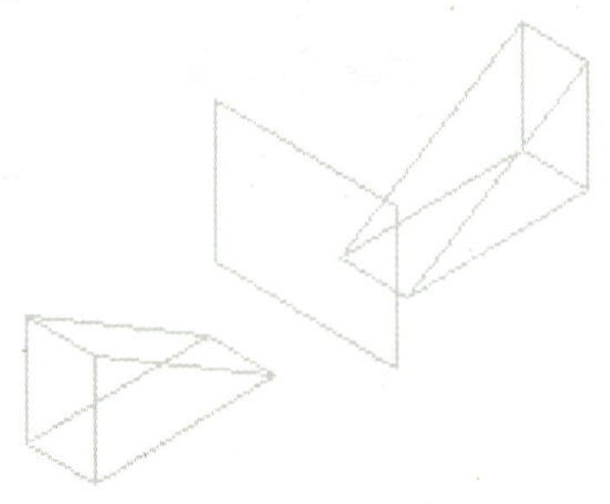

图 7-75　三维镜像

各选项的意义如下。

对象（O）：将所选对象所在的平面作为镜像平面。

最近的（L）：使用上次的镜像平面作为本次镜像平面。

Z 轴（Z）：依次选择两点作为镜像平面的法线，镜像平面通过第一点。

视图（V）：选择一点，通过该点且与当前视图平行的平面作为镜像平面。

XY 平面（XY）：选择一点，通过该点且与 *XY* 平面平行的平面作为镜像平面。

YZ 平面（YZ）：选择一点，通过该点且与 *YZ* 平面平行的平面作为镜像平面。

ZX 平面（ZX）：选择一点，通过该点且与 *ZX* 平面平行的平面作为镜像平面。

三点（3）：通过指定三点确定镜像平面。

三、三维旋转

“三维旋转”命令可以灵活定义旋转轴，并对三维图形进行任意旋转。

启动 AutoCAD 2012，以“acad3d.dwt”为模板新建文件，切换工作空间为“三维建模”，切换视图模式为“西南等轴测图”。

首先绘制长方体，尺寸自定，如图 7–76 所示，然后单击“常用”选项卡中“修改”面板中的“三维旋转”按钮 ，命令行提示与操作如下：

命令：_3drotate
UCS 当前的正角方向：　ANGDIR= 逆时针　ANGBASE=0
选择对象：找到 1 个（单击选择如图 7–76 所示长方体）
选择对象：↙
指定基点：（单击选择如图 7–77 所示基圆）
** 旋转 **
指定旋转角度或［基点（B）/ 复制（C）/ 放弃（U）/ 参照（R）/ 退出（X）］：30↙
正在重生成模型。

绘制结果如图 7–78 所示。

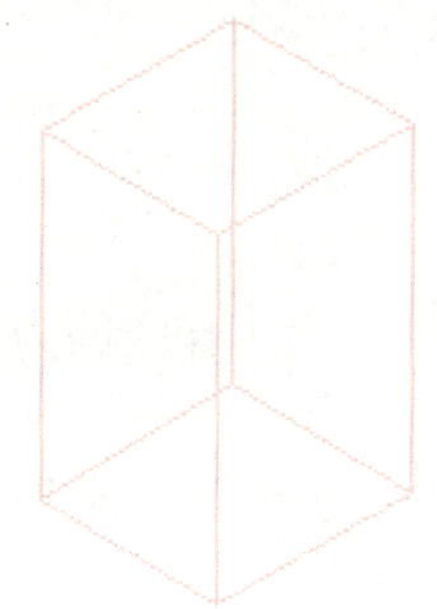

图 7–76　单击选择长方体

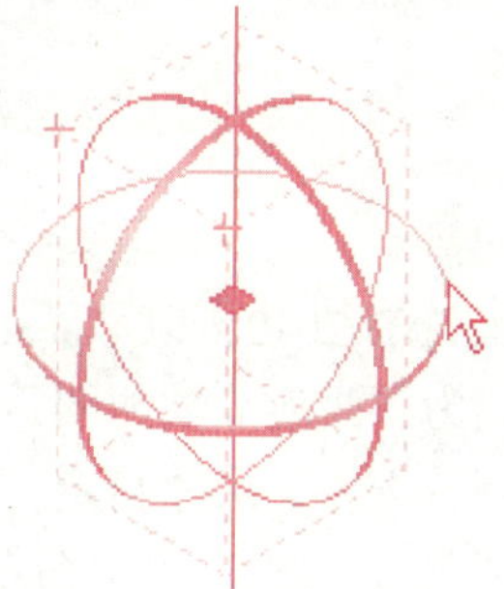

图 7–77　单击选择基圆

四、三维对齐

“三维对齐”命令可以移动、旋转一个三维图形，使其与另一个三维图形对齐。

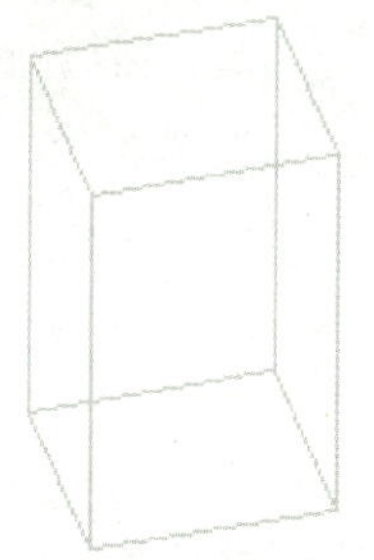

图 7–78　三维旋转

启动 AutoCAD 2012，以“acad3d.dwt”为模板新建文件，切换工作空间为“三维建模”，切换视图模式为“西南等轴测图”。

首先绘制两个长方体，尺寸自定，如图 7–79 所示，然后单击“常用”选项卡中“修改”面板中的“三维对齐”按钮 ，命令行提示与操作如下：

命令：_3dalign
选择对象：找到 1 个（选择小长方体）
选择对象：↙
指定源平面和方向 ...

```
指定基点或［复制（C）］:（单击小长方体上第一点）
指定第二个点或［继续（C）］<C>:（单击小长方体上第二点）
指定第三个点或［继续（C）］<C>:（单击小长方体上第三点）
指定目标平面和方向 ...
指定第一个目标点:（单击大长方体上第一点）
指定第二个目标点或［退出（X）］<X>:（单击大长方体上第二点）
指定第三个目标点或［退出（X）］<X>:（单击大长方体上第三点）
```

绘制结果如图 7-80 所示。

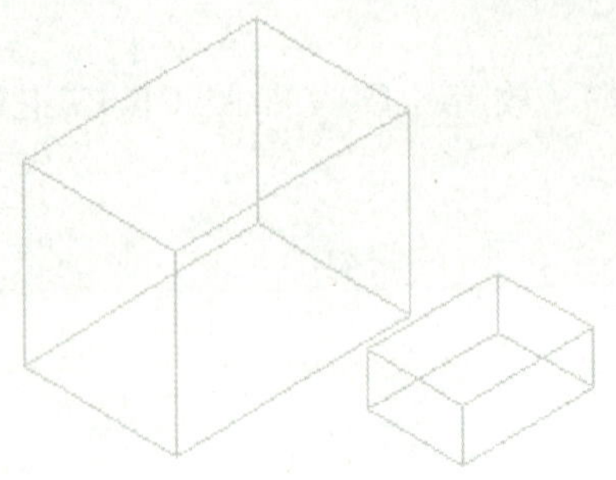

图 7-79 绘制两个立方体

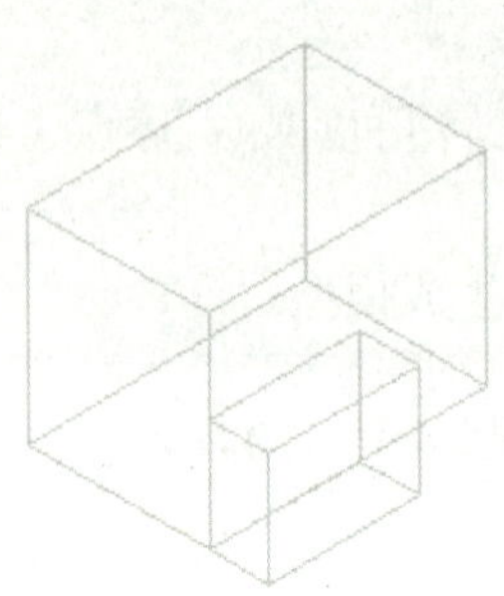

图 7-80 三维对齐

五、倒圆角

启动 AutoCAD 2012，以“acad3d.dwt”为模板新建文件，切换工作空间为“三维建模”，切换视图模式为“西南等轴测图”。

首先绘制长方体，尺寸自定，如图 7-81 所示，然后单击“实体”选项卡中“实体编辑”面板中的“圆角边”按钮，命令行提示与操作如下：

```
命令：_FILLETEDGE
半径 =1.0000
选择边或［链（C）/ 环（L）/ 半径（R）］:（选中需倒圆角的棱边）
选择边或［链（C）/ 环（L）/ 半径（R）］:（选中需倒圆角的棱边）
选择边或［链（C）/ 环（L）/ 半径（R）］: ↙
已选定 2 个边用于倒圆角。
按 Enter 键接受圆角或［半径（R）］: R ↙
指定半径或［表达式（E）］<1.0000 >： 10 ↙
按 Enter 键接受圆角或［半径（R）］: ↙
```

绘制结果如图 7-82 所示。

六、倒角

启动 AutoCAD 2012，以“acad3d.dwt”为模板新建文件，切换工作空间为“三维建模”，切换视图模式为“西南等轴测图”。

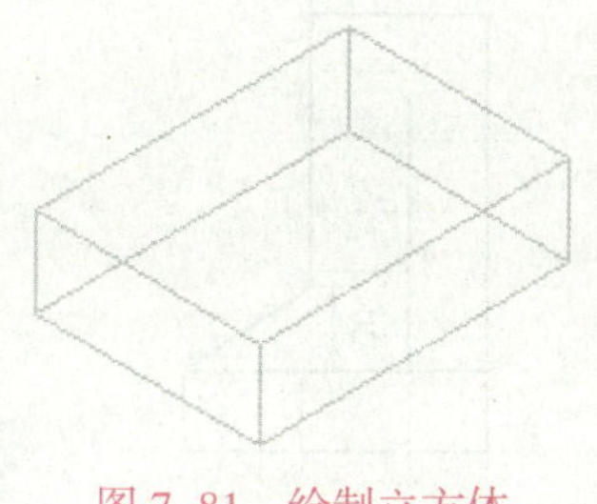

图 7-81　绘制立方体

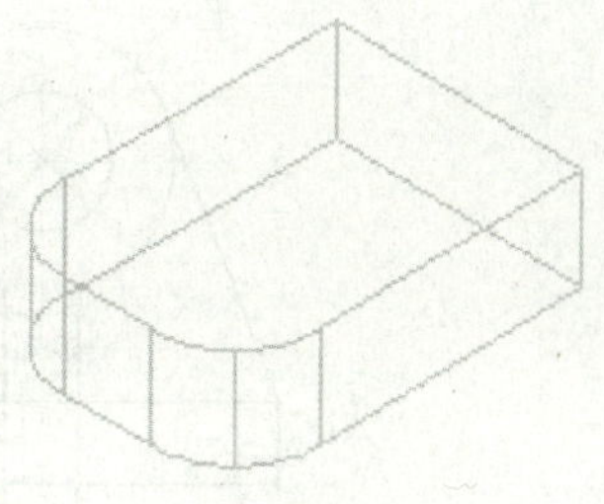

图 7-82　圆角

首先绘制长方体，尺寸自定，如图 7-81 所示，然后单击“实体”选项卡中“实体编辑”面板中的“倒角边”按钮，命令行提示与操作如下：

命令：_CHAMFEREDGE
距离 1=1.0000，距离 2=1.0000
选择一条边或［环（L）/ 距离（D）］：d↙
指定距离 1 或［表达式（E）］<1.0000>：0.5↙
指定距离 2 或［表达式（E）］<1.0000>：↙
选择一条边或［环（L）/ 距离（D）］：（选择棱边）
选择同一个面上的其他边或［环（L）/ 距离（D）］：（选择棱边）
选择同一个面上的其他边或［环（L）/ 距离（D）］：（选择棱边）
选择同一个面上的其他边或［环（L）/ 距离（D）］：↙
按 Enter 键接受倒角或［距离（D）］：↙

绘制结果如图 7-83 所示。

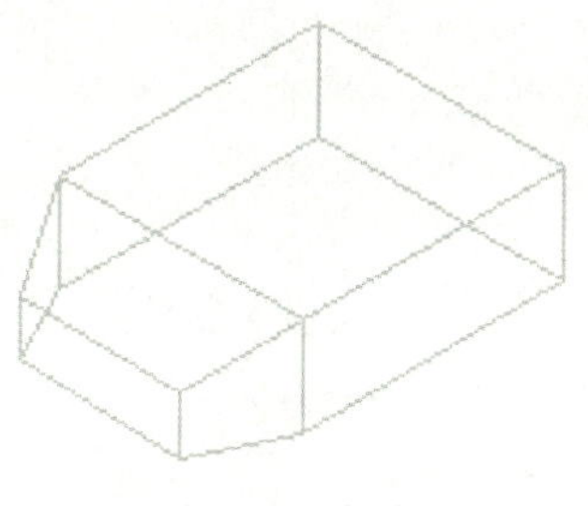

图 7-83　倒角

思考与练习

1. 三维实体编辑命令主要有哪些？
2. “三维阵列”与“二维阵列”在操作上有何区别？
3. 根据如图 7-84 所示底座零件图，绘制三维实体。

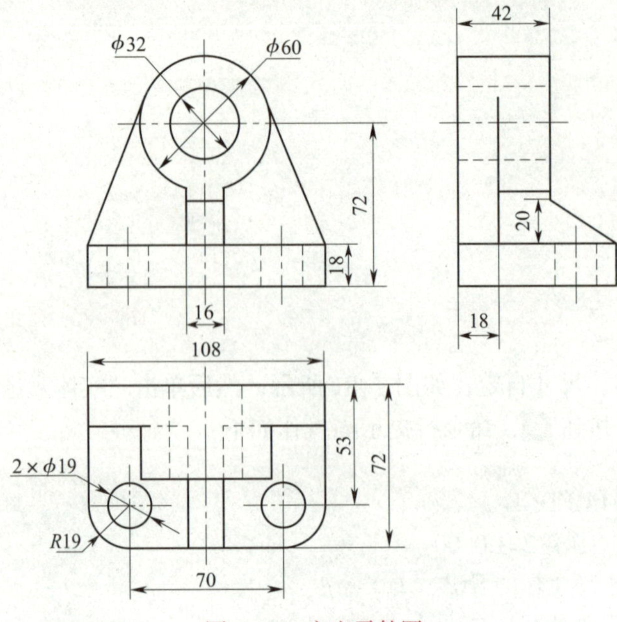

图 7-84　底座零件图